# Node.js 超入門 [第4版]

Tuyano SYODA
掌田津耶乃 著

秀和システム

## サンプルのダウンロードについて

サンプルファイルは秀和システムのWebページからダウンロードできます。

**●サンプル・ダウンロードページURL**

http://www.shuwasystem.co.jp/support/7980html/7028.html

ページにアクセスしたら、下記のダウンロードボタンをクリックしてください。ダウンロードが始まります。

ダウンロード

# はじめに

## Node.jsは、Webアプリケーション開発のスタンダード

「Webアプリの開発」といえば、以前ならばさまざまなプログラミング言語が入り乱れて使われる世界でした。ビギナーがこの分野に挑戦しようとしたなら、まず「どの言語を覚えるべきか」を考えるだけで疲労困憊したものです。

しかし現在、ビギナーがWebアプリを学ぼうと思ったなら、推薦できる言語はほぼ一択といえます。それは、「JavaScript」です。

なぜ、JavaScriptなのか。なぜなら、「どんな言語でWebアプリ開発を始めたとしても、結局、最後にはJavaScriptを学ばないといけないから」です。JavaScriptは、クライアント側(Webページ側)で動作する唯一の言語です。ある程度、プログラミングの経験があれば、「サーバー側は○○という言語、クライアント側はJavaScript」というように使い分けて開発できるでしょう。けれどビギナーにとっては、2つの言語を組み合わせて1つのWebアプリを作るのはかなり大変でしょう。

JavaScriptは、Webには必須の言語です。Webページで動く唯一のプログラミング言語であり、JavaScriptなしにはWebの開発はできないといってもいいでしょう。そしてこのJavaScriptは、今ではサーバー側の開発にも用いられるようになっているのです。それを可能にしたのが「Node.js」というJavaScriptエンジンプログラムです。

本書は、2020年7月に出版された「Node.js超入門 第3版」の改訂版です。本書では、Node.jsを使ったWebアプリケーション開発について基礎から説明をします。そしてその後に「Express」というフレームワークについて説明し、データベースを活用する「ORM(Object-Relational Mapping)」と呼ばれるフレームワークについても学習します。

本書の第3版よりほぼ3年が経過しており、Node.jsのバージョンもあがっています。本書では、ver. 20という最新バージョンをベースに説明をしています。またデータベースを扱うORMソフトも「Sequelize」から「Prisma」へと変更しました。更に、昨今のフロントエンド重視の開発スタイルを実現するため、「Webページ＋API」という方式の開発の基本、またフロントエンドに「React」を導入した場合の開発についてもページを割いています。

JavaScriptは、以前とは比較にならないほど幅広い分野で使われるようになっています。Webの開発だけでなく、今やパソコンやスマホのアプリ開発にも用いられています。またこれらをサポートするさまざまな新しいJavaScriptフレームワークも登場しています。

Node.jsは、そうしたJavaScriptの核となる技術です。本書を参考に、ぜひこの広大な世界を探求していきましょう。

2023.06　掌田津耶乃

Contents

# 目次

Chapter

# 1

# Node.jsの基本を覚えよう

まずは、Node.jsを始めるための準備を整えていきましょう。Node.jsをインストールし、Visual Studio Codeという開発ツールを使えるようにします。そして実際にNode.jsのプロジェクトを作成してみます。

# Node.jsを準備しよう



**ポイント**

- **Webアプリの仕組みを理解しましょう。**
- **Node.jsを使う準備を整えましょう。**
- **nodeコマンドを使ってみましょう。**

## 「Webアプリケーション」の開発とは？

皆さんの中には、「Webサイトの作成」をしたことがある人もいることでしょう。今の時代、個人でも簡単にWebサイトを作ることができます。

Webと一口にいっても、昔と比べて今は本当にさまざまなサービスが使えるようになりました。ほとんど普通のアプリケーションと変わらない(あるいは、それを超えるような)サービスを提供してくれるサイトなども登場するようになっています。

最近では、Webサイトではなく「Webアプリケーション」と呼ばれるWebサイトが増えています。以前は、Webといえば「情報の提供」のためのものでした。多くのWebサイトは、さまざまなコンテンツを公開し、人々に見てもらうために用意されていました。しかし現在では、ユーザーが操作してさまざまなサービスをWebベースで提供するところが増えています。「Webサイト」から「Webアプリケーション」へ、Webのあり方は変化しています。

では、一般的なWebサイトと、最先端のサービスを提供する「Webアプリケーション」では、一体何が違うのでしょうか。

### サーバーとクライアント

「Webサイト」の作成は、Webブラウザに表示される「HTMLのページ」を作ることだ、と考えている人は多いでしょう。これは確かに間違いではないでしょう。が、これがWeb作成のすべてではありません。

Webアプリケーションでは、ブラウザに表示されているHTMLのWebページだけでなく、私たちがWebブラウザでアクセスしている「Webサーバー」の中で動いているプログラムというのもあるのです。

私たちがWebアクセスに使っているブラウザなどは、「クライアント」と呼ばれます。サーバーにアクセスして、サーバーから情報をもらっている利用者のことですね。

これに対して、私たちがアクセスしているのが、「サーバー」です。Webというのは、このように「サーバー」と「クライアント」の間でやり取りをして動いています。

多くの人が作っているWebサイトは、サーバー側にプログラムなど用意されていないでしょう。単に、HTMLのファイルがサーバーに設置してあるだけです。クライアント(ブラウザのことですね)がサーバーにアクセスすると、そのアドレスにおいてあるHTMLファイルを送り返す、という単純なものです。ただ「HTMLファイルを送信して表示する」というだけですから、複雑な処理は行えないでしょう。

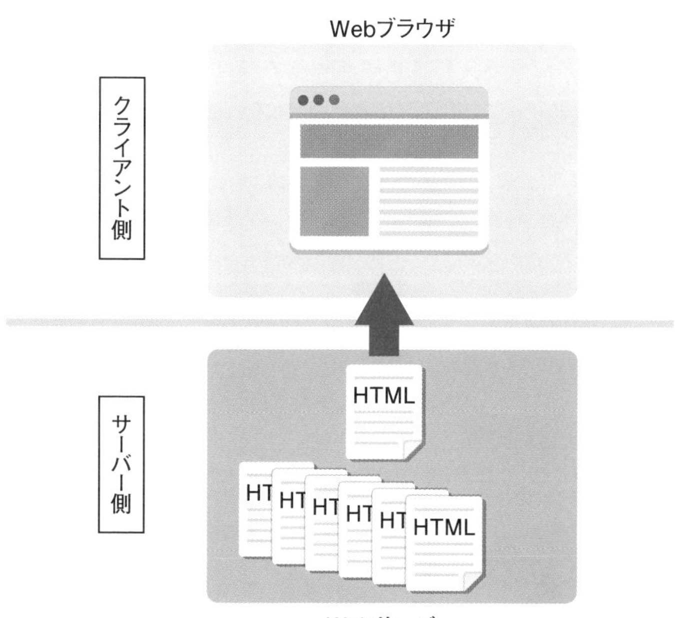


図1-1　Webというのは、Webサーバーに問い合わせをし、HTMLファイルを送ってもらってそれを画面に表示している。

## サーバー側のプログラム

では、もっと複雑なWebアプリケーションの場合はどうでしょう？ 例えば、どこかのオンラインショップで商品を買う、なんていう場合を考えてみてください。アクセスして気に入った商品があると、それをカートの中に入れます。そしてクレジットカードの情報などを設定すると、カード会社に問い合わせて支払いをし、商品が発送されます。

これは、HTMLのファイルを設置しただけでは作れません。商品を買うボタンを押したら、「このクライアントは、この商品を注文した」ということをサーバーで処理しないといけません。在庫データから商品在庫を確認し、商品があればカード会社のサーバーに通信してカードの決済を行い、出荷担当のコンピュータに発送先と発送する商品の情報を送る――こうした処理をサーバーの中で行っているのです。つまり、こうしたWebアプリケーションは、サーバー側に専用のプログラムが用意されているのです。

そんなに複雑そうでないものでも、実は見えないところでプログラムが動いているWebサイトはけっこう多いものです。例えば、ブログのサイトを考えてみましょう。記事を書いて送信したら、それが整形されてページにまとめて表示されますね？ あれは、「送信された記事データをデータベースに保存し、そこから最新の記事データをいくつか取り出して整形しクライアントに表示する」といった処理をサーバー側で実行しているからできることです。

企業サイトにある「お問い合わせフォーム」なども、送信したデータをデータベースに保存し、担当部署に内容を送る、といったことをサーバーのプログラムで行っています。記事に書くコメントだって「いいね」ボタンだって、実はサーバー側で「いいね」した情報を管理しています。これらはすべて「サーバー側でプログラムが処理をしている」のです。

従来型の一般的なWebページと、時代の先端をゆくWebアプリケーションとの根本的な違い。それは、「サーバー側のプログラム開発」にあるのです。

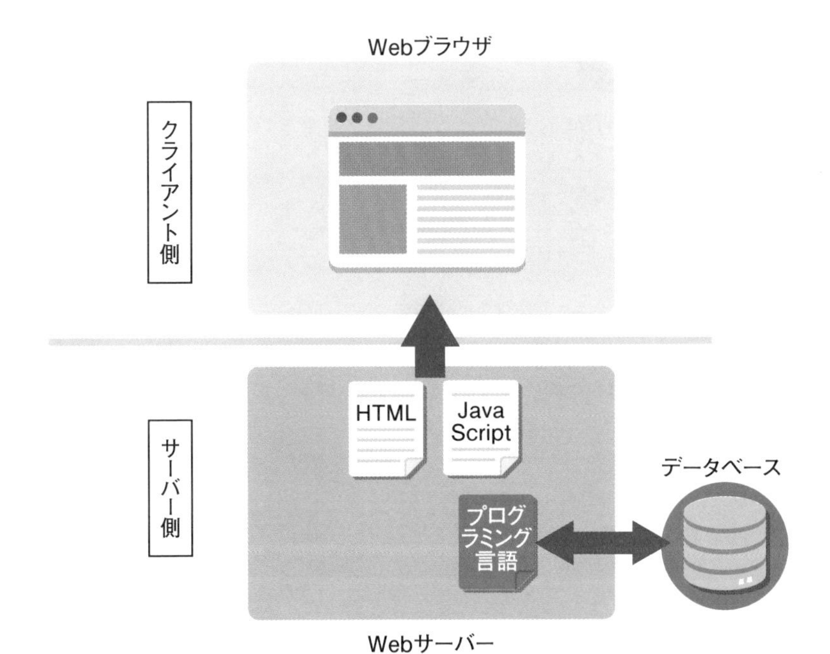


図1-2 Webは、クライアント側とサーバー側でできている。サーバー側で生成したWebページがクライアント（Webブラウザ）側に送られて表示される。

## サーバー開発って？

こうした「サーバー側で実行するプログラム」というのは、作るのがなかなか大変です。一体、クライアント(ブラウザ)に表示されるHTMLのWebページを作るのに比べて何がどう大変なのでしょうか。

### ●1. プログラミング言語が必須！

プログラムを作るには、当たり前ですがプログラミング言語を使います。これは、HTMLなどよりもかなり習得が難しいものです。この時点で、既に「普通のWebページよりはるかに大変」ということは想像がつくでしょう。

また、サーバーで動くプログラムというのは、多くの場合、多量のデータを処理するようなものです。このため、データベースと連動して動くものが多いのです。ということは、データベースにも習熟していないといけません。これはかなり大変！

### ●2. さまざまな攻撃に対処しないといけない

Webのプログラムというのは、「誰が使うかわからない」ものです。それは、単に利用者の性別年齢地域などが違うというだけでなく、「必ずしも善意ある人間だけが使うわけではない」ということなのです。

Webサイトは世界中に公開されています。特に金銭が絡むものや個人情報が記録されるようなサイトになると、世界中の悪意ある利用者からの攻撃がかけられる、と考えるべきです。サーバープログラムの開発では、そうしたサイト攻撃への対応などまで考えなければいけません。これまた大変！

### ●3. 作った後々までメンテナンスしないといけない

Webは、「作ったらおしまい」ではありません。サイトが存続する限り、常にメンテナンスし続けなければいけません。新たな攻撃への対処、見つかったプログラムのバグの修正、新しいサイトのレイアウトやデザインの導入、さまざまな要望に対応し続けなければいけません。

企業で開発しているような場合、「作った本人がずっとメンテナンスし続ける」とは限りません。途中でまったく開発にタッチしてこなかった人間に引き継ぐことになるかもしれません。そうなると、他人が書いたプログラムを読んで理解し、メンテナンスしなければいけません。これは想像以上に大変！

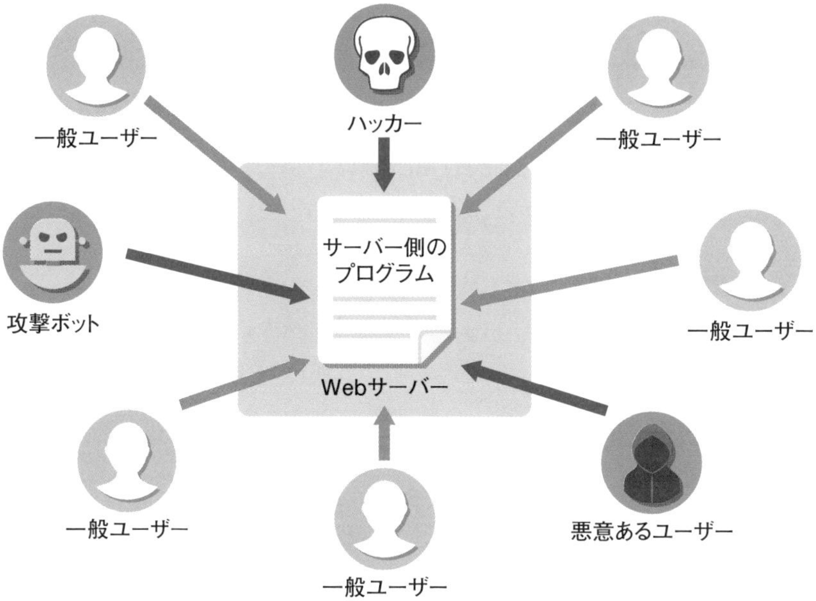

一般ユーザー
ハッカー
一般ユーザー
サーバー側のプログラム
攻撃ボット
一般ユーザー
Webサーバー
一般ユーザー
一般ユーザー
悪意あるユーザー

図1-3　Webには、一般のユーザーだけでなく、悪意を持ってアクセスしてくる人間やプログラムなどもある。

## フレームワークの登場！

こうした「開発の大変さ」を少しでも減らしたい……という思いは、世界中の開発者に共通したものなのでしょう。開発の大変な部分を肩代わりしてくれるようなソフトウェアはできないか、と多くの人が考えるようになりました。そうして誕生したのが「フレームワーク」です。

フレームワークというのは、プログラムの「仕組みそのもの」を提供してくれるソフトウェアです。

プログラムというのは、同じような構造のものであれば、だいたい同じような仕組みで動きます。例えば、Webで動くプログラムならば、「アクセスする→アドレスをチェックして対応する処理を呼び出す→必要に応じてデータベースにアクセス→結果をHTMLとして生成→アクセス側に送り返す」といった基本的な流れが決まっています。

ということは、アクセスしてから結果を送信するまでの基本的な流れを処理する仕組みをあらかじめ用意しておいて、「どんな処理をするか？」「データベースからどんなデータを受け取るか？」「どんな結果を表示するか？」といった、それぞれのプログラム固有の部分だけを作成して組み込むことができれば、ずいぶんと開発も簡単になりますね？

この基本的な仕組みを提供するのがフレームワークです。フレームワークは、プログラムの基本的なシステムそのものを持っており、必要に応じてカスタマイズする部分だけを作って追加すればプログラム全体が完成します。「システムそのものを内蔵しているプログラム」

なのです。

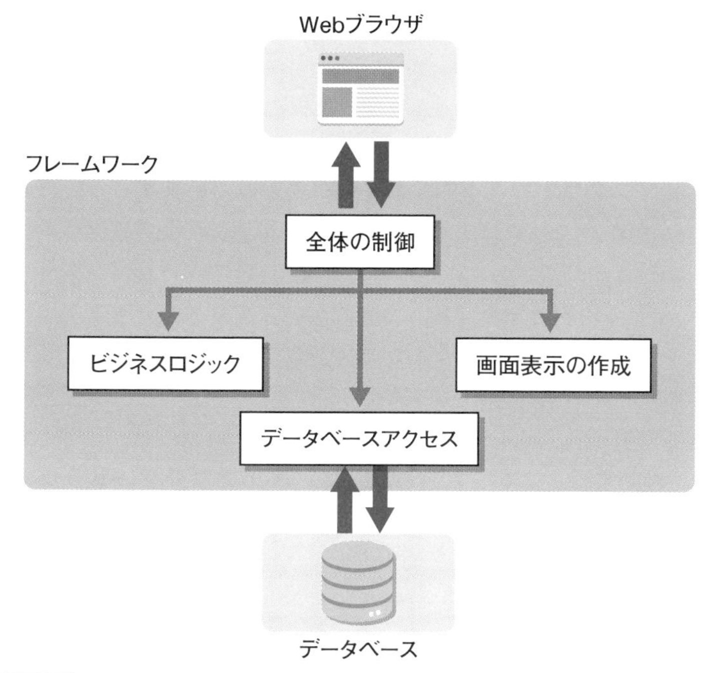


図1-4　フレームワークは、さまざまな機能だけでなく、「仕組み(システム)」そのものを提供するプログラムだ。

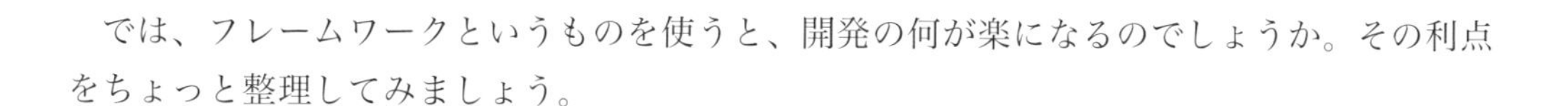

## フレームワークだと何が「楽」なの？

では、フレームワークというものを使うと、開発の何が楽になるのでしょうか。その利点をちょっと整理してみましょう。

### ●1. 書くコードが圧倒的にすくなくて済む

フレームワークは、Webのプログラムの基本的な仕組みを持っています。その上で、それぞれカスタマイズするところだけを書き加えていけばいいのです。このため、すべてのプログラムを書くのに比べると圧倒的に短いプログラムで済みます。フレームワークを使わないと何十行ものプログラムを書かないといけなかったことが、フレームワークを使うと数行で済んでしまう、なんてこともあるのです。

### ●2. 堅牢なサイトを構築可能

フレームワークは、基本的な仕組みが最初から用意されています。そこには、さまざまなサイト攻撃への対応も済んでいることが多いのです。ということは？ そう、導入するだけで、主なサイト攻撃へ対応できてしまうのです！ またセキュリティに関する機能なども用意されていることが多く、安全対策も簡単に行えるようになっていることが多いのです。

### ●3. メンテナンスが楽

フレームワークは、基本的な仕組みが既に組み込まれているため、「こういう場合はここにこう書く」といった、作るプログラムの基本的な書き方が決まっています。このため、そのフレームワークの使い方がわかっていれば、誰でもだいたい同じようなプログラムの書き方となるのです。

ということは、まったく開発の内容を知らなかった人間がいきなりメンテナンスの担当となったとしても、そのフレームワークの使い方がわかっていれば、だいたい何がどうなっているのか理解できます。

なんだか、いいことずくめですね、フレームワークって。Webアプリケーションについて学ぶなら、サーバー開発の基本はもちろんですが、この「フレームワークを利用したWeb開発」についてもしっかり覚えたいものです。

## Node.jsとは？

この「フレームワーク」というものは、さまざまなプログラミング言語に用意されています。ということは、「どんなプログラミング言語を使ってサーバー側の開発をするか？」によって、選ぶフレームワークも変わってくる、ということになります。

では、「まだ、本格的に使ってるプログラミング言語なんてない。WebページのHTMLぐらいはなんとなくわかるけど、それ以上のことはまだよくわからない」という、「Web開発のビギナー」にとって最適な言語はどれなのでしょう？

これは、いろいろな考えがあると思いますが、本書では「JavaScript」(ジャバスクリプト)を使うことにします。

### JavaScript = 「Webブラウザの言語」ではない！

JavaScriptという言語、Webに興味がある人なら必ずどこかで耳にしていることでしょう。このJavaScript、皆さんはどういうイメージを持っているでしょうか。

「ブラウザのWebページの中で動く簡易言語」

そう思っている人も多いことでしょう。けれど、それは間違いです。実は、Webアプリケーションそのものの開発にもJavaScriptを使うことはできるのです。その秘密は「Node.js(ノード・ジェーエス)」というソフトウェアにあります。

## Node.js = JavaScriptの実行環境

Node.jsというのは、JavaScript言語のランタイム環境(プログラムを実行するための環境)です。これまでWebブラウザの中だけで動いていたJavaScriptという言語のエンジン部分をWebブラウザから切り離し、独立したプログラムとして実行できるようにしたのがNode.jsなのです。

このNode.jsを使うことで、それまでWebブラウザの中だけでしか使われなかったJavaScriptが、ぐんと広い範囲で使われるようになりました。では、Node.jsがどんなソフトウェアなのか、簡単に整理しましょう。

### ●1. JavaScriptのプログラムがそのまま動く!

Node.jsは、「V8」というプログラムを使って作られています。これは、Google Chromeで使われているJavaScriptのエンジンプログラムです。このV8をベースに開発されたNode.jsは、Webブラウザの中ではなく、単独でJavaScriptのプログラムを実行できるようになります。これにより、さまざまな分野で「JavaScriptによる開発」が可能になったのです。

JavaScriptで動くということは、つまり「サーバー側も、クライアント側も、全部1つの言語だけで開発できる」ということです。Webの開発は、「クライアント側はJavaScript、サーバー側は別の言語」という感じで、2つの言語を組み合わせて開発するのが普通でした。が、Node.jsならば、どちらも同じ言語で開発できます。わざわざサーバー用に別の言語を覚える必要はありません。

### ●2. Webサーバーも自分で作る!

一般的なWeb開発のためのフレームワークは、基本的に「Webサーバーにアップロードして動かす」ということを前提に作られています。Webサーバーに、プログラミング言語を実行できるようにするプラグインなどを追加し、Webサーバーの中でフレームワークのプログラムが動くようにしているのですね。

ところが、Node.jsは違います。Node.jsは、「Webサーバープログラムそのものまで、すべて作る」のです! Node.jsには、Webサーバーの機能のためのライブラリなどが入っていて、Webサーバーのプログラムを自分で作って動かすのです。そういうと猛烈に難しそうですが、Node.jsには「わずか数行でWebサーバーを起動できる」という仕組みが用意してあるので心配はいりません。

**●3. JavaScript開発のフレームワークが使える！**

Node.jsというものが出てきて、「そうか、これがフレームワークってやつだな」なんて思った人もいたんじゃないでしょうか。実は、違います。

Node.js自体は、JavaScriptのランタイム環境であり、さまざまなプログラミング言語の実行環境と同じようなものです。これ自体は、フレームワークではないのです。

しかし、心配はいりません。このNode.js上で動作する便利なフレームワークがたくさん流通しており、そうしたものを使えば簡単にフレームワークを利用したWebアプリ開発が行えます。

本書でも、Node.jsの基本を説明した後は、もっともポピュラーなフレームワークである「Express」を使った開発について説明をします。フレームワークなど何も使ってないNode.jsの開発と、Expressを使った開発の両方について理解すれば、「フレームワークを使うとこんなに便利！」ということが実感できるでしょう。



## Node.jsの２つのバージョン

では、Node.jsを用意して使えるようにしましょう。Node.jsは、Webサイトで無償配布されています。誰でもソフトをダウンロードし使うことができます。

ただし！ Node.jsを使う際は、1つだけ、注意しておかないといけないことがあります。それは、「バージョン」です。

Node.jsには、2種類のバージョンがあります。偶数バージョンと奇数バージョンです。この2つは、まったく性質が違うので注意が必要です。

### 偶数バージョン

偶数のバージョンは「LTS」と呼ばれるものとして設計されています。LTSとは「Long Term Support」の略で、長期サポートが保証されているバージョンです。

例えば、現在まで広く利用されているver. 18というものは、2022年の春に登場し、2025年春までサポートされます。また本書執筆時点での最新版(ver. 20)は、2023年春に出たばかりで、これは2026年春までサポートされる予定です。

### 奇数バージョン

これに対し、奇数バージョンは、最新の機能をいち早く取り組んで試すことのできるバージョンです。しかし、これは次のバージョンが出てくるまでしかサポートされない、短期サポート版なのです。

例えば、ver.18の後にリリースされたver.19は、2022年10月に登場したのですが、

2023年4月にver. 20がリリースされるまでしかメンテナンスされません。メンテナンスは、次のLTSバージョンが出てくるまでの半年程度なのです。「最新のものを使いたい人向けに出される、つなぎのバージョン」と考えればいいでしょう。

Node.jsは、奇数バージョンでは新しい技術に積極的に取り組んでいき、偶数バージョンでは確実になった技術で安定的な運用を重視していく、という2本立てになっているのですね。ですから、これからNode.jsを学ぼうと思っている人は、奇数バージョンを使うべきではありません。偶数バージョンで長期間使えることを考えてください。

本書では、2023年4月にリリースされた最新の偶数バージョンver. 20をベースに説明をしていきます。



## Node.jsをインストールしよう

では、Node.jsをインストールしましょう。まずは、Node.jsのWebサイトにアクセスしてください。アドレスは以下になります。

```
https://nodejs.org/ja/
```

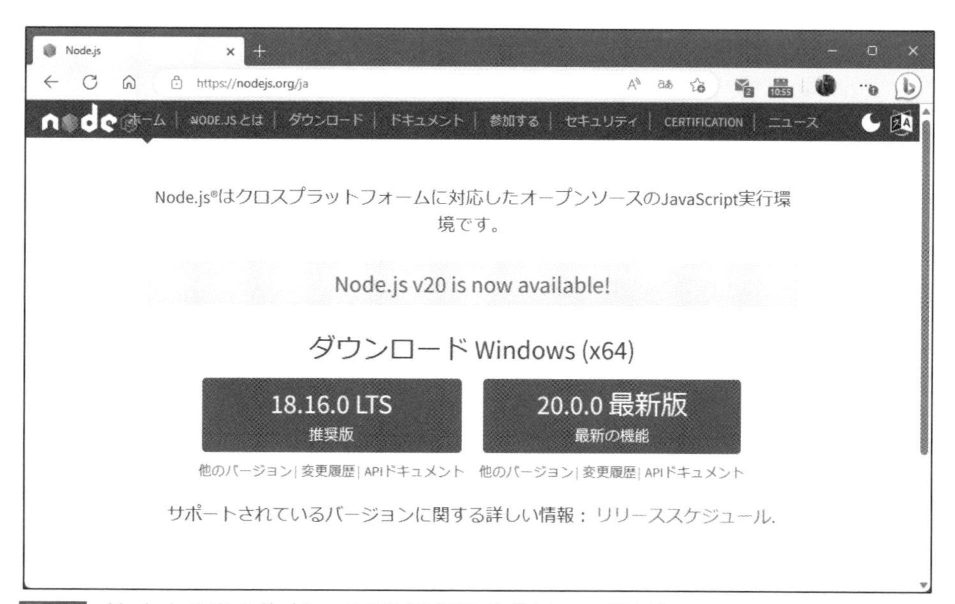


図1-5　Node.jsのWebサイト。ここからソフトをダウンロードする。

ここから、ダウンロードのボタンをクリックしてダウンロードを行ってください。ボタンは、2つ用意されています。既に説明したように、ここでは「v20.x.x」(x.xは任意のバージョン」)と書かれている方をクリックしてダウンロードしてください。これが最新版になります。もし、サイトが更新されて奇数のバージョンがアップロードされていたとしても、そちらは使わないようにしてください。

ダウンロードされるのは、アクセスしている機器のOSに応じたソフトウェアです。Windowsでアクセスすれば、Windows版がダウンロードされます。

## 他のプラットフォーム用が必要な場合

それ以外のものが必要な場合は、上部にある「ダウンロード」というリンクをクリックしましょう。これで、用意されている全OS用のソフトウェアが一覧表示され、好きなものをダウンロードできるようになります。

ここでは「LTS」と「最新版」という2つのタブが表示されています。LTSは「Long Term Support」の略で、長い期間メンテナンスされ続けることが保証されているバージョンです。

ここで使うver.20は「最新版」に表示されていると思いますが、アクティブに更新される期間がすぎ、更に新しいバージョンが登場すると、自動的にLTSに切り替わります。その場合は、「LTS」にver. 20が表示され、「最新版」にver. 21が表示されることになるでしょう。

このあたり、「最新版」と「LTS」を間違えないように注意してください。両方が偶数バージョンなら「最新版」を使います。最新版が奇数バージョンなら、「LTS」を使いましょう。

Chapter 1
Chapter 2
Chapter 3
Chapter 4
Chapter 5
Chapter 6
Chapter 7

図1-6 「ダウンロード」のリンクを押すと、全プラットフォーム向けのソフトウェアがまとめて表示される。

## インストールを行う（Windows版）

ダウンロードされるのは、専用のインストーラ・プログラムです。これをダブルクリックして起動し、インストールを行いましょう。まずはWindows版のインストーラです。なお、以下に手順を説明しますが、アップデート等により手順が若干変更される場合もありますから注意しましょう。

### ●1. Welcome画面

起動すると、インストーラのウィンドウが現れた後、ハードディスクの確認を行います。これにはしばらく時間がかかるでしょう。待っていると、確認が終わり、「Next」ボタンが選択できるようになります。そのままボタンをクリックして次に進んでください。

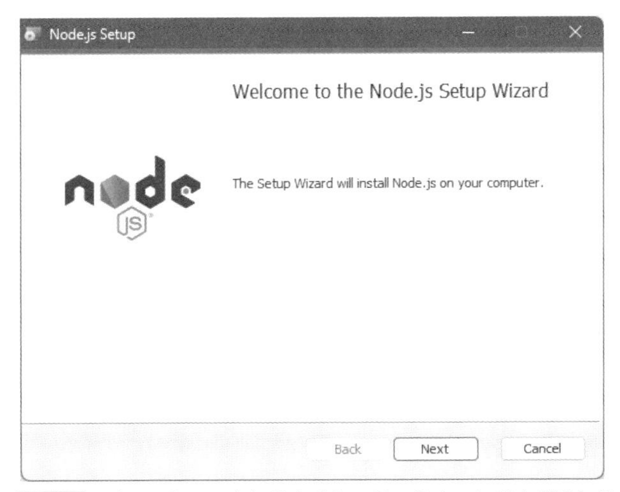


図1-7　インストーラを起動するとこういうウィンドウが現れる。そのまま「Next」ボタンで次に進む。

### ●2. ライセンス利用許諾

「End-User License Agreement」という表示が現れます。これはライセンスの利用許諾契約です。下に見える「I accept……」というチェックをONにし、「Next」ボタンで次に進みます。

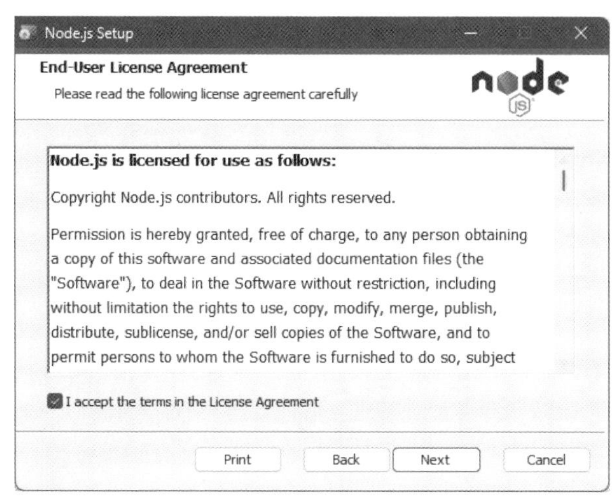


図1-8 ライセンス利用許諾契約画面。チェックボックスをONにして次に進む。

### ●3. 保存場所の指定

「Destination Folder」画面です。ここではインストールするフォルダーを選択します。これは、デフォルトで設定されているフォルダーのままでいいでしょう。そのまま次に進んでください。

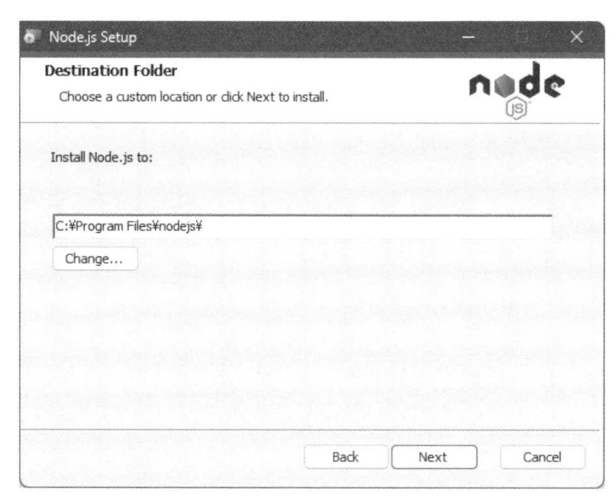


図1-9 保存先のフォルダー設定。デフォルトのままで問題ない。

### ●4. カスタムセットアップ

「Custom Setup」画面に進みます。インストールするモジュールなどを選択するところです。標準で必要なものはすべてインストールされるようになっているはずなので、そのまま次に進めば良いでしょう。

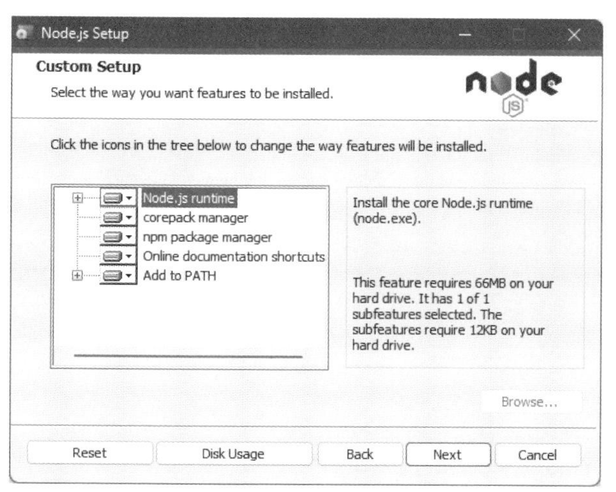


図1-10 インストールモジュールなどを選択する。デフォルトですべてインストールする設定になっている。

### ●5. ネイティブモジュールの設定

「Tools for Native Modules」という表示になります。ネイティブコードのモジュールに関する設定です。これはデフォルトの状態のままにしておきましょう。

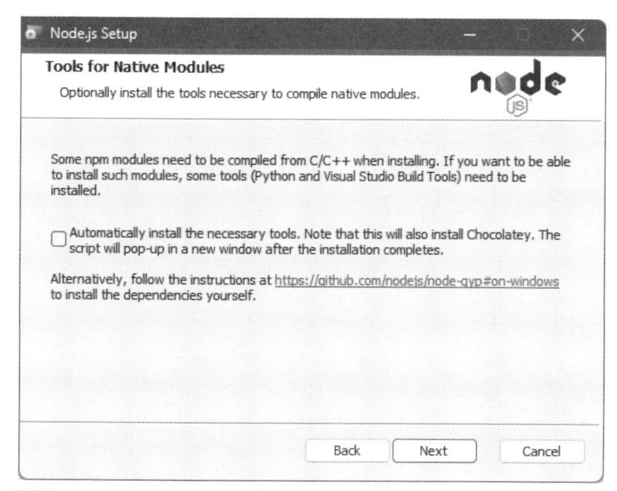


図1-11 ネイティブモジュールの設定。デフォルトのままにしておく。

### ●6. 準備の完了

「Ready to install Node.js」という表示が出たら、後は「Install」ボタンを押してインストールを実行するだけです。インストールにはしばらく時間がかかるので待ちましょう。

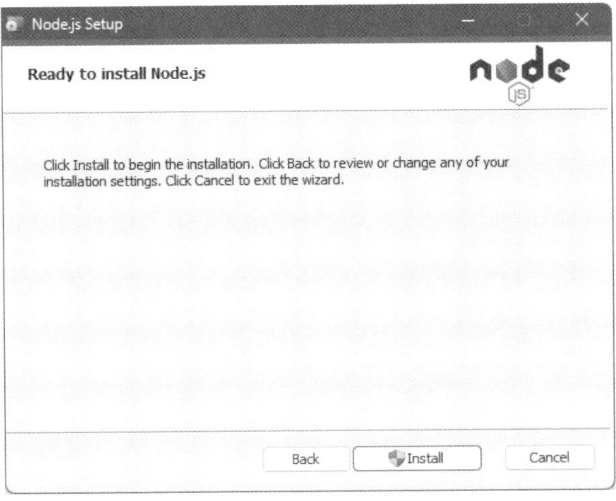


図1-12 「Instal」ボタンをクリックしてインストールを実行する。

### ●7. インストール完了

インストールが完了したら、「Finish」というボタンが選択できるようになっています。これをクリックして終了すれば作業完了です。

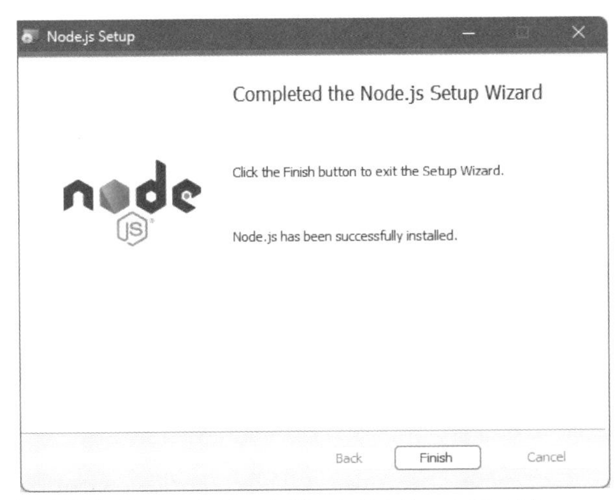


図1-13 「Finish」ボタンを押してインストール完了！）

## インストールしよう(macOS版)

続いて、macOSの場合です。こちらも専用のインストール・プログラム(パッケージファイル形式になっています)がダウンロードされるので、これを起動してインストールします。

### ●1. ようこそ画面

「ようこそNode.jsインストーラへ」というウィンドウが現れます。そのまま「続ける」ボタンで次に進みます。

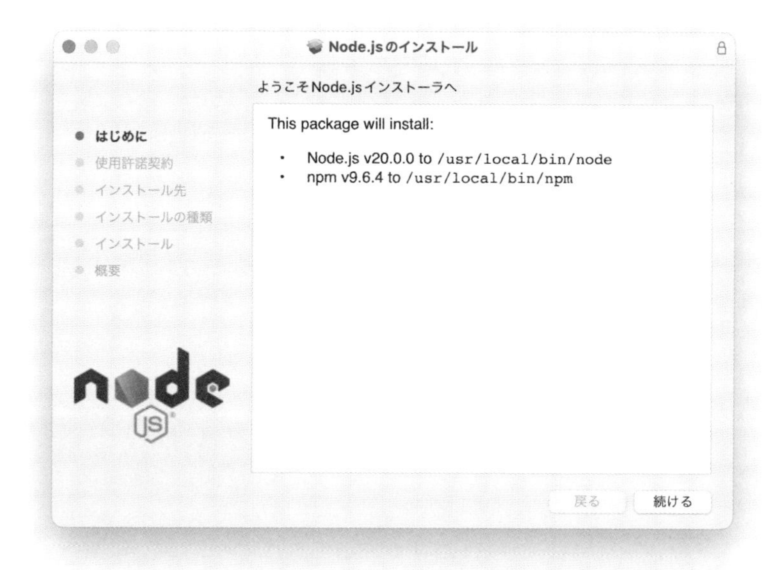


図1-14 起動画面。そのまま次に進む。

### ●2. 使用許諾契約

使用許諾契約の画面になります。「続ける」ボタンをクリックし、現れたダイアログで「同意する」ボタンを選択します。

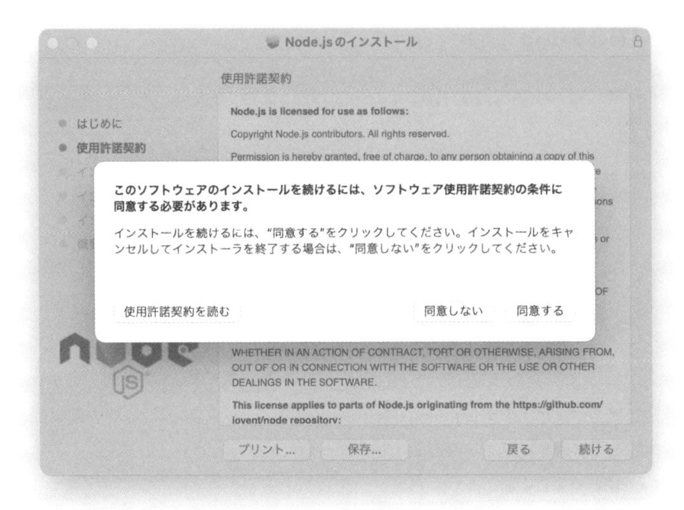


**図1-15** 使用許諾契約画面が出たら同意する。

## ●3. インストール先

インストール場所の選択画面になります。インストールするボリューム(ディスク)を選択します。

**図1-16** インストール場所を指定する。

### ●4. インストールの種類

標準インストールの画面になります。そのまま「インストール」ボタンをクリックすればインストールを開始します。なお、インストール時に管理権限のあるユーザーのパスワードを尋ねて来たら入力してください。

図1-17 「インストール」ボタンを押せばインストールを開始する。

### ●5. 概要

待っていればインストールはすぐに終了します。後は「閉じる」ボタンを押してインストーラを終了するだけです。

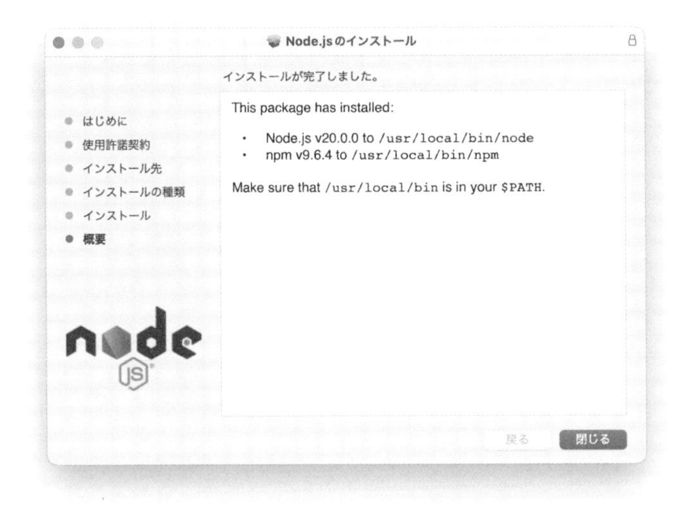


図1-18 「閉じる」ボタンでインストーラを終了する。

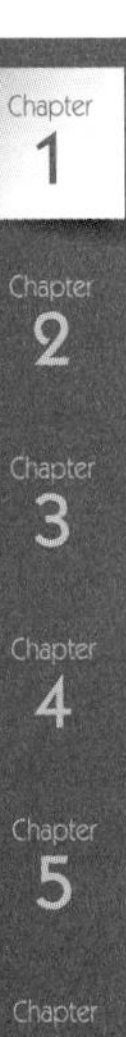

## Node.jsの動作を確認しよう

インストールが無事にできたら、Node.jsがちゃんと使える状態になっているか確認しましょう。Windowsならばコマンドプロンプト、macOSならばターミナルを起動して、以下のように入力し、EnterキーまたはReturnキーを押してください。

```
node -v
```

これでコマンドが実行され、Node.jsのバージョン番号が表示されます。もし、他のメッセージなどが表示されたら、Node.jsがうまく認識されていないということになります。

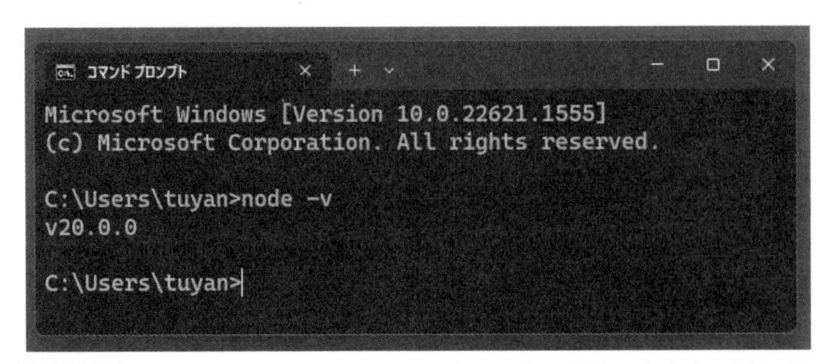


図1-19 「node -v」と実行してバージョン番号が表示されればOKだ。

## Node.jsは「コマンドプログラム」

今の作業を見て、内心、ぎょっとした人もいるかもしれませんね。「Node.jsって、コマンドで動かすのか？」って。

そうなのです。Node.jsは、コマンドプログラムです。作業はすべてコマンドを使って実行していきます。ウィンドウやメニューで操作するようなアプリケーションは用意されていません。

「面倒くさい……」なんて思った人。でも、考えてみてください。プログラミングというのは、長い長いソースコード(プログラムのリストのことです)をひたすらエディターで書いていく作業です。そうやってプログラムを作っていくのです。

プログラミングは、ひたすら「書く」ことで覚えていきます。書くことを面倒がっていてはプログラミングは上達しません。コマンド入力も、プログラミングを学ぶ上で必要なものと考えましょう。大丈夫、今は面倒に感じても、実際にプログラミングを始めれば、ちょっとしたコマンドの入力なんて苦にならなくなってきますから。

# Node.jsを動かしてみよう

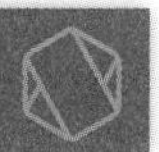

では、実際にNode.jsを動かしてみましょう。「えっ、でもまだ開発ツールとか何も持ってないよ？」という人。いえいえ、心配はいりません。Node.jsは、その場で文を書いて実行し動かす「インタラクティブモード」を備えているのです。

では、コマンドプロンプトあるいはターミナルから、以下のように書いて、Enterキーまたは Returnキーを押して実行してみましょう。

```
node
```

すると、カーソルが点滅して入力待ちの状態となります。

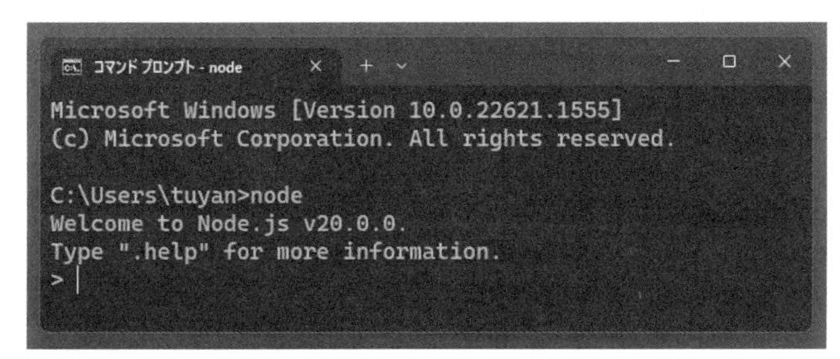


図1-20 nodeを実行すると、入力待ち状態になる。

これはどういうことか？ というと、「Node.jsで実行する文を入力してください」ということなのです。Node.jsでは、JavaScriptの文を書いてEnter/Returnキーを押すと、その文をその場で実行する、という機能を持っているのです。

## 命令を実行する

では、簡単な命令(？)を実行させてみましょう。以下のように文を書いてEnter/Returnしてみてください。注意してほしいのは、「全部、半角の英文字で書く」という点です。また、大文字小文字まで正確に書くようにしてください。

```
console.log("Hello!");
```

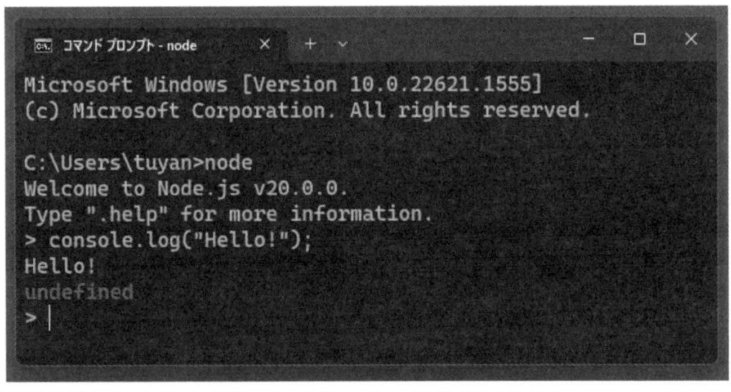


図1-21 実行すると「Hello!」とテキストが表示された。

こうすると、次の行に「Hello!」とテキストが表示されます。これは、今実行した文の実行結果です。つまり、今の文は「Hello! とテキストを出力する」という働きをするものだったのです。

## 計算を実行する

こんなふうに、Node.jsに用意されている命令(？)のようなものを使って何かを行わせることもできますし、プログラミングの基本である計算などを行わせることだってできます。例えば、以下の文を1行ずつ実行していきましょう。これも全部半角文字で書きます。

```
var t = 0.1;
var p = 12300;
p * (1 + t);
```

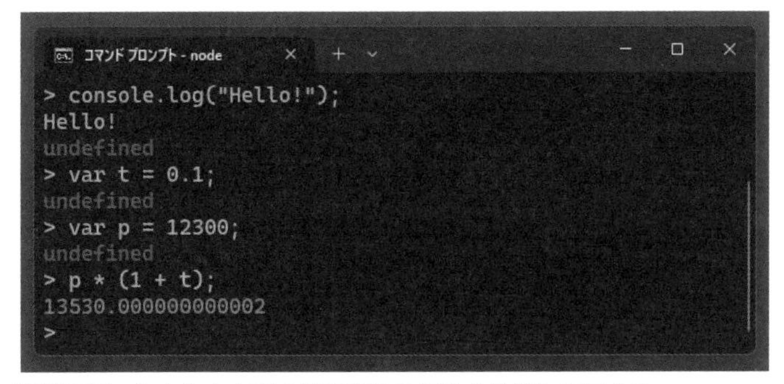


図1-22 入力した金額の消費税込み価格を計算し表示する。

すると、最後に「13530.000……」と数字が表示されます。これは、計算をした結果です。12300円に、消費税10%を足した金額を計算し表示していたのです。

実行が終わったら、「.exit」とタイプしてEnter/Returnしてください(最初の「.」も忘れないように！)。これでNode.jsから抜けて元の状態に戻ります。

——まぁ、実際のプログラミングも、こんな調子でコマンドラインから延々と打ち込んでいくわけではありません。ただ、このように「nodeコマンドを使えば、その場で簡単なプログラムを直接打ち込んで実行できるんだ」ってことは知っておくと便利でしょう。

## コラム 13530.000000000002って、何？ Column

12300に1.1をかけたら、「13530.000000000002」という妙な結果が表示されました。「なんで、13530じゃないんだ？」と思った人も多いでしょう。

実は、コンピュータでは、実数(整数以外の値)は正確には表現できないのです。ですから、小数の値などを計算するときは、ときどき桁の最後の方に余計な「ゴミ」が混ざってしまうことがあるのです。「コンピュータなんだから正確なんじゃないの？」と思った人。いいえ、コンピュータにも不正確なところはあるんですよ。

# Section 1-2 Visual Studio Codeを使おう

ポイント
- ▶ Visual Studio Codeをセットアップしましょう。
- ▶ エディターにはどんな支援機能があるか確認しましょう。
- ▶ テーマを変更できるようになりましょう。



## 開発ツールはどうする？

nodeコマンドで、JavaScriptの文を実行してみましたが、実際の開発では、こんなまどろっこしいことはやっていられません。もっと快適にプログラムを作成できる環境が必要です。

Webの開発は、ソースコード（プログラムのリストのことでしたね）の編集が主な作業内容になります。PCやスマホの開発ではプロジェクトをビルドしてアプリを作ったり、いろいろな仕掛けが必要になりますが、Webの場合は「とりあえずソースコードが編集できればOK」なのです。したがって、専門の開発ソフトなどなくても開発は行えます。

が、正反対のことをいうようですが、「専用のツールがあったほうがいい」ということもまた事実なのです。それじゃ、一体何がいいのか？ 専用の開発ツールを利用する利点について簡単にまとめてみましょう。

### Webでは多数のファイルを作る！

一番大きいのは、「一度にたくさんのファイルを開いて編集できる」という点でしょう。メモ帳のようなテキストエディターは、一度に1つのファイルしか開けません。中にはたくさんのファイルを開けるエディターもありますが、その場合も自分でファイルをきちんと管理しないといけません。

Webの開発では、非常にたくさんのファイルを作成していきます。Webページ1枚作るにしても、HTMLファイル、スタイルシートファイル、JavaScriptのファイル、そしてサーバー側の開発を行うならそのためのファイルも必要になります。ちょっとしたサイトでも、数十個のファイルを作成することになるのです。

専用の開発ツールは、開発に必要となる多数のファイルを一括管理するための仕組みが用意されています。テキストエディターを使うよりはるかにファイルの管理が楽なのです。

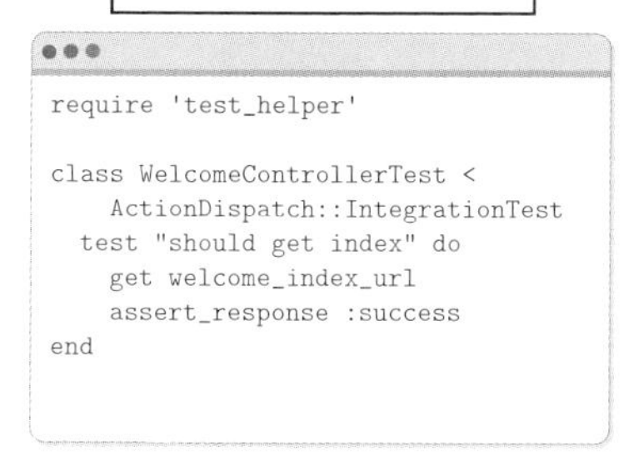
テキストエディタの場合
require 'test_helper'
class WelcomeControllerTest <
ActionDispatch::IntegrationTest
test "should get index" do
get welcome_index_url
assert_response :success
end

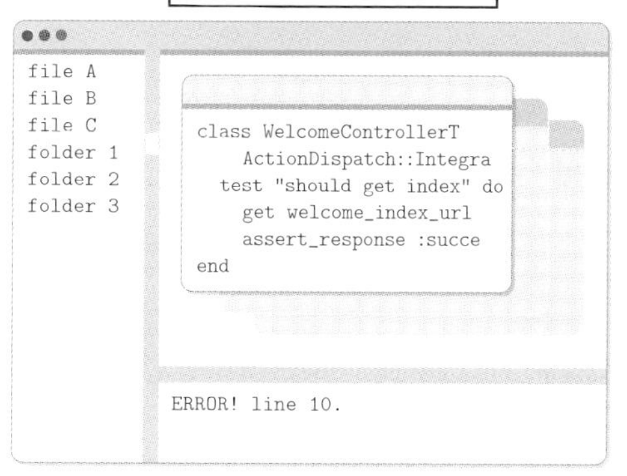
開発ツールの場合
file A
file B
file C
folder 1
folder 2
folder 3
class WelcomeControllerT
ActionDispatch::Integra
test "should get index" do
get welcome_index_url
assert_response :succe
end
ERROR! line 10.

図1-23 テキストエディターは、ただファイルを開いて編集するだけだが、開発ツールはたくさんのファイルをまとめて管理できる。

## エディターが書き方を教えてくれる！

プログラムの作成で一番大変なのは、「膨大な数の複雑な命令を覚えて正確に書かないといけない」ということでしょう。

プログラミング言語には、数百数千の命令や関数が用意されています。これらを組み合わせてソースコードを書いていくわけです。が、人間、そんなに簡単にたくさんの単語を丸暗記できるものではありません。

そこで登場するのが、開発ツールの「入力支援機能」です。多くの開発ツールでは、ソースコードの入力を支援してくれる機能が豊富に用意されています。中でも圧倒的に便利なのが、「今、使える命令や関数をリアルタイムに検索して表示してくれる」機能です。

エディターに最初の数文字を打ち込むと、その文字を含む命令や関数を一覧表示してくれるのです。その中から「これだ！」と思ったものを選べば、正確な綴りでそれを書き出してくれます。これならスペルミスもなくなります。この機能だけでも、開発ツールを使う意味はある、といってもいいでしょう。

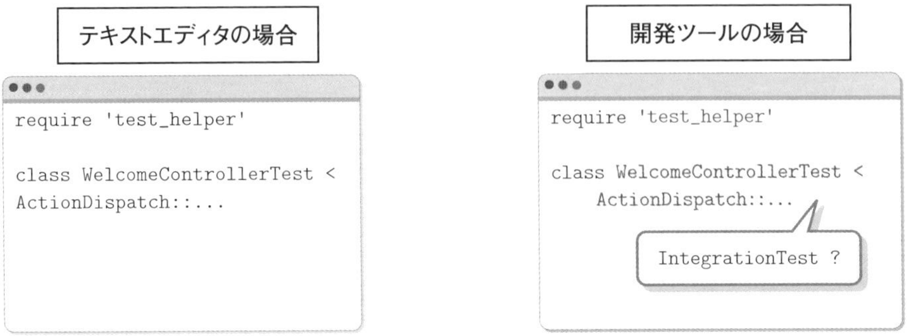

テキストエディタの場合

```
require 'test_helper'

class WelcomeControllerTest <
ActionDispatch::...
```

開発ツールの場合

```
require 'test_helper'

class WelcomeControllerTest <
    ActionDispatch::...
```

IntegrationTest ?

図1-24 開発ツールでは、単語を色分け表示したり、次に入力する命令の候補をポップアップ表示したり、たくさんの支援機能がある。



## たくさんの言語に対応している！

この入力支援機能は、多くの言語に対応しています。Web系の開発ツールなら、HTMLやスタイルシート、JavaScriptなどはもちろん、サーバー側の開発でよく利用されるPHPやRuby、Pythonといった言語もたいてい対応しています。そのファイルを開くだけで、自動的に使われている言語を識別し、その言語のための支援機能を使えるようにしてくれるのです。

Webでは、さまざまな言語を使いますから、こうした「多言語に対応している」ソフトがあると、効率も飛躍的にアップするのです。

### コラム プログラムリスト？ ソースコード？ スクリプト？ Column

ここまでの説明で、プログラムの内容を書いたリストのことを「プログラムリスト」といったり、「ソースコード」と呼んだり、「スクリプト」と書いてあったりして「一体、どれが正しいんだ！」と混乱してきた人もいるかもしれませんね。

結論からいえば、これらは「全部、同じもの」を指しているといっていいでしょう。プログラムリストというのは、プログラミングなんてよく知らない人に向けて一般的な言葉で説明するときに使ったりします。ソースコードは、プログラミング経験者の間で使われる言葉です。そして「スクリプト」というのは、JavaScriptなど本格言語よりももっとライトな言語で、その場で書いたものを動かせるようなプログラムを指して呼ぶことが多いでしょう。JavaScriptのプログラムリストを「スクリプト」と呼ぶことも多いのです。

ということで、厳密には同じではないのですが、本書の説明の中ではこれらは「全部同じもの」と考えましょう。

## Visual Studio Codeを使おう！

　まだまだ開発ツールを使う利点はありますが、「ただのテキストエディターよりはるかに便利そうだ」ということはわかったでしょう。

　では、具体的にどんな開発ツールを使えばいいのでしょうか。開発ツールはたくさんありますが、ここでは「タダで使える」「Web系の言語に多数対応している」「多機能すぎず、シンプルで軽快」といったことから、「Visual Studio Code」というソフトを使うことにしましょう。

　Visual Studio Code（以下、VS Codeと略）は、マイクロソフト社が開発しているツールです。マイクロソフトは「Visual Studio」という本格開発向けの開発ツールを作っているのですが、そこでのノウハウをもとに、Web系で使われている言語の編集を行うための軽快な開発ツールとして、このVS Codeを作りました。

　VS Codeは、基本的に「たくさんの言語のファイルを編集するためのエディター」です。それ以外の機能はそれほどありません。ソースコードを編集するエディターに特化した開発ツールなのです。

　「なんだ、タダのエディターか」と思うでしょうが、VS Codeは「ただのエディター」ではありません。Visual Studioの強力な開発支援機能をそのまま移植しているため、ただのエディターに比べるとプログラムの入力編集が圧倒的に快適に行えるのです。

　また、エディター以外の機能として、コマンドプロンプトやターミナルなどからコマンドを実行するのと同じ機能も持っています。既に述べたように、Node.jsはコマンドで実行をしますから、VS Code内からコマンドを実行できるのはかなり快適ですよ。



## VS Codeをインストールしよう

　では、VS Codeをインストールして使えるようにしましょう。まずは、VS CodeのWebサイトにブラウザでアクセスしてください。アドレスは以下になります。

```
https://visualstudio.microsoft.com/ja/#vscode-section
```

図1-25　VS Codeの日本語サイト。ここからソフトをダウンロードできる。

このページにある「ダウンロードする」というボタンにマウスポインタを移動すると、各プラットフォームのダウンロードリンクがプルダウンして現れます。ここから項目をクリックすれば、そのプラットフォーム用のソフトウェアがダウンロードされます。

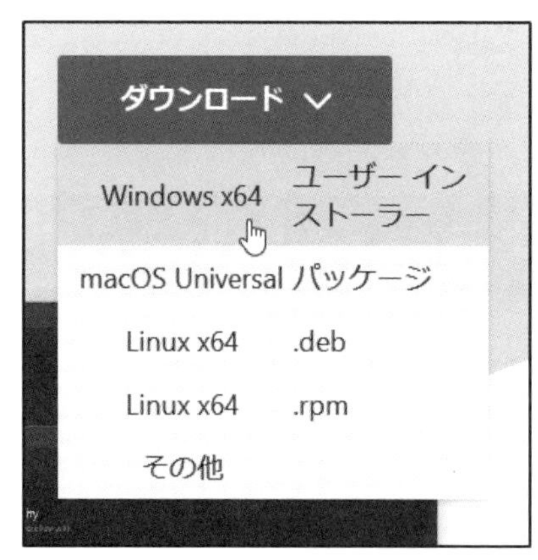


図1-26　「ダウンロードボタンから自分が使うOS向けのものをダウンロードする。

## Windows版のインストール

Windows版は、専用のインストーラの形で配布しています。これを起動し、手順にしたがってってインストールを行いましょう。

## ●1. 使用許諾契約の同意

起動すると、使用許諾契約を表示した画面が現れます。表示されている内容を読み、下にある「同意する」ラジオボタンを選んで次に進みます。

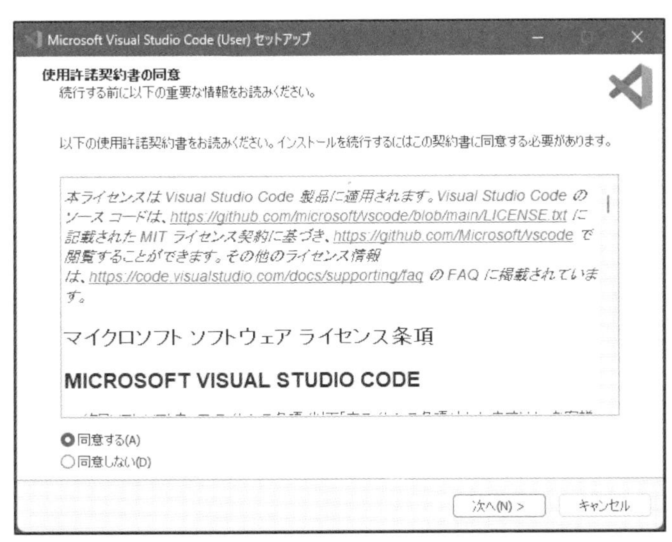


図1-27 使用許諾契約の同意画面。

## ●2. 追加タスクの選択

インストールの際に設定する項目を選びます。これもデフォルトでいくつかのものが選択済みになっているので、そのままにしておけばOKです。

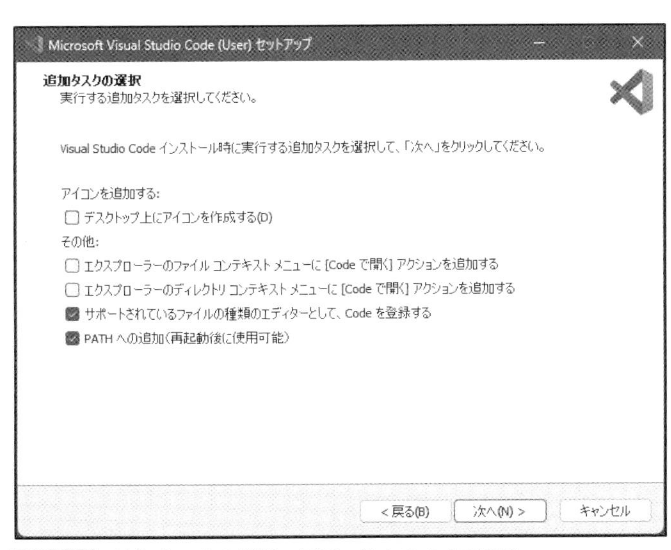


図1-28 追加タスクの選択。デフォルトのままでOK。

### ●3. インストール準備完了

インストールの内容が表示されます。表示内容を確認し、「インストール」ボタンをクリックすれば、インストールを開始します。後は待つだけ！

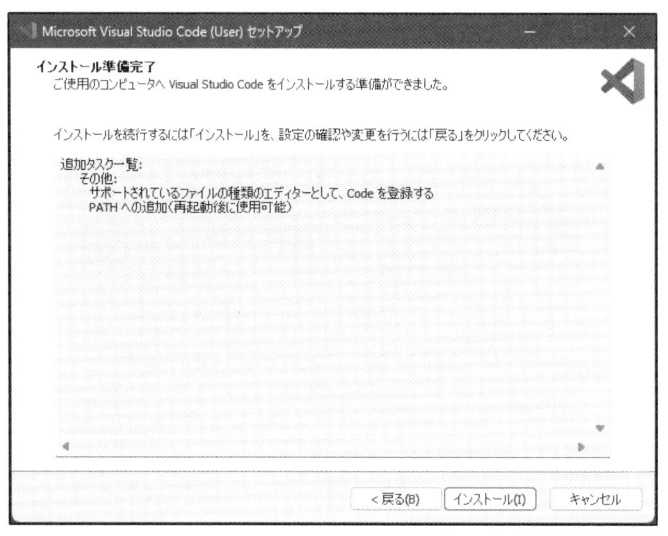


図1-29 準備完了。「インストール」ボタンを押してインストール開始！）

## macOS版のインストール

macOSは、アプリケーションをZip圧縮したファイルとして配布しています。Zipファイルをダブルクリックして展開すれば、VS Codeのアプリケーションが保存されるので、そのまま「アプリケーション」フォルダーにドラッグして入れるだけです。インストール作業といったものはありません。

# 日本語表示にしよう

では、VS Codeを起動してみましょう。Windowsの場合は、インストーラを終了すると自動的にVS Codeが起動します（もし、起動しなかった場合は、スタートボタンの中から「VS Code」という項目を探して起動しましょう）。macOSでは、保存したアプリケーションをダブルクリックして起動してください。

これで、すぐにVS Codeを使い始められるのですが、起動するとウィンドウの右下にアラートのようなものが表示されたのではないでしょうか。「表示言語を日本語にするには言語パックをインストールします」というアラートです。これは、日本語環境で使っている場合のみ表れるもので、「インストールして再起動」ボタンをクリックすることで自動的に言語パックの機能拡張がインストールされ、次に起動するときから日本語で表示されるようになります。

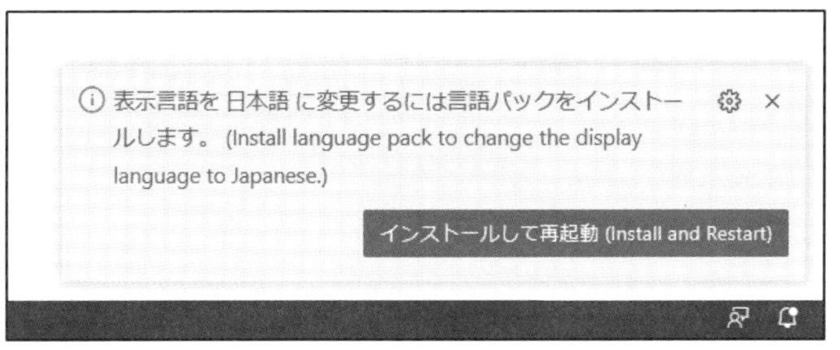


図1-30　アラートが現れたら「インストールして再起動」ボタンをクリックする。



## アラートが表示されない場合は？

もし、以前にVS Codeを使ったことがあるなど何らかの理由でアラートが表示されない場合は、手作業で言語パックをインストールしましょう。起動したVS Codeのウィンドウの左端を見てください。縦にいくつかのアイコンが並んでいますね？ そのから、□がいくつか並んだ形のアイコンをクリックしましょう。これは「Extension」アイコンといって、拡張機能プログラムを管理するためのものです。

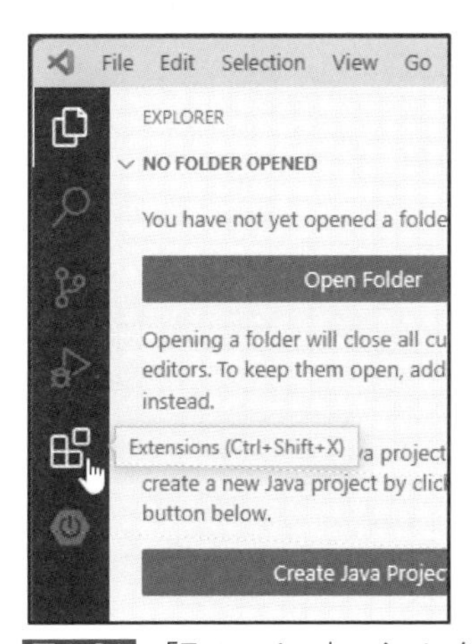


図1-31　「Extension」アイコンをクリックする。

アイコンをクリックすると、その右隣の上部に検索テキストを入力するフィールドが現れます。ここに「japanese」とタイプして検索をすると、「Japanese Language Pack for Visual Studio Code」という機能拡張が見つかります。これを選択し、タイトル下に見える「Install」というボタンをクリックしてください。次に起動したときには日本語表示になっていますよ。

図1-32 「Japanese Language Pack」を検索し、インストールする。

## VS Codeを使おう

さて、VS Codeは無事、日本語で起動できましたか。では、実際にVS Codeの使い方を覚えていきましょう。といっても、ごく基本部分だけ覚えれば使えるようになりますから心配は無用です。

起動すると、画面にいろいろとリンク類が表示された画面が現れたことでしょう。これは、「ウェルカムページ」というものです。表示されていない人は、VS Codeの「ヘルプ」メニューから「ようこそ」メニューを選んでみましょう。ウェルカムページが表示されます。

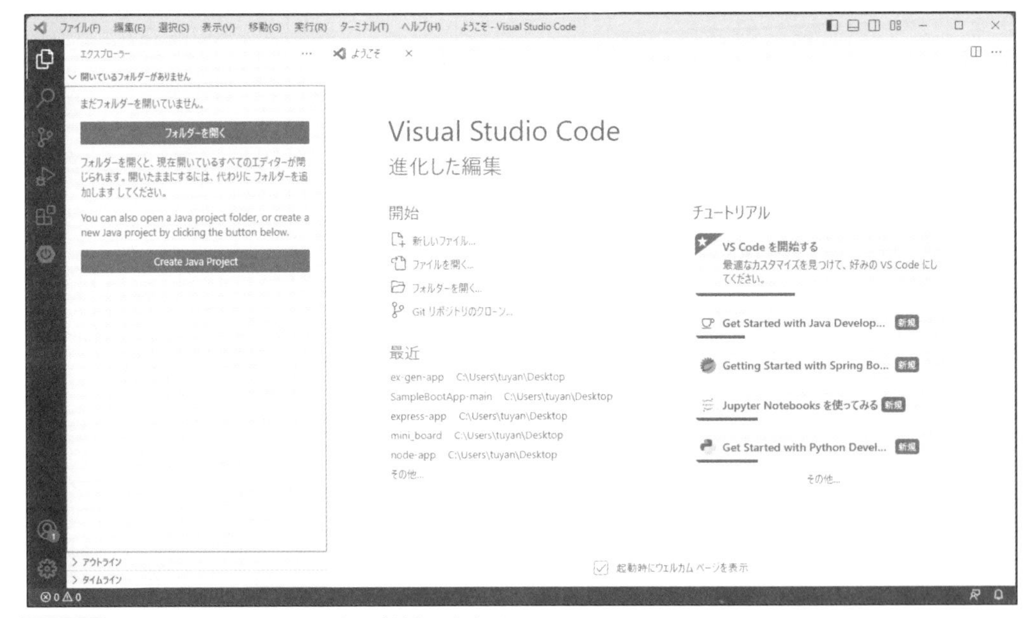


図1-33 起動するとウェルカムページが表示される。

このウェルカムページは、ファイルを新たに作成したり、フォルダーを開いたり、前に編集したものを再度読み込んで表示したりするためのリンク類がまとめてあります。またヘルプ関係のリンクも用意されていて、「VS Codeで編集をするときに必要になる機能をひとまとめにしたもの」といえます。

まぁ、これがなくとも、それぞれの機能をメニューで選べばいいのですが、「とりあえず必要な機能が1つにまとめてある」というのは便利なものです。ウェルカムページの一番下にある「起動時にウェルカムページを表示」のチェックボックスをONにしておくと、VS Codeを起動した際に自動的にウェルカムページが表示されるようになるので、使ってみたい人はこれをONにしておきましょう。

## フォルダーを開いて編集開始！

このVS Codeは、どうやって使うのでしょうか。それは、「編集したいファイル類がまとめてあるフォルダーを開いて使う」と考えてください。

VS Codeは、フォルダー単位でファイル類を管理します。あるフォルダーを開くと、そのフォルダーの中にあるファイル類が階層的にVS Codeに表示されるようになるのです。そこから、編集したいファイルをダブルクリックして開けばすぐに編集が行える、というわけです。

まずは、「フォルダーの開き方」を説明しておきましょう。なお、まだ私たちは編集するアプリケーションなどを準備していませんから、しばらくは使い方の説明だけ読んで頭に入れておいてください。

### ●1. メニューでフォルダーを開く

フォルダーを開く方法は、大きく2つあります。1つは、メニューを使う方法。「ファイル」メニューから「フォルダーを開く」メニューを選びます。そして、フォルダー選択のダイアログから、編集したいフォルダーを選択します。

図1-34 「ファイル」メニューから「フォルダーを開く」メニューを選ぶ。

### ●2. フォルダーをドラッグ＆ドロップする

もう1つの方法は、もっと直感的です。フォルダーのアイコンをドラッグし、VS Codeのウィンドウ内にドロップするだけです。これで、ドロップしたフォルダーを開いてその中身が編集できるようになります。

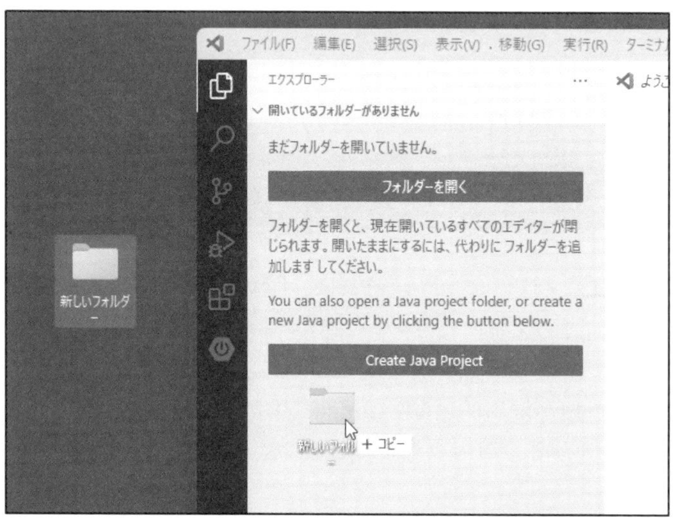


1-35 フォルダーをVS CodeのWindowにドラッグ＆ドロップする。

## フォルダーの中身が一覧表示される

これで、選んだフォルダーが開かれます。するとVS Codeの左側に、フォルダーの中にあるファイルやフォルダー類が階層的にリスト表示されたものが現れます。これは「エクスプローラー」と呼ばれるものです。ここからファイルをクリックして開けば、そのファイルをその場で編集できます。

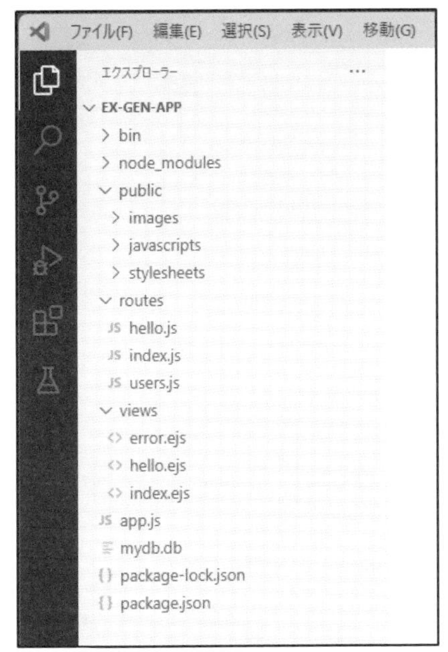


図1-36 フォルダーを開くと、中にあるファイルがリスト表示される。なお、ここではダミーとして、Node.jsで開発しているアプリのフォルダーを開いてみた。

## タブでファイルを切り替える

エクスプローラー（左側のリストの部分）からファイルをクリックして開くと、VS Code内蔵のエディターでファイルが開かれ、編集できるようになります。開いたエディターの上部には、ファイル名を表示したタブが表示されます。複数のファイルを開くと、それぞれのファイル名のタブが上部に横一列に表示され、それをクリックしてエディターを切り替え表示することができます。

エクスプローラーの上部には「開いているエディター」という項目があり、そこに現在開いて編集しているエディターがリスト表示されます。これをクリックしてもエディターを切り替えることができます。

それぞれのタブや「開いているエディター」の項目には、右端に「×」マークが表示されています。この部分をクリックすれば、エディターを閉じることができます。

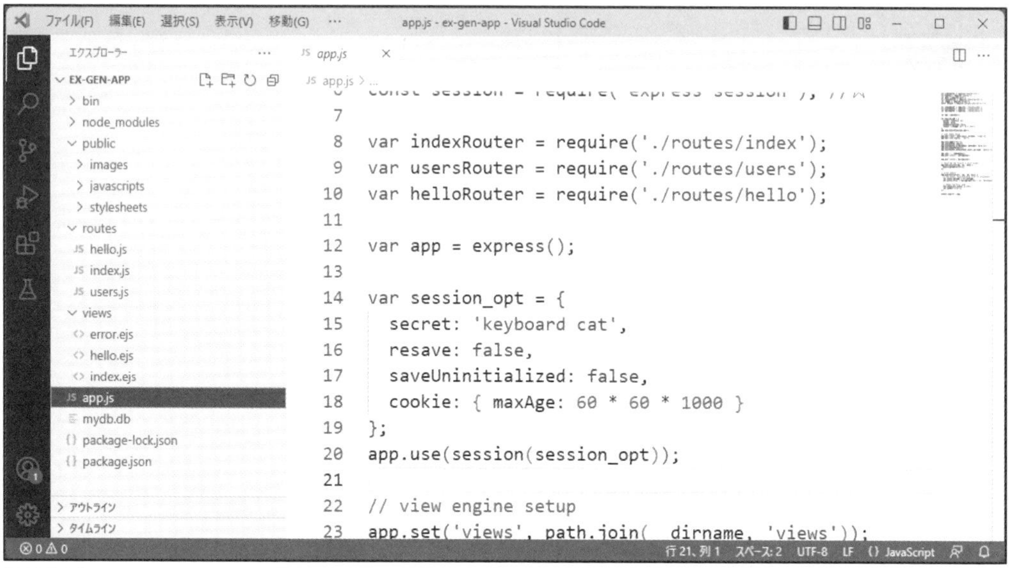

図1-37 エディターの上部には、開いたファイル名のタブが表示される。また左側のリスト上部には「開いているエディター」が表示される。

## エディターの入力支援機能

このVS Codeを利用する一番の利点は、エディターに搭載されている各種の入力支援機能が使える、という点でしょう。主な支援機能を整理すると以下のようになります。

### オートインデント機能

テキストを改行すると、プログラムの構文にあわせてテキストの開始位置を左右に移動し、どの構文の中にいるかが視覚的にわかるようになっています。特に「構文の中にまた別の構文」というように、構文の構造が複雑になってくると、「今書いているのはどの構文の中だっけ？」と思ったときも、文のインデントを見ればひと目でわかります。

### 構文の折りたたみと展開

インデントだけでなく、それぞれの構文の開始と終了の間には線が表示され、どこからどこまでが構文の内部かが直感的にわかります。またそれぞれの構文の冒頭(左端)には「v」マークが表示され、これをクリックすることでその構文を折りたたむことができます。長いコードになると、「この部分は完成した、もう編集する必要はない」といったところを折りたたんでしまえば、未完成のところだけを表示して編集できるようになります。

## コードのスタイル分け表示

使われている値やキーワードの種類に応じて単語を色分けやスタイル設定をして、それぞれの役割がひと目でわかるようになっています。キーワードの書き間違いなどがひと目で見てわかります。

## 候補の表示

これがもっとも重要な機能でしょう。エディターでソースコードをタイプしていると、タイピング中、リアルタイムに一覧リストがポップアップ表示されます。これは、現在タイプしている単語を含む命令や関数などを一覧表示しているのです。ここから項目をクリックして選択すれば、その単語が自動的に書き出されます。

また、テキストを入力中、Ctrlキーを押したままスペースバーを押すと、そこで使える命令などが一覧表示されます。

これらの機能を使うことで、普通のテキストエディターなどよりもはるかに手早くソースコードを入力することができるようになります。エディターは、普通のものと同様にカット&ペーストできますし、「ファイル」メニューから「保存」メニューを選んで修正を保存できます。

```
JS app.js   1 ●
JS app.js > ...
 8  var indexRouter = require('./routes/index');
 9  var usersRouter = require('./routes/users');
10  var helloRouter = require('./routes/hello');
11
12  var app = express();
13
14  app.
15      all
16  var apply
17    se arguments
18    re bind
19    sa call          (method) Function.call(this: Function, …
20    co caller
21  };  checkout
22  app. connect
23      copy
24  // v defaultConfiguration
25  app. delete
26  app. disable
27
28  app.use(logger('dev'));
```

図1-38　VS Codeのエディター。色分け表示されたり、候補がリスト表示されたりする。

## テーマの設定

ここまでの説明の図を見ながら、「なんか、自分のVS Codeと表示が違うぞ？」と思っていた人はいませんか。掲載されている図では、白いエディターにテキストが表示されているが、自分のは黒い背景のエディターになってる、という人もいるんじゃないでしょうか。

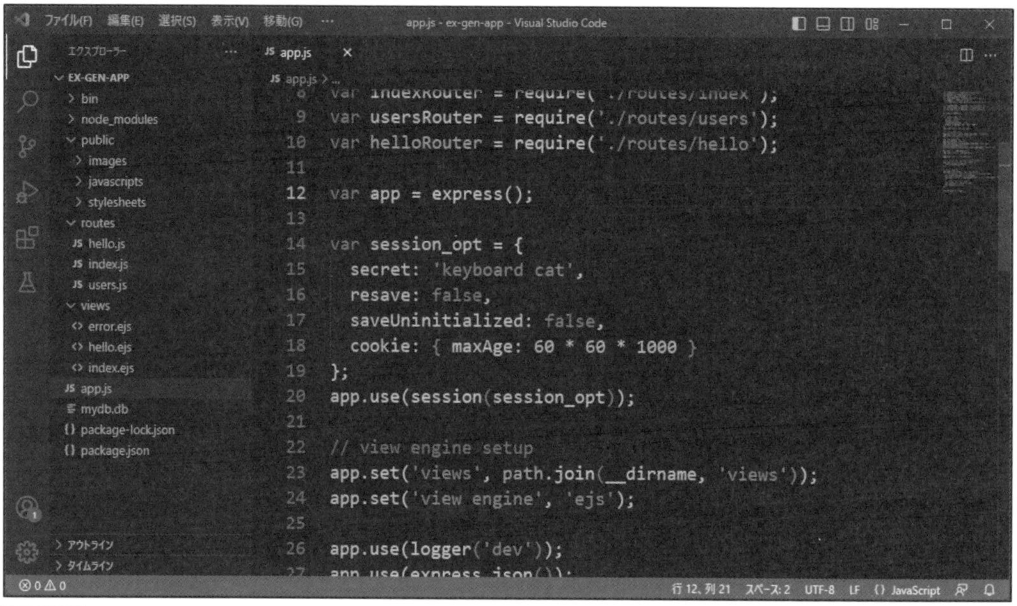

**図1-39** 黒い背景のVS Code。これは「ダークモード」のテーマになっているためだ。

これは、VS Codeのテーマが異なっているからです。VS Codeにはいくつかのテーマが用意されており、これを利用することで表示をダークモード（黒背景の表示）に切り替えたりできます。

テーマは、「ファイル」メニューの「ユーザー設定」メニュー内に「テーマ」としてまとめられています。ウィンドウ内のカラー表示は、ここから「配色テーマ」メニューを選んで設定します。

**図1-40** 「配色テーマ」メニューを選ぶ。

このメニューを選ぶと、VS Codeのウィンドウ上部に選択リストがプルダウンして現れ、そこから使いたいテーマを選べるようになります。「Light+」と「Dark+」が基本のライトモードとダークモードのテーマになります。このどちらかを選んでおくと良いでしょう。

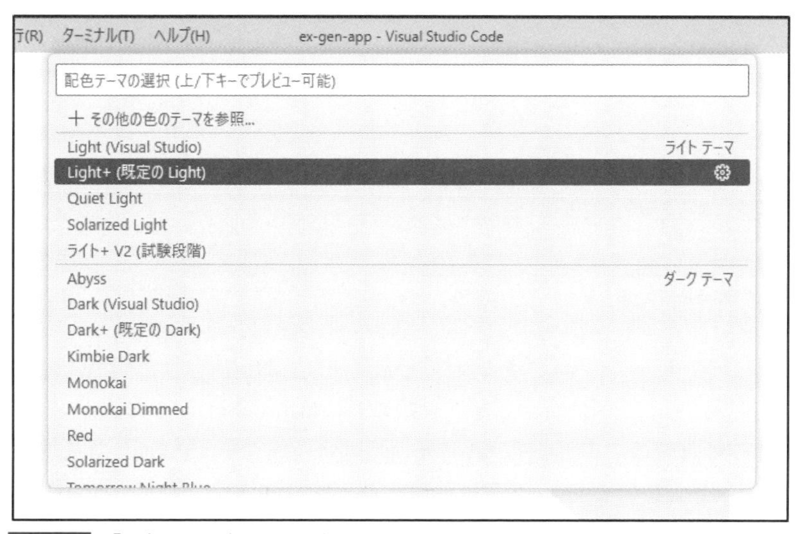


**図1-41** 「配色テーマ」メニューを選ぶと、テーマのリストが現れる。

## その他の機能は「不要」？

これで、「ファイルを開いて編集する」という必要最低限の機能は使えるようになりました。では、それ以外の機能は？

実は、覚える必要があるものは、もうありません。次の章で「ターミナル」というものを使いますが、覚えないといけない機能はせいぜいそれぐらいです。この他にたくさん用意されているVS Codeの大半は、今すぐ覚えなくともまったく問題ありません。

基本的に、Webの開発は、「たくさんあるファイルをすばやく編集できる」ということさえできれば、それでOKなのです。それ以外の機能などは特に必要ありません。編集機能さえきちんと使えれば、少なくともプログラミングは行うことができるのですから。

皆さんの目標は、「Node.jsでプログラムを作れるようになること」です。「VS Codeのプロになること」ではありません。VS Codeは、単なるツールです。ただ、使えればそれでいいのですから。

VS Codeでプログラミングを続けていけば、そのうちに「ここがもっと便利だといいのに」「ここをこういう使い方ができればいいのに」ということが出てくるでしょう。そうなったときに、VS Codeの使い方を改めて調べてみればいいのです。それまでは、VS Codeの使いこなしは考えなくていいでしょう。

## この章のまとめ

というわけで、Node.jsとVS Codeを用意し、Node.jsの開発を始める準備が整いました。まだNode.js自体はほとんど使っていませんから、ここで覚えるべき事柄はそうありません。

ここまでの説明でしっかりと覚えるべきは、「Node.jsをコマンドで実行する方法」と、「VS Codeでファイルを編集する方法」だけです。これらさえきちんと頭に入っていれば、もう次に進む準備は済んでいると考えていいでしょう。

### JavaScriptの知識は必須！

次回から、本格的にNode.jsでプログラミングを始めます。Node.jsは、「JavaScript」を実行する環境です。したがって、プログラミングを始めるにはJavaScriptの知識が必要です。

「まだJavaScript って言語はよくわからない」という人は、まずJavaScriptの基本的な文法などについて別途学習してください。2章以降は、基本的な知識がだいたい頭に入ってから読み進めるようにしましょう。

Chapter

# 2

# アプリケーションの仕組みを理解しよう

Node.jsでWeb開発をするには「Webアプリケーションはどういう流れでどう処理をしていくのか」といった基本的な仕組みを理解しなければ作れません。まずは、Webアプリケーションがどのように動いているのかを基礎からしっかりと理解していきましょう。

# Section 2-1 ソースコードの基本



**ポイント**

- ▶ Web開発の仕組みを理解しましょう。
- ▶ Node.jsの基本コードについて学びましょう。
- ▶ プログラムの作成と実行を行ってみましょう。

## スクリプトファイルを作ろう

では、いよいよNode.jsを使ったプログラミングについて説明していくことにしましょう。まずは、ごくシンプルなWebアプリケーションを作ってみることにしましょう。

Webアプリケーションの開発は、ソースコードをテキストファイルとして保存しておき、それをプログラムの中から読み込んで動かします。Node.jsの場合も、Webアプリケーションのファイル類をフォルダーにまとめて、そのフォルダーをサーバーで公開するように指定して動かします。整理すると、Node.jsのWebアプリケーション開発手順は以下のようになります。

1. アプリケーションとなるフォルダーを用意する。
2. フォルダーの中に、Node.jsのプログラム(JavaScriptのファイル)を作成する。
3. その他、必要なファイル類を作っていく。
4. すべて完成したら、コマンドプロンプトやターミナルを起動し、このフォルダーに移動してnodeコマンドを実行する。これでフォルダー内のファイルを利用するWebサーバーが起動する。

というわけで、まずはフォルダーを用意しましょう。わかりやすいように、デスクトップに「node-app」という名前でフォルダーを作ってください。これが、Webアプリケーションのフォルダーになります。この中に、必要なファイルを作成していきます。

図2-1 「node-app」フォルダーを作る。

フォルダーを作ったら、VS Codeを起動し、このフォルダーをウィンドウ内にドラッグ&ドロップして開いておきましょう。まだ何もファイルはありませんが、これでVS Codeでファイルを作っていけば、自動的にこの「node-app」フォルダーの中にファイルが保存されていくことになります。

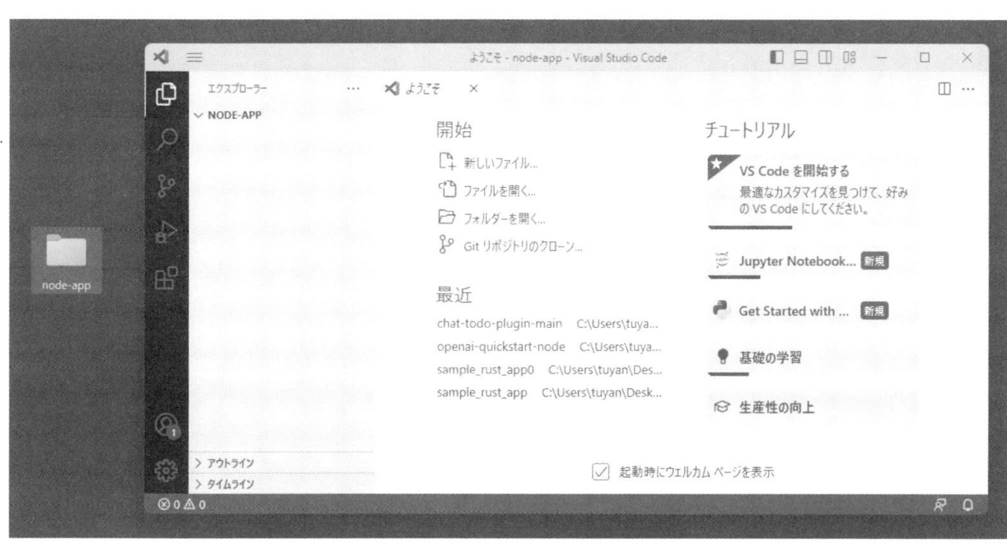


図2-2 フォルダーをVS Codeで開いておく。

## プログラムを作る

では、Node.jsのWebアプリケーションを作りましょう。Webアプリケーションのプログラムは、JavaScriptのスクリプトファイル(ソースコードを書いたファイルのことです)として作成をします。

VS Codeのエクスプローラー(左側に見えるリスト部分のことでしたね)には、開いているフォルダー名の「NODE-APP」という項目が見えます。

そのすぐ右側にある白紙のアイコン(「新しいファイル」アイコンというものです)をクリックしてください。新たにファイルが作成されます。そのまま「app.js」と名前をつけておきましょう。

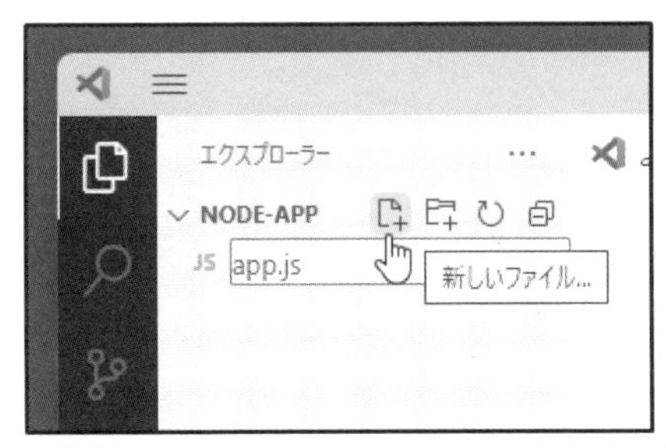


図2-3 新しいファイルのアイコンをクリックし、「app.js」という名前でファイルを作る。

## ソースコードを書こう

では、作成したapp.jsに、ソースコードを書きましょう(ソースコードって、覚えてますか? プログラミングの世界では、プログラミング言語で書かれたプログラムのリストのことを「ソースコード」といいました)。app.jsに、以下のようにソースコードを記述してください。

リスト2-1

```
const http = require('http');

var server = http.createServer(
  (request,response)=>{
    response.end('Hello Node.js!');
  }
);
server.listen(3000);
```

さあ、できました! これが、記念すべき最初のプログラムになります。まだ内容はよくわからないでしょうが、後で説明しますから焦らないで!

### コラム エンコーディングは「UTF-8」で! Column

VS Codeでファイルを作成した場合には、ファイルはUTF-8のエンコーディングで保存されるはずです。が、もし他のテキストエディターなどを利用する場合には、他のエンコーディング(シフトJISなど)で保存されることもありますので注意してください。

英語の表示だけなら、エンコーディングはあまり意識する必要はありませんが、日本語を使うようになると、きちんとエンコーディングが指定されていないと文字化けをしてしまいます。必ずUTF-8で保存しておきましょう。

## プログラムを実行しよう

プログラムの中身については後で説明するとして、まずは作成したプログラムを動かしてみましょう。これはコマンドを使います。VS Codeには、コマンドを実行できる機能がありますからこれを利用しましょう。

「ターミナル」メニューから「新しいターミナル」メニューを選んでください。エディターの下に横長のパネルのようなものが現れます。これがターミナルです。ここから直接、コマンドを実行して動かせるのです。

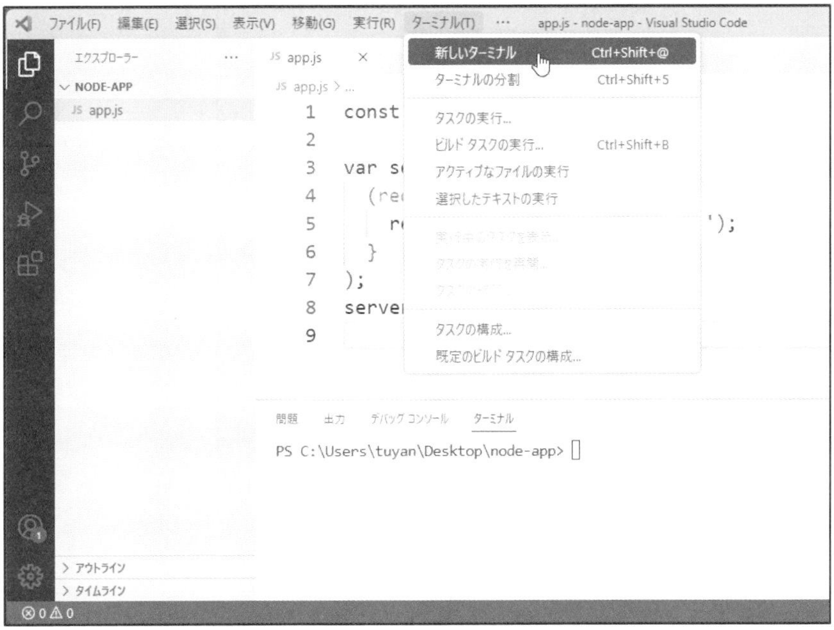

**図2-4** 「新しいターミナル」メニューを選ぶと、ウィンドウ下部にターミナルが現れる。

### nodeコマンドを実行

では、nodeコマンドでプログラムを実行しましょう。現れたターミナルから、以下のようにコマンドを入力し、EnterまたはReturnキーを押して実行してください。

```
node app.js
```

```
問題　出力　デバッグ コンソール　ターミナル
PS C:\Users\tuyan\Desktop\node-app> node app.js
```

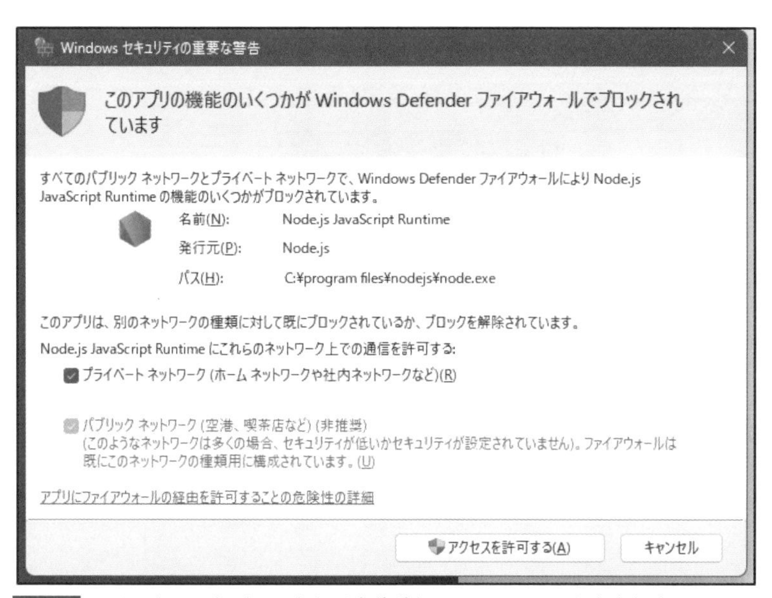


図2-5 cdでカレントディレクトリを移動し、nodeコマンドを実行する。

これで、作成したapp.jsがNode.jsで実行されます。Windowsでは、最初に実行したときに「Windowsセキュリティの重要な警告」というアラートが表示されるかもしれません。これは、Node,jsがこのPCにネットワーク経由でのアクセスを行おうとしたためにファイアウォールが警告を発しているのです。これが表示されたときは「アクセスを許可する」ボタンをクリックしてください。これでプログラムが実行されます。

Node.jsでプログラムを実行するときは、以下のようにコマンドを実行します。

```
node 実行するファイル名
```

「node」の後に、実行するスクリプトファイルの名前を続けて書いて実行します。これで、指定のスクリプトが実行されます。意外と簡単ですね！

### コラム VS Codeを使ってない場合は？ Column

VS Codeを使わずに開発をしている場合は、コマンドプロンプトあるいはターミナルを起動して作業をします。ただし、node app.jsコマンドを実行する前に、「カレントディレクトリ」を移動しておかないといけません。まず以下のようにコマンドを実行してください。

●Windowsの場合

```
cd Desktop\node-app
```

●macOSの場合

```
cd Desktop/node-app
```

カレントディレクトリというのは、「現在開いている場所」を示すものです。コマンドを実行するときは、「このフォルダーの中のこのファイルを使ってこのコマンドを実行する」というように、「どのフォルダーを開いてコマンドを実行するのか」がとても重要になります。

なお、Windows 11の場合、デフォルトでデスクトップがOneDrive内に割り当てられている場合があります。その場合は、エクスプローラーで「node-app」フォルダーを開き、そのフォルダーのパスをコピーして「cd 」の後にペーストして実行してください。

これで「node-app」フォルダーの中に移動したら、node app.jsでスクリプトファイルを実行することができます。



## ブラウザで表示を確認

実行したら、Webブラウザから以下のアドレスにアクセスしてください。「Hello Node.js!」とテキストが表示されます。

```
http://localhost:3000
```

図2-6 ブラウザからアクセスすると、Hello Node.js!とテキストが表示される。

## ポート番号について

ここでは、アクセスするアドレスは http://localhost:3000 となっていますね。ローカル環境にあるサーバーにアクセスする場合は、普通はhttp://localhostとします。が、この場合は、その後に:3000というのがついています。

これは「ポート番号」と呼ばれるものです。インターネットでは、さまざまなサービスが動いています。1つのサーバーの中に、例えばWebサーバー、メールサーバーなどいくつものサーバーが動いていてそれぞれサービスを提供している、なんてこともあります。そこで、ポート番号という物を使い、アクセスするサービスを指定するのです。つまり、http://localhost:3000というのは、「localhostサーバーの3000番ポートのサービスにアクセスする」という意味だったのですね。

この3000というポート番号は、Node.jsでデフォルトで使われているものです。別の番号に変更したりすることもできますが、当分はこの3000番を使うことにしましょう。

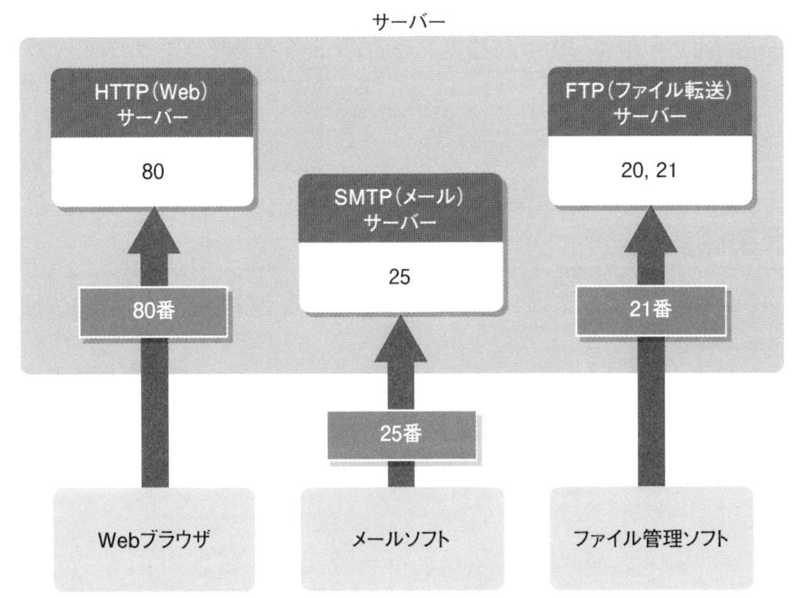


図2-7 インターネットのサービスにはポート番号が設定されている。クライアントからサーバーにアクセスすると、指定された番号のサービスにアクセスするようになっている。

### コラム どうして普通のWebサーバーはポート番号がないの？ Column

インターネットのサービスは、どんなものでもすべてポート番号が割り振られています。では、どうして普通のWebサーバーにアクセスするときは、ブラウザにポート番号なんて書かないのでしょう。

Webのサービスは、デフォルトでは「80」を使うことになっています。そしてWebブラウザは、ポート番号がない場合は、自動的に「80番ポートにアクセスしている」と判断するようになっているのです。

つまり、本当はhttp://localhost:80と書くんだけど、80番の場合は省略してhttp://localhostでもいいようにWebブラウザが作られていた、というわけです。



## プログラムの流れを整理しよう

では、ここで実行していたプログラムがどうなっているか、内容を整理していきましょう。Node.jsのプログラムの流れは、超簡単にまとめると以下のようになります。

1. インターネットアクセスをする「http」というオブジェクトを読み込む。
2. httpから、サーバーのオブジェクトを作る。
3. サーバーオブジェクトを待ち受け状態にする。

これだけです。もちろん、実際にはそれぞれにもっと細かな処理が用意されていきますが、全体の流れとしては「httpを用意」「サーバーを用意」「待ち受け開始」という3つのステップでサーバーを動かせます。「httpなんてオブジェクト、JavaScriptにあったかな？」って思った人。これは、Node.jsに用意されているオブジェクトなんですよ。

### 「待ち受け」って何？

これらの作業の内、わかりにくいのは最後の「待ち受け状態」でしょう。これは、サーバーに外部からアクセスしてくるのをずっと待ち続ける状態にするものです。

サーバーというのは、外部のクライアント（Webブラウザ）がアクセスしてきたら、それを受けて必要な処理をして結果を送信します。つまり、「誰かがアクセスしてきたら対応する」ものなのです。そこで、起動したら、誰かがアクセスしてこないか、ずっと待ち続ける状態にしておくのですね。それが「待ち受け状態」です。

では、これらの流れを踏まえて、作成したソースコードの内容をチェックしていきましょう。

# requireとモジュールシステム

まず最初に行うのは、「http」オブジェクトのロードです。これは、以下の文で行っています。

```
const http = require('http');
```

ここでは、「require」というメソッドを実行しています。このメソッドは、Node.js特有の「モジュールローディングシステム」という機能を利用するものです。

Node.jsでは、多数のオブジェクトを利用します。が、それらを最初からすべて使える状態のオブジェクトとして用意しておいたのでは、管理が大変です。知らずに、既にあるオブジェクト名で新たにオブジェクトを作ってしまったりするかもしれません。

そこで、Node.jsでは、オブジェクトをモジュール化して管理し、必要に応じてそれをロードし利用できるようにしています。これがモジュールローディングシステムです。

この「モジュールのロード」を行うのに使うのが、「require」メソッドです。これは以下のように利用します。

```
変数 = require( モジュール名 );
```

引数には、読み込むモジュール名を用意します。これで、指定した名前のモジュールがロードされ、変数にオブジェクトとして設定されます。

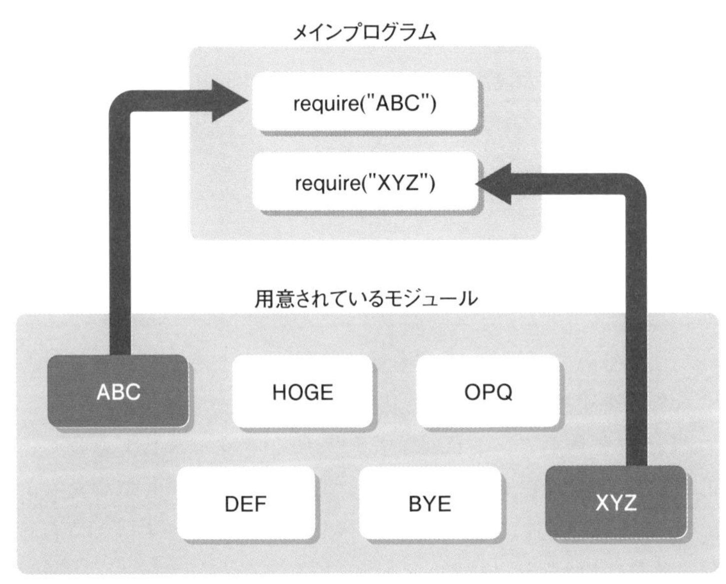


図2-8 Node.jsには、さまざまなプログラムがモジュールとして用意されている。requireでそれらをロードし使えるようにする。

## httpはネットワークの基本モジュール

ここでは、「http」というモジュールをロードしていますね。これは、HTTPアクセスのための機能を提供するものです。HTTPっていうのは、Webサイトのデータをやり取りするときに使われているプロトコル(手続き)です。ほら、Webブラウザでサイトにアクセスするとき、「http://○○」ってアドレスを指定しますね？ あれは、「HTTPプロトコルで、○○ってアドレスにアクセスする」っていう意味なのです。

このHTTPアクセスをするための機能をまとめてあるのが、「http」モジュールです。

```
const http = require('http');
```

この文は、httpモジュールをロードして、httpという変数(constなので正確には「定数」です)に設定していたのですね。モジュールをロードして保管しておく変数や定数は、モジュール名と同じ名前にしておくのが一般的です。名前をいろいろ変えるとわかりにくいですから。

このhttpは、Node.jsのプログラムのもっとも中心的な機能となります。Node.jsのプログラムは、「まずhttpをロードする」ことから始まります。

# サーバーオブジェクトを作成する

次に行っているのは、「サーバーのオブジェクトの作成」です。Node.jsは、「サーバープログラムそのものを作る」といいましたが、これは具体的には「サーバーのオブジェクトを作って実行する」ということなのですね。

サーバーのオブジェクトは、http.Serverというオブジェクトとして用意されています。このオブジェクトを作成するのが以下のメソッドです。

```
変数 = http.createServer( 関数 );
```

httpオブジェクトにある「createServer」というメソッドを呼び出します。これで、http.Serverオブジェクトが作成され変数に設定されます。

このcreateServerは、関数を1つ引数に用意しておきます。「関数を引数にするって？」と不思議に思った人。JavaScriptでは、関数は「値」として扱えるのです。createServerでは、関数の値を引数に指定して使うのです。

この関数は、以下のような形で定義します。

```
(request, response) => {
```

```
    ……実行する処理……
}
```

なんだか、不思議な書き方をしていますが、これは関数のちょっと変わった書き方です。これは以下のような関数と同じです。

```
(request, response) => {……処理……}
```

↓

```
function(request, response) {……処理……}
```

request と response という2つの引数を持った関数が用意されていたのですね。この => による関数は、一般に「アロー関数」と呼ばれます。

この2つは、クライアントからサーバーへの要求と、サーバーからクライアントへの返信のそれぞれを管理するためのものです。createServer では、必ずこの2つの引数を持った関数を用意します。

この関数は、createServer で作成された http.Server オブジェクトがサーバーとして実行されたときに必要なものです。そのサーバーに誰かがアクセスしてくると、この関数が呼び出されるのです。つまり、ここに処理を用意しておくと、「誰かがサーバーにアクセスしてきたら、必ずこの処理を実行する」ことができるのです。

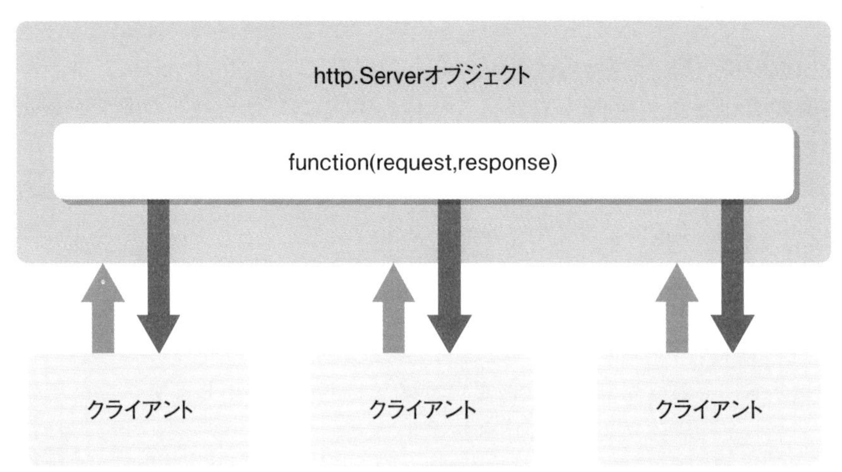


図2-9 クライアントがhttp.Serverのサーバーにアクセスすると、createServerで設定された関数が実行され、その結果がクライアントに返送される。

## request と response

では、この関数の中でどのようなことを行っているのでしょうか。ここで行っているのは、以下のようなものです。

```
response.end('Hello Node.js!');
```

引数で渡されたresponseという変数の「end」というメソッドを呼び出しています。このresponseというのは、サーバーからクライアントへの返信に関するオブジェクトです。この「end」は、クライアントへの返信を終了するメソッドです。引数にテキストが用意してあると、そのテキストを出力して返信を終えます。

つまり、response.end('Hello Node.js!'); というのは、アクセスしてきたクライアントに「Hello Node.js!」というテキストを返信して終了する、という働きをするものだったのです。

createServerで用意される関数では、このようにresponseのメソッドを使って、クライアントに表示する内容を出力する処理を用意します。ここで出力されたものが、サーバーにアクセスしてきたクライアントに表示される内容なのです。ここで、「表示される画面」を作っているのです。

## リクエストとレスポンス

このrequestとresponseという引数には、実は以下のようなオブジェクトが収められています。

| | |
|---|---|
| http.ClientRequest | request引数に入っているオブジェクトです。クライアントから送られてきた情報を管理するためのものです。 |
| http.ServerResponse | response引数に入っているオブジェクトです。サーバーから送り出される情報を管理するためのものです。 |

サーバーのプログラムというのは常に「クライアントから送られてきた情報」と「サーバーから送り返す情報」の2つを意識して考えていかないといけません。その2つを管理するのが、これらのオブジェクトなのです。

クライアントからサーバーへの送信は、一般に「リクエスト」と呼ばれます。またサーバーからクライアントへの送信は、「レスポンス」と呼ばれます。http.ClientRequestとhttp.ServerResponseは、この両者それぞれの情報や機能をまとめたものなのです。それらが、createServerでサーバーオブジェクトを作る際に、関数の引数として渡されていたのですね。

この2つのオブジェクトの役割がわかれば、「クライアントから送られてきた情報は、多分、requestの中にあるはずだ」「クライアントに送信する内容は、レスポンスにある機能で作れるはずだ」というように、どちらのオブジェクトにある機能を使えばいいか、なんとなくわかってきます。この2つは、似ていますが正反対の役割を果たすものなのです。

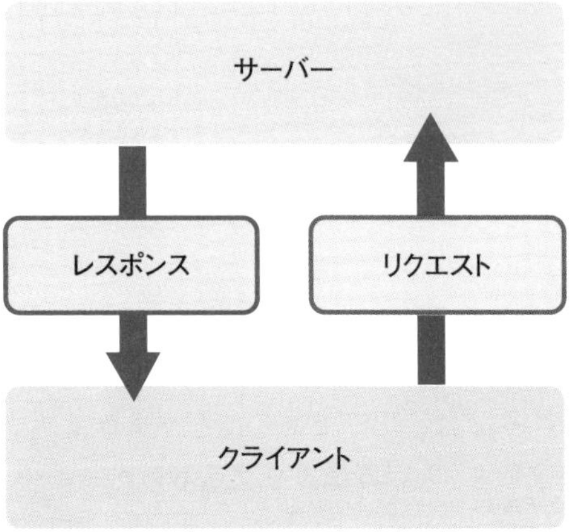

サーバー

レスポンス

リクエスト

クライアント

図2-10 クライアントからサーバーへの送信は「リクエスト」、サーバーからクライアントへの送信は「レスポンス」になる。

## 「待ち受け」について

これで、createServerの処理で行っていることがだいたいわかりました。最後に、createServerで作成したhttp.Serverオブジェクトを待ち受け状態にします。

```
server.listen(3000);
```

待ち受け状態は、http.Serverの「listen」というメソッドを呼び出して行います。これは、引数に「使用するポート番号」を指定します。ここでは、3000番を指定しています。

先に、ブラウザからアクセスするときに、http://localhost:3000 というようにアドレスを指定していましたね。この3000というポート番号は、ここで設定されていたのですね。この番号を変更すれば、アクセスする際に指定するポート番号も変わります。

これで、「httpの用意」「createServerでhttp.Serverの作成」「待ち受け開始」という3つの手順が一通りわかりました。これで、「Node.jsで、サーバーを作って動かす」という一番基本となる部分がわかりました。このいちばん重要なところさえわかれば、サーバーのプログラムを作って動かせるようになるのです。

いかがでしたか。そんなに難しくはなかったでしょう？ もちろん、皆さんの頭の中では「リクエストとレスポンスって具体的にどういう働きをしてるんだ？」とか、「listen って具体的に何をやってるんだ？」とか、いろいろ疑問が沸き起こってきていることでしょう。これらは「使えればOK」と割り切って考えてください。

オブジェクトというのは、「中身がどうなっているか知らなくていい。使い方だけわかればいい」というものです。「こう書いて動かせばこうなる」ということだけわかれば良し、と割り切って考えましょう。

### コラム 「クライアント」って、何？ Column

app.jsの説明では、何度も「クライアント」という単語が出てきました。「クライアントってなんだよ！ Webブラウザって書けばいいのに」と思った人もいるんじゃないでしょうか。

でも、クライアントとWebブラウザは違うんです。サーバーにアクセスするのは、Webブラウザだけではありません。例えば、ボットのようなものがアクセスしてくることだってあるでしょう。GoogleやYahoo!の検索ロボットがアクセスすることだってあります。スマートフォンのアプリが内部からアクセスすることもあるでしょう。Webブラウザ以外にもいろんなものがサーバーにはアクセスしてくるのです。

それらをすべてまとめて「クライアント」と呼んでいるのです。クライアントという呼び方は、サーバーのプログラム開発では「Webブラウザ」という呼び方よりも一般的なので、今のうちに慣れておきましょう。

## HTMLを出力するには？

簡単なテキストを出力するのはこれでできました。でも、Webページっていうのは、普通はテキストではなくてHTMLで表示するものですよね。これはどうするんでしょうか。

先ほどのapp.jsの内容を少し書き換えて試してみましょう。

リスト2-2

```
const http = require('http');

var server = http.createServer(
  (request,response)=>{
    response.end('<html><body><h1>Hello</h1><p>Welcome to Node.js</p>  ↵
      </body></html>');
  }
);

server.listen(3000);
```

## nodeコマンドを再実行する

ソースコードを修正したら、再度Node.jsで実行してみましょう。面倒ですが、実行中のNode.jsは、ターミナルを選択した状態でCtrlキー+「C」キーを押して実行を中断してください。そして改めて「node app.js」を実行します。このとき、上向き矢印キーを押すと、前に実行したコマンドが現れます。これでnode app.jsを呼び出してEnter/Returnすれば、いちいち同じコマンドを何度も入力しないで済みます。

Node.jsは、実行中、ファイルの修正を自動的に反映してくれません。起動時にメモリにファイルをロードし、それを元に実行するため、ファイルを修正してもそれだけでは表示に反映されないのです。したがって、一度プログラムを終了し、再度Node.jsを実行する必要があります。

再実行したら、またhttp://localhost:3000 にアクセスしてください(Webブラウザで開いたままなら、リロードすればOKです)。今度は、タイトルとメッセージがそれぞれ別のフォントサイズで表示されます。HTMLを使って表示しているためです。

(※ただし、使っているブラウザなどによっては、HTMLのソースコードが表示されてしまった人もいるかもしれません。この問題については後ほど説明をしますので、今はこのまま読み進めてください)

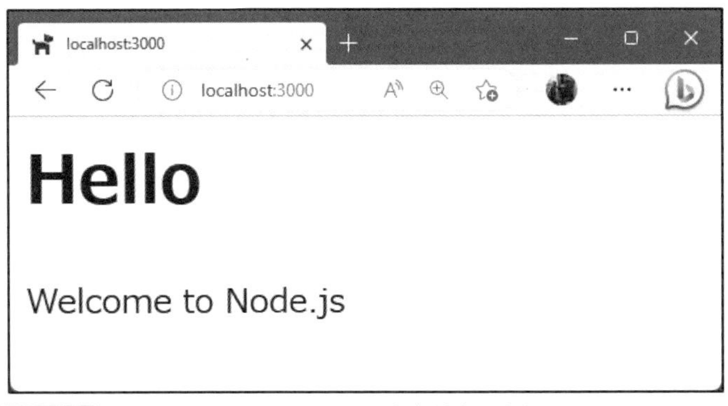


図2-11 アクセスすると、HTMLで内容が表示される。

# ヘッダー情報の設定

一応、HTMLを出力できましたが、これには少し問題があります。Webブラウザというのは、ただ「HTMLのソースコードのテキストを送れば表示される」というわけではないのです。

Webでは、テキストとしてさまざまなデータが送られます。普通のテキスト、HTML、

XML、JSON（JavaScriptのデータ形式）など、さまざまです。こうした各種のデータが送られる場合、受け取ったWebブラウザで「これはどういう種類のテキストか」がわからないと正しくデータを扱えません。

それを行っているのが「ヘッダー情報」です。

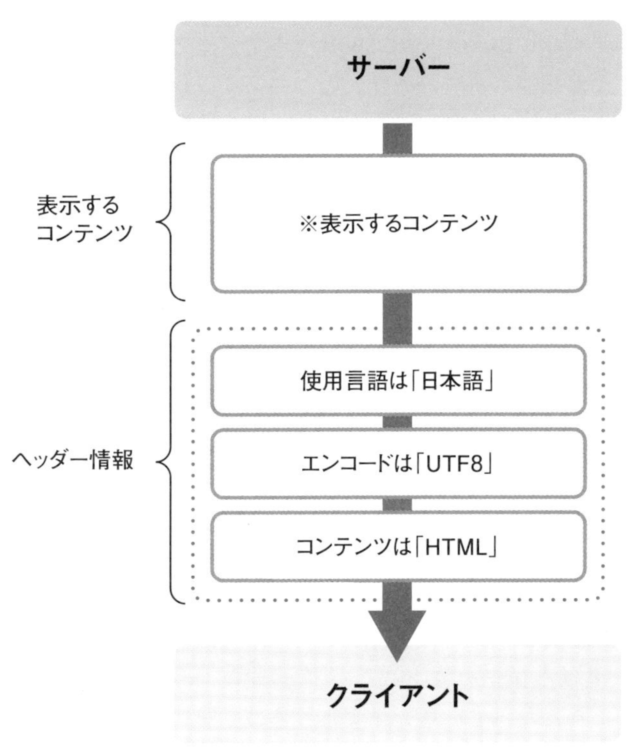


図2-12 サーバーからクライアントにデータを送る際には、ヘッダー情報でコンテンツに関する各種の情報を送り、それからコンテンツの本体を送っている。



## ヘッダーは、見えないデータ

ヘッダー情報というのは、サーバーとクライアントの間でやり取りをする際に送られる、「見えない」情報です。サーバーとのやり取りを行う際には、実際に送られるデータ（テキスト）の前に、アクセスに関する情報をやり取りしているのです。その情報をもとに「どんなデータが送られてくるか」を解釈し処理しているのです。

ですから、サーバーからクライアントにデータを返信する際には、まずヘッダー情報として「どういうデータが返信されるか」を送っておけば、確実に必要な形式でデータが処理されるようになります。

これには、いくつかのやり方があります。大きく2つの方法について整理しておきましょう。

### ●HTMLの<head>内にタグを用意する

HTMLの<head>部分は、実はヘッダー情報に関する記述をするところなのです。ここにタグとして必要な情報を記述しておけば、それがヘッダー情報として扱われます。

### ●http.ServerResponseのメソッドを使う

サーバーからの送信内容を管理するhttp.ServerResponseオブジェクトには、ヘッダー情報を扱うためのメソッドがいくつか用意されています。とりあえず、以下の3つを覚えておくと良いでしょう。

### ●ヘッダー情報を設定する

```
《ServerResponse》.setHeader( 名前 , 値 );
```

### ●ヘッダー情報を得る

```
変数 =《ServerResponse》.getHeader( 名前 );
```

### ●ヘッダー情報を出力する

```
《ServerResponse》.writeHead( コード番号 , メッセージ );
```

setHeader/getHeaderは、ヘッダー情報から特定の項目の値を読み書きするものです。ヘッダー情報というのは、1つの情報だけあるわけではなくて、さまざまな情報が用意されています。それぞれの情報は、名前と値がセットになっています。「○○という項目には、××という値を設定する」というようになっているのですね。そのヘッダー情報の項目を、名前で指定して取り出したり設定したりするのがこれらのメソッドです。

writeHeadは、ヘッダー情報をテキストで用意して直接書き出すためのものです。これは、ステータスコードと呼ばれる番号をつけて出力します。ステータスコードというのは、アクセスに関する状況を表す番号で、正常にアクセスしていれば200、何らかのエラーなどが発生しているときはそのエラー番号を設定します。

まぁ、writeHeadは、ヘッダー情報がある程度理解できてないと使いこなすのはちょっと難しいでしょう。まずはsetHeaderで特定の値を設定することから始めましょう。

## HTMLで日本語を表示する

では、ヘッダー情報を利用してHTMLの内容を出力させてみましょう。今回は、日本語も表示できるようにしてみます。これには、「HTMLによる送信」「使用する言語」「テキストエンコーディング」といった情報をヘッダー情報として送ってやる必要があるでしょう。

では、app.jsの内容を書き換えましょう。

リスト2-3

```
const http = require('http');

var server = http.createServer(
  (request, response) => {
    response.setHeader('Content-Type', 'text/html');
    response.write('<!DOCTYPE html><html lang="ja">');
    response.write('<head><meta charset="utf-8">');
    response.write('<title>Hello</title></head>');
    response.write('<body><h1>Hello Node.js!</h1>');
    response.write('<p>This is Node.js sample page.</p>');
    response.write('<p>これは、Node.jsのサンプルページです。</p>', 'utf8');
    response.write('</body></html>');
    response.end();
  }
);

server.listen(3000);
console.log('Server start!');
```

修正したら、Node.jsを再実行し、ブラウザからアクセスしてみましょう。すると、日本語も含んだページが表示されます。まだまだ単純なものですが、HTMLのコンテンツを表示させる基本はこれでわかりました。

図2-13 日本語も含んだコンテンツが表示される。

# ヘッダー情報の出力をチェック！

では、ヘッダー情報をどのように出力しているのか、修正した部分を見ていきましょう。まずは、コンテンツの種類を設定しています。

```
response.setHeader('Content-Type', 'text/html');
```

setHeaderは、ヘッダーの項目を設定するものでしたね。ここでは、「Content-Type」という項目を設定しています。これは、コンテンツの種類を示すもので、「text/html」というのは、「テキストデータで、HTML形式のもの」であることを示します。



## writeでコンテンツを出力する

この後、HTMLの内容を出力していきます。最初にヘッダー部分を書き出しています。この部分ですね。

```
response.write('<!DOCTYPE html><html lang="ja">');
response.write('<head><meta charset="utf-8">');
response.write('<title>Hello</title></head>');
```

HTMLなどは、かなり長いテキストになります。こうしたものは、「endで全部のテキストを書き出す」というのは、ちょっと大変ですね。そこで、短く区切ったテキストを何度も書き出していく、というやり方をします。それを行うのが「write」です。

writeは、引数のテキストを出力します。endと違い、出力して終了するわけではなく、何度も続けて書き出していくことができます。このwriteを使って、少しずつHTMLの内容を書き出せば、それほどわかりにくくなることもありません。

ここでは、以下のようなタグを出力しています。

```
<!DOCTYPE html>
<html lang="ja">
<head>
<meta charset="utf-8">
<title>Hello</title>
</head>
```

見やすいように改行しておきました。HTMLの最初の部分になります。ここで、<head>から</head>までの部分がヘッダーになります。<meta charset="utf-8">で、キャラクタセットがUTF-8であること、<title>Hello</title>でページのタイトルがHelloであることをそれぞれ示しています。また、その手前の<html lang="ja">では、使用言語が日本語であることを示しています。

これらのヘッダー関係の情報により、送信されるデータが「UTF-8の日本語テキスト」であることがクライアント側に伝えられます。これで、文字化けもせず正しく日本語が表示できるようになる、というわけです。

この後、ボディ（実際にページに表示されるコンテンツの部分）をwriteで出力していき、最後にendで終了をしています。

```
response.end();
```

今回は、writeで既に必要な情報を出力していますので、endの際にテキストを書き出す必要はありません。ということで、引数は空っぽで実行しています。

## コンソール出力について

これでサーバー関係の処理はだいたいわかりました。が、最後に以下の文についても触れておきましょう。

```
console.log('Server start!');
```

これはコンソール（コマンドプロンプトやターミナルのウィンドウ）にメッセージを出力するものです。

consoleは、コンソールを扱うためのオブジェクトです。「log」というのが、そこにメッセージを出力するメソッドになります。これは、プログラムの実行とは関係のない処理です。これは、あってもなくてもプログラムの実行には何も影響はありません。

それなら、何のために書いてあるのか？ それは、「プログラムの実行状態がわかりやすくなるように」です。これがないと、「node app.js」で実行しても、何も反応がありません。「これ、本当に動いてるのか？」と不安に感じてしまうでしょう。が、これをつけておけば、「一通りの処理を実行し、最後にメッセージを表示した」ということが見てわかります。「メッセージが表示されるまでちゃんと動いている」ということがわかるわけです。

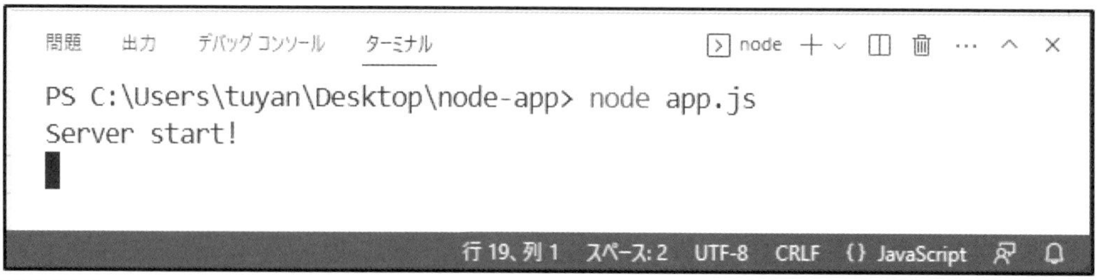
問題 出力 デバッグ コンソール ターミナル
node
PS C:\Users\tuyan\Desktop\node-app> node app.js
Server start!
行 19、列 1 スペース: 2 UTF-8 CRLF {} JavaScript

図2-14 console.logがあると、nodeコマンドで実行するとメッセージが表示され、プログラムが動いていることがわかる。

## 基本は、require、createServer、listen

というわけで、サーバーを実行し、Webページを表示するプログラムの基本がだいたいわかりました。途中、クライアントとか、ヘッダーとか、サーバー側の開発特有のさまざまな事柄についても説明してきたので、混乱している人もいることでしょう。

いろいろ説明しましたが、その多くは「サーバー開発を理解するための知識」です。知らなくても、プログラムそのものは作れます。ここでは「require」「createServer」「listen」の3つの使い方だけしっかりと覚えておいてください。これらがわかれば、とりあえず「Node.jsでサーバープログラムを作って動かす」という最低限のことはできるようになります。それ以外のものは、必要に応じて少しずつ覚えればいいでしょう。

# HTMLファイルを使おう

**ポイント**

- ▶ fsオブジェクトとreadFileメソッドの使い方を覚えましょう。
- ▶ コールバック関数とは何か、理解しましょう。
- ▶ 同期処理と非同期処理の働きの違いについて考えましょう。



## HTMLファイルを使うには？

Node.jsを使って簡単なWebページを表示してみましたが、このやり方ではいずれ限界が来ることは誰しも想像がつくでしょう。HTMLのWebページは、かなり長いテキストを書くことになります。それをすべてwriteでテキストの値として出力していくとしたら……想像しただけで気が遠くなりそうですね。

やはりWebページというのは、HTMLファイルを書いて表示させるのが一番簡単です。HTMLならば、専用のエディターなどもいろいろとありますから、自分が普段使っているツールなどでデザインすることもできます。

Node.jsでは、HTMLファイルを読み込んで表示させることはできないのか？ 実は、できます。Node.jsには、ファイルを扱うオブジェクトが用意されているのです。これを使って、HTMLファイルを読み込んで表示させればいいのです。

### fsオブジェクトについて

ファイルを扱うオブジェクトは、「File System」オブジェクトと呼ばれるものです。これは「fs」というパッケージとしてNode.jsに用意されています。これを利用するには、

```
変数 = require('fs');
```

このようにrequireを実行して、オブジェクトを変数に取り込んでやります。そしてfsオブジェクト内にある「readFile」というメソッドでファイルを読み込みます。

### ●ファイルをロードする

```
fs.readFile( ファイル名 , エンコーディング , 関数 );
```

readFileには、こんな具合に3つの引数を用意します。1つ目は、読み込むファイルの名前。2つ目は、ファイルの内容のエンコーディング方式を指定します。そして3つ目が、readFileが完了した後に実行する処理を関数として用意しておきます。

readFileは、読み込んで瞬時に処理が終わる、というわけではありません。例えば何ギガもあるようなファイルをreadFileで読み込ませたら、読み終わるまで何十秒もかかるでしょう。ということは、誰かがそのファイルを利用するページにアクセスしたら、その人も、その次にアクセスした人も、みんな何十秒も待たされることになります。これではとても実用にはなりませんね。

そこで、「読み込み終わるまで待たない」というやり方をとることにしたのです。readFileは、ファイルの大きさがどれだけあっても瞬時に実行を終え、次に進みます。そして、実際のファイルの読み込み作業はバックグラウンドで行われるのです。そして、読み込みが完了したら、readFileに用意してあった関数を実行し、そこで読み込み後の処理などを行う、というわけです。

こうしたやり方を「非同期処理」といいます。通常の処理は、「処理を実行し、終わったら次に進む」というやり方ですが、非同期処理は「処理を実行したら、終わるのを待たずに次に進む」というやり方をします。ちょっとわかりにくいでしょうが、「普通の関数とは実行の仕方が違うんだ」ということだけ頭に入れておいてください。非同期処理は、この先も登場するので、少しずつその考え方に慣れていきましょう。

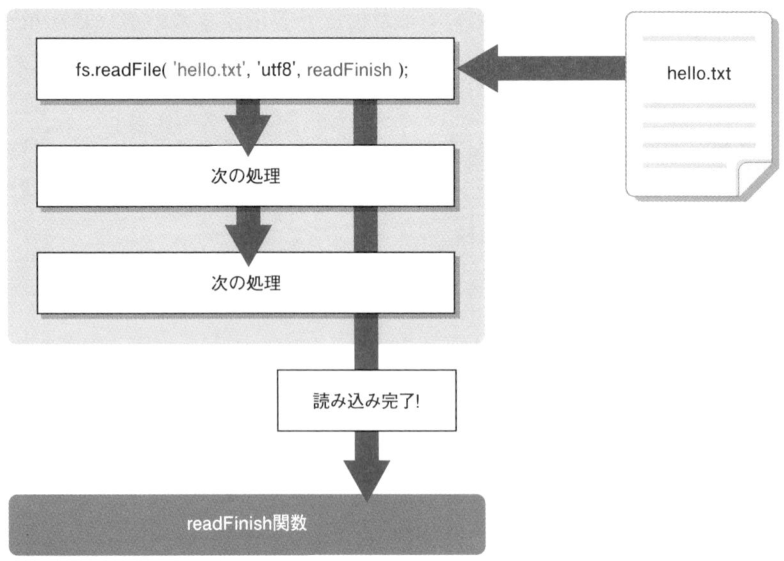


図2-15 eadFileは、実行するとすぐに次の処理に進む。ファイルの読み込みはバックグラウンドで行い、完了したら指定の関数を実行する。

# HTMLファイルを作成しよう

このfsオブジェクトはけっこう複雑なので、実際にサンプルを書いて動かしてみることにしましょう。

まずは、HTMLファイルを作成しましょう。VS Codeのエクスプローラーから「NODE-APP」の項目にある「新しいファイル」アイコンをクリックし、「index.html」という名前をつけておきましょう。

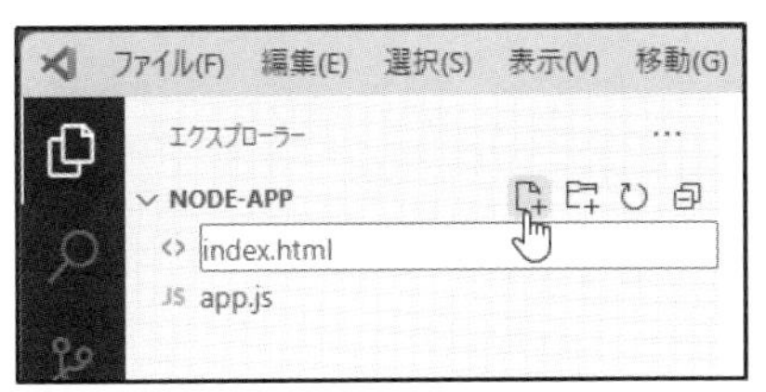


図2-16　新しいファイルを作成し、「index.html」と名前をつける。



## index.htmlのソースコード

ファイルを作成したら、ソースコードを記述しましょう。今回も、ごく単純なコンテンツを表示するだけのものにしておきます。

リスト2-4

```
<!DOCTYPE html>
<html lang="ja">

<head>
  <meta http-equiv="content-type"
    content="text/html; charset=UTF-8">
  <title>Index</title>
</head>

<body>
  <h1>Index</h1>
  <p>これは、Indexページです。</p>
</body>

</html>
```

見ればわかるように、簡単なタイトルとテキストを表示するだけのものです。このHTMLファイルを読み込んで表示させよう、というわけです。

# ファイルを読み込んで表示する

では、app.jsを書き換えて、index.htmlを読み込み表示させてみることにしましょう。以下のようにapp.jsを修正してください。

リスト2-5

```
const http = require('http');
const fs = require('fs');

var server = http.createServer(
  (request, response) => {
    fs.readFile('./index.html', 'UTF-8',
      (error, data) => {
        response.writeHead(200, { 'Content-Type': 'text/html' });
        response.write(data);
        response.end();
      });
  }
);

server.listen(3000);
console.log('Server start!');
```

内容は後で説明するとして、書き終えたら、Node.jsを再実行してWebブラウザからアクセスしてみましょう。index.htmlに書いた内容がブラウザにちゃんと表示されたでしょうか。

もし、表示されないようなら、ファイルの名前と配置場所を確認してください。ファイルは、「index.html」になっていますか。index.htmや、index.html.txtなんて名前になっていませんか？ また、index.htmlは、app.jsと同じフォルダーに入っているでしょうか。そのあたりをよく確認しましょう。

図2-17 アクセスすると、index.htmlの内容が表示される。

## readFileの処理をチェック

では、作成したプログラムを見てみましょう。基本的な流れは、既に説明したものと同じです。今回は、createServerに設定してある関数の中で、Webページを書き出している処理が変わっています。

先ほどの例では、setHeaderやwriteといったメソッドを使ってテキストを書き出していました。が、今回はこんな処理を実行しています。

```
fs.readFile('./index.html', 'UTF-8',
  (error, data) => {
    response.writeHead(200, { 'Content-Type': 'text/html' });
    response.write(data);
    response.end();
  }
);
```

fs.readFileメソッドを実行していることがわかるでしょう。このメソッドは、ここでは以下のように書かれています。

```
fs.readFile('./index.html', 'UTF-8', 関数 );
```

ファイル名にindex.html、エンコーディング名にUTF-8を指定してあります。そして3つ目の引数に、読み込み後に実行する関数を用意してあります。

### readFileのコールバック関数

この関数のように、非同期処理では「時間のかかる処理が終わったら、後で呼び出される」というメソッドが使われます。非同期処理は、開始するとすぐに次の処理へと進んでしまい、それ以降はバックグラウンドで処理を進めていきます。すぐに次に進んでしまうので、「バックグラウンドで実行していた処理が終わったとき、どうするか？」を考えないといけません。

そこで、「終わったら、ここに用意してある関数を実行して後始末をしてね」ということを指定しておくわけです。こうした処理は、「後で呼び出す」ということで「コールバック関数」と呼ばれます。

今回のreadFileで呼び出されるコールバック関数は、こんな形で定義されています。

```
(error, data)=>{…実行する処理…}
```

第1引数には、読み込み時にエラーなどが起こった場合、そのエラーに関する情報をまとめたオブジェクトが渡されます。エラーが起きていなかったら空になります。

第2引数が、ファイルから読み込んだデータになります。このデータを利用する処理を関数の中に用意すればいいのです。ここでは、

```
response.writeHead(200, {'Content-Type': 'text/html'});
response.write(data);
response.end();
```

このようにして、ファイルから読み込んだdataをwriteで書き出しています。これで、index.htmlの内容がブラウザに出力される、というわけです。

コールバック関数の実装の仕方は、非同期関数によって違います。readFileのように引数に関数を指定するものもありますし、オブジェクトの形になっているものではコールバック関数のためのメソッドが用意されている場合もあります。非同期関数を使う場合は、「どのような形でコールバック関数を実装するのか」も合わせて理解するようにしましょう。

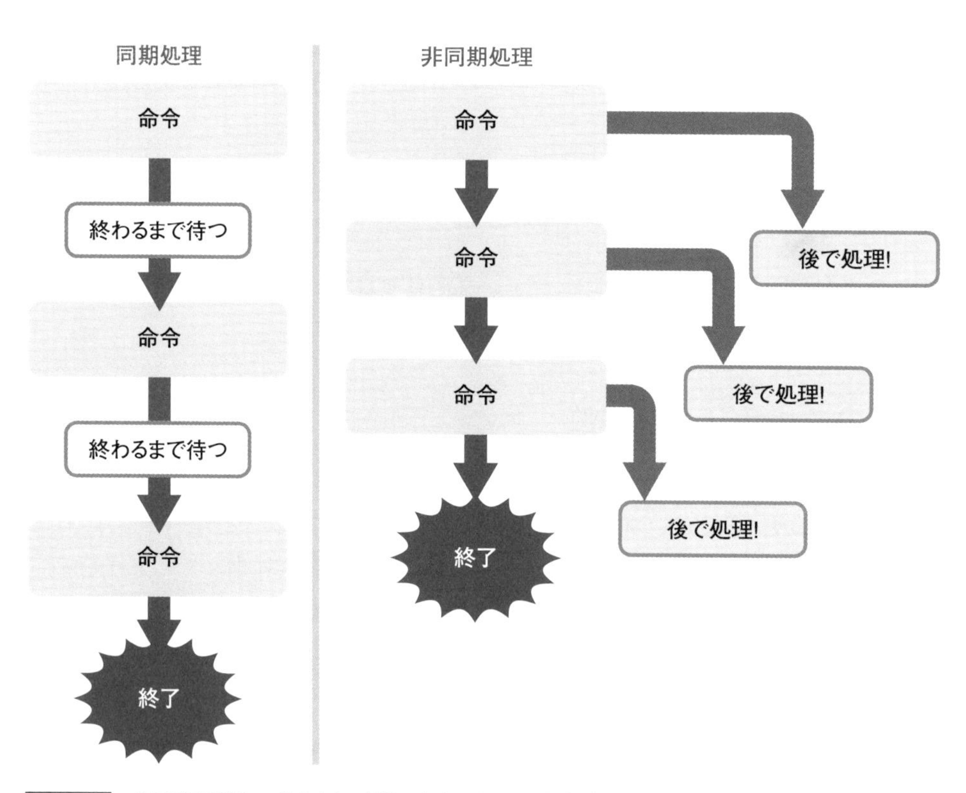


図2-18 非同期処理は、どんなに時間のかかる処理でもすぐに次へと進み、実際の処理はバックグラウンドで実行する。

# 関数を切り分ける

これで、index.htmlでWebページの表示を作成し、それをNode.jsのプログラム内から読み込んで表示する、という処理ができました。が、正直いって非常にわかりにくいプログラムですね。

Node.jsでは、「引数に関数を用意する」というものがけっこうあります。そうすると、「メソッドの引数に関数があって、その関数の処理で使っているメソッドの引数に関数があって、その関数の……」というように、「関数の引数の中に関数、その引数の中にまた関数」と関数の入れ子状態が続いてしまうことになります。

もう少しすっきりと整理してわかりやすく書くことはできないのか？ と誰しも思うでしょう。そこで、引数に組み込まれている関数を、別に切り離してわかりやすく書いてみることにしましょう。

## createServerの関数を切り離す

まずは、createServerの引数に用意する関数を切り離してみましょう。すると、こんな具合に書くことができます。

リスト2-6

```
const http = require('http');
const fs = require('fs');

var server = http.createServer(getFromClient);

server.listen(3000);
console.log('Server start!');

// ここまでメインプログラム========

// createServerの処理
function getFromClient(req, res) {
   request = req;
   response = res;
   fs.readFile('./index.html', 'UTF-8',
      (error, data) => {
         response.writeHead(200, { 'Content-Type': 'text/html' });
         response.write(data);
         response.end();
      }
   );
}
```

先ほどより、ちょっとだけ見やすくなりましたね。メインプログラムが上にまとまり、その後にgetFromClient関数があります。createServerでは、このgetFromClient関数を呼び出しているわけですね。

とりあえず、前半のメインプログラムの部分を見れば、プログラムの流れがわかります。そして細かな処理は、その後にある関数を調べればいいわけです。

このように、処理をいくつかに分けて整理することで、わかりにくいコードもスッキリ整理することができます。長いコードになってきたら、こうした「コードを整理する」ということも考えるようにすると良いでしょう。

Section 2-3

# テンプレートエンジンを使おう

ポイント

- ejsテンプレートエンジンの使い方を覚えましょう。
- テンプレートをレンダリングして表示させましょう。
- 必要な値をテンプレートに渡す方法を理解しましょう。



## テンプレートエンジンってなに？

HTMLファイルを読み込んで表示すれば、普通のHTMLファイルをWebサーバーなどで表示するのと同じことができるようになりました。でも、「HTMLと同じ」では、わざわざNode.jsで開発する意味がありませんね。

せっかくプログラムを作るのですから、ただHTMLを表示するだけでなく、そこにさまざまな値を組み込んだりして、「プログラムの中から表示を制御できる」というようなことができるようになって欲しいものです。が、そのためには、ただHTMLのファイルを読み込んで表示する、というやり方ではダメでしょう。

では、どうすればいいのか。Webページに表示するコンテンツをNode.jsのスクリプトから操作する方法はないのか？ 実はあります。「テンプレートエンジン」を使うのです。

### テンプレートという考え方

テンプレートエンジンというのは、「テンプレート」というものを使って表示コンテンツを用意するための仕組みです。

テンプレートというのは、独自の記述方式を使って書かれたものです。これは、HTMLに独自機能を追加したものもありますし、まったく違う新しい言語のようなものを使って書くものもあります。これは、テンプレートエンジンによっていろいろです。

多くのテンプレートでは、変数や値などを記述する仕組みが用意されています。そうやって、仮の値をテンプレートの中に埋め込んでおくのです。

こうして書かれたテンプレートを読み込み、テンプレートエンジンでHTMLに変換して出力します。このとき、埋め込まれた変数などは自動的にプログラム側に用意された値に変換されます。そして、テンプレートエンジンによって必要な値がすべて埋め込まれた状態のHTMLコードが生成され、それが画面に表示されるのです。

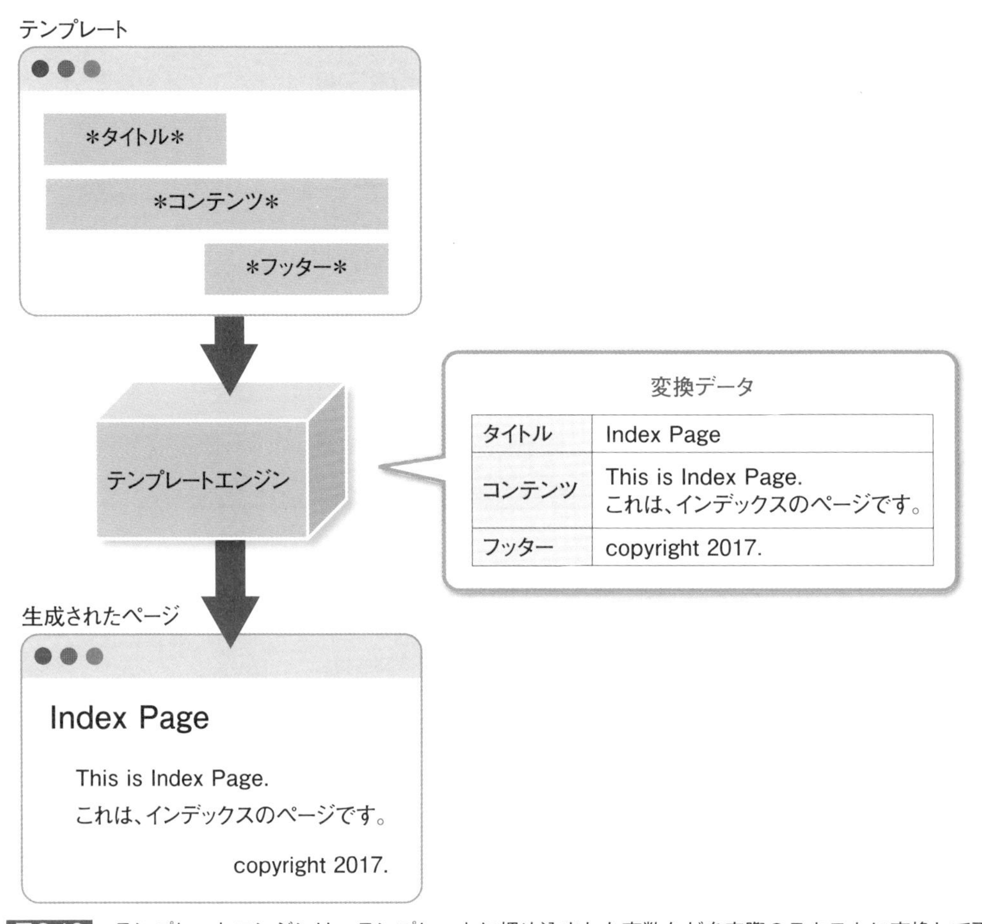


図2-19 テンプレートエンジンは、テンプレートに埋め込まれた変数などを実際のテキストに変換して画面に出力する。

## EJSを使おう！

Node.jsでも、テンプレートエンジンは用意されています。いろいろと種類がありますが、もっとも初心者に使いやすいのは「EJS」と呼ばれるものでしょう。

EJSは、「Embedded JavaScript Templates」というもので、JavaScriptで利用するシン

プルなテンプレートエンジンです。これは、Node.jsには標準では用意されていません。が、Node.jsには、「パッケージマネージャー」と呼ばれるものが用意されているので、それを使って簡単にインストールすることができます。

### npmパッケージマネージャーって？

「パッケージマネージャー」というのは、パッケージ(いろんなプログラムなどのこと)を管理するための専用ツールです。

Node.jsでは、Node.jsの機能を拡張するさまざまなプログラムが、パッケージという形式で配布されています。これらは、一昔前であれば、1つ1つ検索してサイトにアクセスし、プログラムをダウンロードして、Node.jsにインストールする、というようなことをして使えるようにしていました。

が、パッケージが増え、数百、数千も流通するようになると、そんなやり方では対応しきれなくなります。そこで、リリースされているパッケージを一ヶ所にまとめ、必要なものをいつでもインストールできるような仕組みを考えたのです。それが、パッケージマネージャーです。

このパッケージマネージャーは、さまざまなプログラミング言語で用意されています。Node.jsにも、専用のパッケージマネージャーが用意されています。それが「npm」というものです。

### npmコマンドについて

npmは、コマンドで実行するプログラムです。これは以下のようにしてパッケージをインストールします。

```
npm install -g パッケージ名
```

非常に簡単ですね。これで必要なプログラムをNode.jsに組み込むことができるのです。実に簡単ですね！

## EJSをインストールする

では、EJSをインストールしましょう。VS Codeのターミナルは、まだnodeコマンドを実行中ですか？ その場合は、一度Ctrlキー＋Cキーを押して終了してください。そして、以下のようにコマンドを実行しましょう。

Chapter 1
Chapter 2
Chapter 3
Chapter 4
Chapter 5
Chapter 6
Chapter 7

```
npm install ejs
```

```
問題　出力　デバッグ コンソール　ターミナル　　powershell
PS C:\Users\tuyan\Desktop\node-app> npm install ejs

added 16 packages in 901ms

2 packages are looking for funding
  run `npm fund` for details
PS C:\Users\tuyan\Desktop\node-app>
行 23、列 1　スペース: 2　UTF-8　CRLF　{} JavaScript
```

図2-20　npmをインストールする。



これで、EJSのパッケージが「node-app」フォルダーに組み込まれます。これでテンプレートを作成し、いつでもプログラム内からEJSが利用できるようになります。

### 「node_modules」フォルダーについて

npm installでEJSをインストールすると、「node-app」フォルダー内に「node_modules」というフォルダーが作成されます。ここは、このアプリケーションにインストールされるNode.jsのパッケージが保管されるところです。この中に、EJSや、それを利用する上で必要になる各種のパッケージがインストールされています。

ですから、このフォルダーは勝手に削除したりしないでください。プログラムが正常に動かなくなりますから。

## テンプレートを作る

では、EJSを利用してみましょう。まずは、テンプレートファイルを作成します。例によって、VS Codeで「NODE-APP」フォルダーの「新しいファイル」アイコンをクリックし、「index.ejs」という名前でファイルを作ってください。

EJSのテンプレートファイルは、「○○.ejs」という具合に、「ejs」という拡張子をつけた名前をつけておくのが一般的です。

図2-21 新しいファイルを作り「index.ejs」と名前をつけておく。

Chapter 1
Chapter 2
Chapter 3
Chapter 4
Chapter 5
Chapter 6
Chapter 7

## ソースコードを書こう

では、作成したindex.ejsのソースコードを記述しましょう。今回は、ごく基本的なHTMLのコードを書いておくことにします。

リスト2-7

```
<!DOCTYPE html>
<html lang="ja">

<head>
  <meta http-equiv="content-type"
    content="text/html; charset=UTF-8">
  <title>Index</title>
  <style>
    h1 {
      font-size: 60pt;
      color: #eee;
      text-align: right;
      margin: 0px;
    }

    body {
      font-size: 14pt;
      color: #999;
      margin: 5px;
    }
  </style>
</head>

<body>
```

```
    <header>
      <h1>Index</h1>
    </header>
    <div role="main">
      <p>This is Index Page.</p>
      <p>これは、EJSを使ったWebページです。</p>
    </div>
  </body>

</html>
```

ただのHTMLですから、改めて説明するまでもありませんね。これを読み込んで表示させることにします。



## テンプレートを表示させよう

では、作成したテンプレートファイル(index.ejs)を読み込んで表示させてみましょう。EJSのテンプレートを利用して、Webページに表示される内容を作成するには、大きく3つの処理が必要となります。順を追って説明しましょう。

### ●1. テンプレートファイルを読み込む

まずは、ファイルを読み込みます。これは、fs.readFileを使ってもいいのですが、今回は別のメソッドを使うことにします。基本的に、普通のHTMLを読み込むのと同じだと考えてください。

### ●2. レンダリングする

これが、テンプレート特有の処理になります。「レンダリング」というのは、テンプレートの内容をもとに、実際に表示されるHTMLのソースコードを生成する作業です。これを行うことで、テンプレートの内容がHTMLに変換されます。

ただし、今回はテンプレートの内容そのものが普通のHTMLなので、これは行う必要はないのですが、「テンプレートの基本手順」として行っておくことにしましょう。

### ●3. 生成された表示内容を出力する

後は、生成されたHTMLコードを、writeなどを使って出力します。これは、今までやってきたことと同じです。

全体の流れを見ると、「3つの手順」といっても、1と3は普通のHTMLファイルを利用するのと同じであることがわかります。テンプレート特有なのは、その間に2の処理が入る、という点です。この「レンダリング」という作業さえ理解できれば、テンプレートを使うのはそれほど難しくはないんです。

## app.jsを修正する

では、プログラムを修正しましょう。app.jsファイルを開いて、以下のように修正をしてください。

リスト2-8

```
const http = require('http');
const fs = require('fs');
const ejs = require('ejs');

const index_page = fs.readFileSync('./index.ejs', 'utf8');

var server = http.createServer(getFromClient);

server.listen(3000);
console.log('Server start!');

// ここまでがメインプログラム

// createServerの処理
function getFromClient(request, response){
  var content = ejs.render(index_page);
  response.writeHead(200, {'Content-Type': 'text/html'});
  response.write(content);
  response.end();
}
```

内容は後回しにして、修正したらNode.jsを再実行して表示を確かめましょう。ちゃんとindex.ejsに書いたWebページが表示されましたか？ 表示されない人は、ファイル名と配置場所を再度確認してください。

図2-22 アクセスすると、index.ejsの内容が表示される。



## ejsオブジェクトの基本

では、作成したapp.jsを見てみましょう。先ほど触れたように、テンプレートの利用は「ファイルの読み込み」「レンダリング」「クライアントへの出力」の3つの作業が基本です。これらを中心に、処理の流れを見ていきましょう。

### ●ejsオブジェクトの読み込み

```
const ejs = require('ejs');
```

テンプレート利用の3作業よりも前に、肝心の「EJSのオブジェクト」を読み込んでおかないといけません。これは、requireで「ejs」という名前でロードしておきます。

### ●テンプレートファイルの読み込み

```
const index_page = fs.readFileSync('./index.ejs', 'utf8');
```

テンプレートファイルは、fsオブジェクトを使って読み込みます。これまで、readFileというメソッドを使いましたが、今回は「readFileSync」というメソッドを使っています。これは以下のように使います。

```
変数 = fs.readFileSync( ファイル名 , エンコーディング );
```

これは、同期処理でファイルを読み込むものです。先のreadFileは、非同期でファイルを読み込むものでしたね？ 実行すると、ファイルの読み込みが終わっていなくとも次に進みます。読み込みが終わったら、コールバック関数であとの処理をするのでした。

readFileSyncは同期処理です。つまり、ファイルの読み込みが終わるまで待って、すべて完了したら次に進む、というものです。終わってから次に進むので、当然ですがコールバック関数なんて必要ありません。

「だけど、それじゃ読み込むのに時間がかかってしまうじゃないか。大丈夫なのか？」と思った人。大丈夫なんです。なぜなら、これを実行しているのは、まだサーバーが実行される前だからです。

サーバーが動き出したら、誰かがアクセスしてきても「処理が終わるまで待って」なんて悠長なことを言ってるわけにはいきません。が、サーバーが起動する前なら、どれだけ時間がかかっても大丈夫。単に「サーバーが起動するまで時間がかかる」というだけですから。

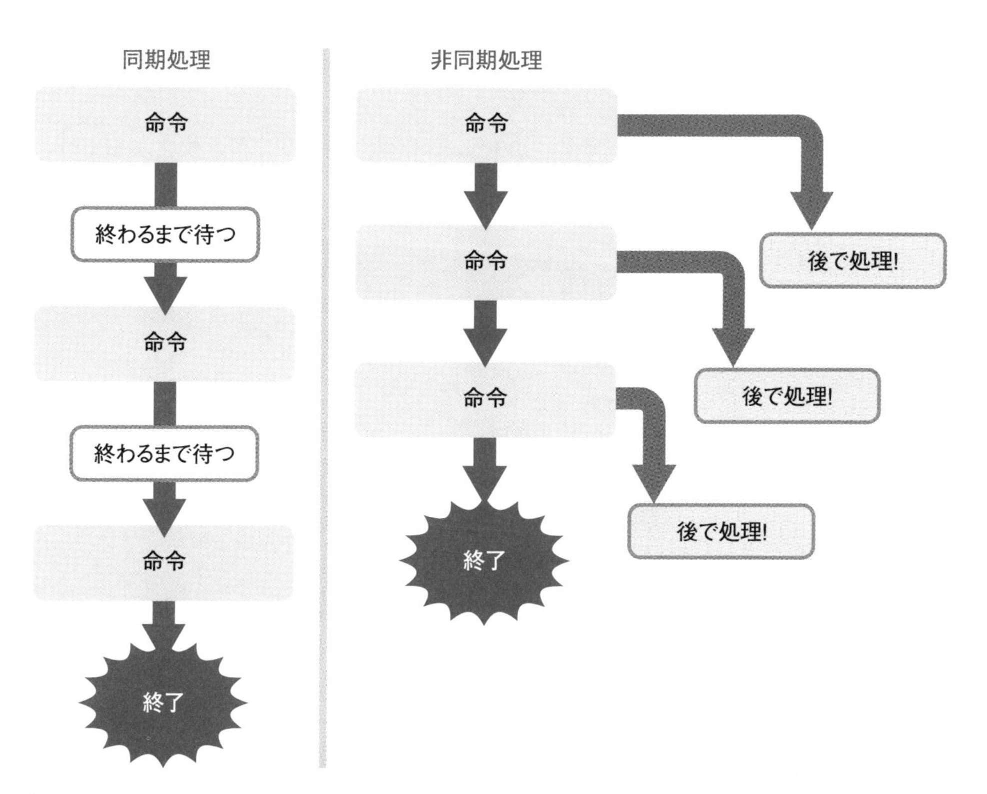


図2-23 非同期処理と同期処理の違い。同期処理は1つ1つの処理が完全に終わってから次に進むので、コールバック関数は必要ない。

●レンダリングの実行

```
var content = ejs.render(index_page);
```

読み込んだテンプレートファイルのデータをレンダリングし、実際に表示するHTMLのソースコードに変換します。これは、ejsの「render」というメソッドを使います。引数には、テンプレートファイルを読み込んだ変数を指定します。

これで、表示するHTMLソースコードを取り出した値が用意できました。後は、これまでと同様、writeで書き出せば、テンプレートを使った表示のできあがりです。

## プログラム側の値を表示させる

テンプレート利用の基本はこれでわかりました。では、テンプレートらしい使い方に進みましょう。app.jsのプログラム側で値を用意しておき、それをテンプレートの指定の場所にはめ込んで表示させてみます。

まずは、テンプレートの修正からです。index.ejsを以下のように書き換えましょう。

リスト2-9

```
<!DOCTYPE html>
<html lang="ja">

<head>
  <meta http-equiv="content-type"
    content="text/html; charset=UTF-8">
  <title><%=title %></title>
  <style>
    h1 {
      font-size: 60pt;
      color: #eee;
      text-align: right;
      margin: 0px;
    }

    body {
      font-size: 14pt;
      color: #999;
      margin: 5px;
    }
  </style>
</head>
```

```
<body>

  <header>
    <h1><%=title %></h1>
  </header>
  <div role="main">
    <p><%=content %></p>
  </div>
</body>

</html>
```

## <%= %>で値を埋め込む

ここでは、何ヶ所か見覚えのないタグが記述されています。この2種類のものです(タグ自体は3ヶ所にあります)。

```
<%=title %>
<%=content %>
```

これが、EJSに用意されている独自機能なのです。これは、<%= %>という特殊なタグを使っています。このタグは、指定した変数の値を出力するものです。

```
<%=変数 %>
```

このように記述することで、指定の変数の値がここに書き出されます。今回は、titleとcontentという2つの変数の値を、<%= %>タグで出力していた、というわけです。

# app.jsを修正する

では、プログラムの修正を行いましょう。今回は、<%= %>で使う変数を用意する処理を追加しないといけません。これは、アクセスしてきたクライアントに表示を生成して返すgetFromClient関数の部分だけ書き換えればいいでしょう。それ以外の部分はまったく変更ないので省略して、getFromClient関数だけ挙げておきます。

リスト2-10

```
function getFromClient(request, response) {
```

```
    var content = ejs.render(index_page, {
      title: "Indexページ",
      content: "これはテンプレートを使ったサンプルページです。",
    });
    response.writeHead(200, { 'Content-Type': 'text/html' });
    response.write(content);
    response.end();
  }
```

図2-24 アクセスすると、renderのときに設定した値がWebページに表示される。

アクセスすると、ejs.renderのところに用意してあるテキストが画面に表示されているのがわかるでしょう。あらかじめ用意しておいた値がそのままテンプレート内にはめ込まれて表示されているのです。

## renderに値を渡す

では、getFromClient関数を見てみましょう。ここでは、renderメソッドを以下のような形で呼び出しています。

```
var content = ejs.render(index_page, {
  title:"Indexページ",
  content:"これはテンプレートを使ったサンプルページです。",
});
```

これが、今回のポイントです。今回は、renderの引数が少し違っていますね。こんな具合に書かれています。

```
ejs.render( レンダリングするデータ , オブジェクト );
```

第2引数に、さまざまな値をまとめたオブジェクトが渡されます。このオブジェクトにまとめてある値が、テンプレート側の<%= %>タグで利用されることになるのです。今回のオブジェクトを見ると、

```
{
  title: ○○,
  content: ○○,
}
```

こんな具合に書かれていることがわかるでしょう。titleとcontentという2つの値を持ったオブジェクトが用意されていたのですね。これらの値が、テンプレートの<%=title %>と<%=content %>に渡されていた、というわけです。

テンプレートエンジンを利用すると、このようにプログラム側からテンプレート(表示するコンテンツ)へと簡単に値を渡すことができます。表示内容をプログラムで制御できるようになるのです。これこそが、テンプレートエンジンを使う最大の理由だ、といっていいでしょう。

# Section 2-4 ルーティングをマスターしよう

ポイント
- ルーティングの基本的な仕組みを考えましょう。
- 複数ページを作れるようになりましょう。
- Bootstrapを利用してみましょう。



## スタイルシートファイルを使うには？

Webには、Web特有のさまざまな機能や使い方があります。そうした「Webらしい機能」をNode.jsで実装していくにはどうすればいいのか、重要なものについて少しずつ考えていきましょう。

まずは、「スタイルシートファイル」についてです。だいぶWebページらしい表示になってきましたが、そうなると、スタイルシートの記述も長くなってきます。こういう場合、Webでは別にスタイルシートのファイルを作成し、それを読み込んで利用します。

Node.jsでも、スタイルシートのファイルを読み込んで使うことはできます。できるんですが、実はこれには別の問題が絡んでくるので、一筋縄ではいきません。実際に試しながら使い方を説明することにしましょう。

まずは、スタイルシートのファイルを作成しましょう。VS Codeの「NODE-APP」のところにある「新しいファイル」アイコンをクリックし、「style.css」という名前でファイルを作ってください。

図2-25 「style.css」という名前で新たにファイルを作る。

## スタイルを記述する

作成したstyle.cssを開き、スタイルを書いていきましょう。これはサンプルですから、それぞれで自由に書いて構いません。サンプルでは、以下のようにしておきました。

リスト2-11
```
h1 {
  font-size: 60pt;
  color:#eee;
  text-align:right;
  margin:0px;
}
body {
  font-size: 12pt;
  color: #999;
  margin:5px;
}
p {
   font-size: 14pt;
  margin: 0px 20px;
}
```

<h1>、<body>、<p>のそれぞれのスタイルだけ用意してあります。もっと複雑な表示になったら、そのときに追加すればいいでしょう。

## テンプレートを修正する

続いて、テンプレートファイルを修正して、style.cssを読み込むようにしておきます。index.ejsを開き、<head>タグの中の適当なところに以下のタグを追加してください。なお、以前書いてあった<style>タグは、不要になるので削除しておきましょう。

リスト2-12

```
<link type="text/css" href="./style.css" rel="stylesheet">
```

Chapter 1
Chapter 2
Chapter 3
Chapter 4
Chapter 5
Chapter 6
Chapter 7

## スタイルシートが適用されない!

修正をしたら、Node.jsを再実行してアクセスしてみましょう。すると、ページは表示されますが、style.cssに記入したスタイルがまったく適用されないことに気がつきます。

図2-26　アクセスすると、スタイルが適用されない。

なぜ、適用されないのでしょうか？ その疑問に答えるために、ブラウザからstyle.cssに直接アクセスをしてみましょう。

```
http://localhost:3000/style.css
```

ブラウザから直接このアドレスを記入してアクセスしてみてください。すると、style.cssのスタイルシートの内容は表示されず、index.ejsテンプレートの画面がそのまま表示されることがわかります。

図2-27 style.cssにアクセスしても、index.ejsの内容が表示されてしまう。

実は、style.cssに限らず、http://localhost:3000/ の後に何を付けても、必ずindex.ejsの内容が表示されるようになっているのです。要するに、http://localhost:3000/のサーバーにアクセスした場合は、すべてindex.ejsが表示されるようになっていたのです。

## ルーティングという考え方

これは不思議に思うかもしれませんが、よく考えると当たり前のことなのです。なぜなら、今まで作ったプログラムは、ただ「index.ejsをロードしてレンダリングして表示する」ということしかやっていないのですから。

私たちが今まで作ってきたプログラムでは、「どのアドレスにアクセスしたらどういう内容を出力するか」といった処理はまったく考えていません。これでは、どこにアクセスしても全部index.ejsが表示されてしまうのも当然でしょう。

そこで、「どのアドレスにアクセスしたら、どういうコンテンツを出力するか」ということを定義するための仕組みが必要になってきます。これが、「ルーティング」というものです。

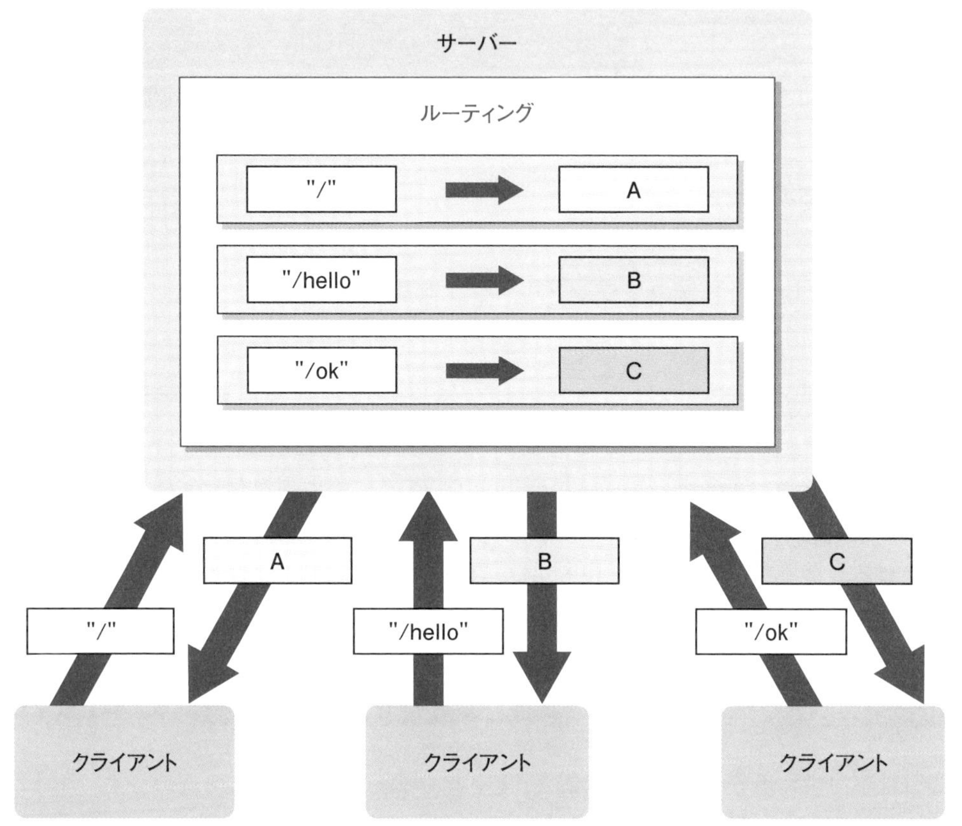


図2-28　ルーティングは、アクセスしたアドレスに応じてコンテンツを配信するための仕組み。どのアドレスにアクセスしたら何を返すか、を定義しておくためのものだ。

Chapter 1
Chapter 2
Chapter 3
Chapter 4
Chapter 5
Chapter 6
Chapter 7

## URLオブジェクトでアドレスを調べる

ルーティングを行う場合、「どうやって、クライアントがアクセスしてきたアドレスを知るか」を考えないといけません。これには、「URL」というオブジェクトが役に立ちます。これは、URL（インターネットで使われるアドレス）を扱うためのさまざまな機能をまとめたものです。これは、以下のようにして利用します。

```
const url = require('url');
```

## requestのURLで処理を分岐する

このurlオブジェクトには、URLのデータをパース処理(データを解析して本来の状態に組み立て直す処理のことです)する機能があります。それを利用して、ドメインより下のパス部分の値をチェックし、それに応じて処理を分岐します。

urlを利用したルーティング処理の流れを整理すると、こんな具合にあります。

**●ルーティングの基本**

```
var url_parts = url.parse(request.url);
switch (url_parts.pathname) {

    case "/":
    ……"/"にアクセスしたときの処理……
    break;

    ……必要なだけcaseを用意……

}
```

「url.parse」というのが、URLデータをパースして、ドメインやパス部分など、URLを構成するそれぞれの要素に分けて整理するメソッドです。引数には、requestの「url」というプロパティを指定していますね。これがリクエスト(クライアントからの要求)のURLが保管されているプロパティになります。つまり、url.parse(request.url)というもので、クライアントがアクセスしたURLを整理したものを取り出していたのですね。

その後のswitchで、パース処理した値の「pathname」というものを取り出しています。これが、URLのパスの指定部分の値です。例えば、http://○○/hello とアクセスしたら、/hello という部分がpathnameで取り出されます。

この部分のテキストを調べて、それに応じて出力する内容などを作成していけばいいのです。

## スタイルシートの読み込み処理を追加する

では、app.jsを修正して、/style.cssにアクセスしたらstyle.cssの内容が得られるようにしましょう。そうすれば、ちゃんとスタイルシートが適用された形でページが表示されるはずです。

リスト2-13

```
const http = require('http');
const fs = require('fs');
const ejs = require('ejs');
const url = require('url');

const index_page = fs.readFileSync('./index.ejs', 'utf8');
const style_css = fs.readFileSync('./style.css', 'utf8');

var server = http.createServer(getFromClient);

server.listen(3000);
console.log('Server start!');

// ここまでメインプログラム

// createServerの処理
function getFromClient(request, response) {
  var url_parts = url.parse(request.url);
  switch (url_parts.pathname) {

    case '/':
      var content = ejs.render(index_page, {
        title: "Index",
        content: "これはテンプレートを使ったサンプルページです。",
      });
      response.writeHead(200, { 'Content-Type': 'text/html' });
      response.write(content);
      response.end();
      break;

    case '/style.css':
      response.writeHead(200, { 'Content-Type': 'text/css' });
      response.write(style_css);
      response.end();
      break;

    default:
      response.writeHead(200, { 'Content-Type': 'text/plain' });
      response.end('no page...');
      break;
  }
}
```

図2-29 アクセスすると、ちゃんとstyle.cssのスタイルを適用するようになった。

修正したら、Node.jsを再実行してアクセスしてみましょう。今度は、ちゃんとstyle.cssの内容が適用された形でページが表示されるはずです。

試しに、http://localhost:3000/style.css にアクセスしてみてください。style.cssのテキストが表示されるはずです。

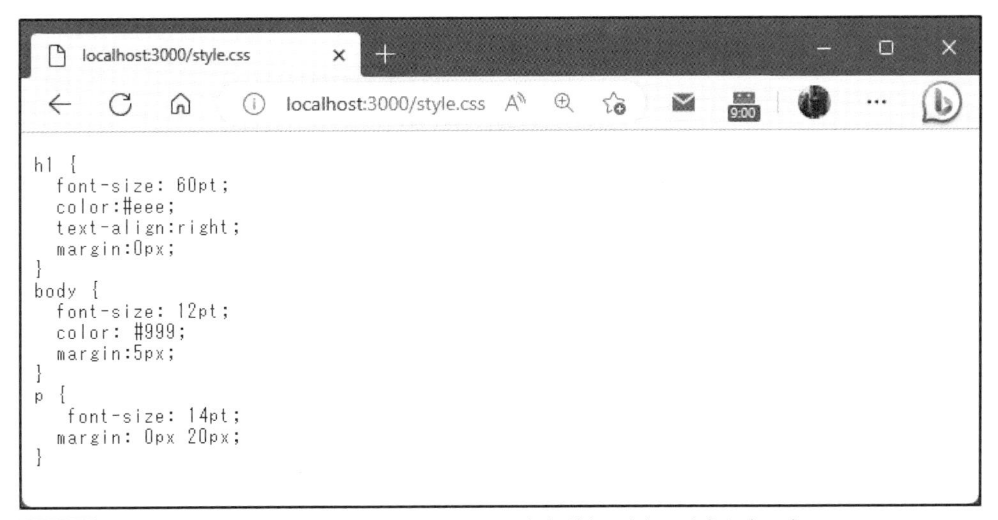


図2-30 /style.cssにアクセスすると、style.cssの内容が表示されるようになった。

## 複数のページを作ろう

では、ルーティングの基本がわかったところで、複数のページに対応するプログラムを作ってみましょう。サンプルとして、もう1つのEJSテンプレートを用意して、それぞれ表示できるようにしてみます。

まずは、テンプレートを作成しましょう。VS Codeで、エクスプローラーの「NODE-APP」の右にある「新しいファイル」アイコンをクリックし、「other.ejs」という名前で作成してください。

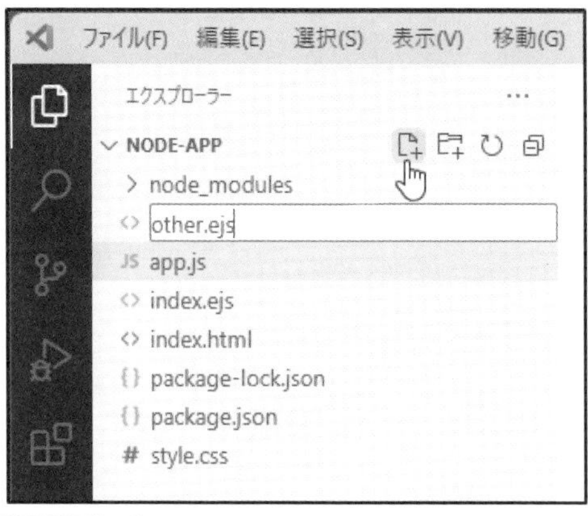


図2-31 「other.ejs」というファイルを作成する。

## ソースコードを記述する

ファイルを作成したら、other.ejsのソースコードを記述しましょう。以下のように内容を記述してください。

リスト2-14

```
<!DOCTYPE html>
<html lang="ja">

<head>
  <meta http-equiv="content-type"
    content="text/html; charset=UTF-8">
  <title><%=title %></title>
  <link href="https://cdn.jsdelivr.net/npm/bootstrap@5.0.2/dist/css/ ↵
    bootstrap.css"
  rel="stylesheet" crossorigin="anonymous">
</head>

<body class="container">
  <header>
    <h1 class="display-4"><%=title %></h1>
  </header>
  <div role="main">
```

```
    <p><%=content %></p>
  </div>
</body>

</html>
```

見てすぐに気がついた人もいるでしょうが、実はこれ、先ほどindex.ejsに作成したものとほとんど同じものです。単にタイトルとコンテンツを表示するだけなので、同じでいいでしょう。

## index.ejsを修正する

では、index.ejsを修正しましょう。リンクのタグを追加し、その他少し書き換えてあります。

リスト2-15

```
<!DOCTYPE html>
<html lang="ja">

<head>
  <meta http-equiv="content-type"
    content="text/html; charset=UTF-8">
  <title><%=title %></title>
  <link href="https://cdn.jsdelivr.net/npm/bootstrap@5.0.2/dist/css/ ↵
    bootstrap.css"
  rel="stylesheet" crossorigin="anonymous">
</head>

<body class="container">
  <header>
    <h1 class="display-4"><%=title %></h1>
  </header>
  <div role="main">
    <p><%=content %></p>
    <p><a href="/other">Other Pageに移動 &gt;&gt;</a></p>
  </div>
</body>

</html>
```

## app.jsを修正する

最後に、プログラムの修正です。今回は、/otherにアクセスしたらother.ejsを使った表示を行うようにしておかないといけません。その修正を追記します。

リスト2-16

```
const http = require('http');
const fs = require('fs');
const ejs = require('ejs');
const url = require('url');

const index_page = fs.readFileSync('./index.ejs', 'utf8');
const other_page = fs.readFileSync('./other.ejs', 'utf8'); //☆追加
const style_css = fs.readFileSync('./style.css', 'utf8');

var server = http.createServer(getFromClient);

server.listen(3000);
console.log('Server start!');

// ここまでメインプログラム

// createServerの処理
function getFromClient(request, response) {

  var url_parts = url.parse(request.url);
  switch (url_parts.pathname) {

    case '/':
      var content = ejs.render(index_page, {
        title: "Index",
        content: "これはIndexページです。",
      });
      response.writeHead(200, { 'Content-Type': 'text/html' });
      response.write(content);
      response.end();
      break;

    case '/other': //☆追加
      var content = ejs.render(other_page, {
        title: "Other",
        content: "これは新しく用意したページです。",
      });
      response.writeHead(200, { 'Content-Type': 'text/html' });
```

```
            response.write(content);
            response.end();
            break;

        default:
            response.writeHead(200, { 'Content-Type': 'text/plain' });
            response.end('no page...');
            break;
    }
}
```

図2-32 トップページにあるリンクをクリックすると、別のページに移動する。

修正したら、Node.jsを再実行してアクセスしてみましょう。トップページにあるリンクをクリックすると、Otherのページに移動します。2つのページが使われていることがわかるでしょう。

ここでは、まずテンプレートの読み込み文を追加しています。

```
const other_page = fs.readFileSync('./other.ejs', 'utf8');
```

これで、other.ejsをother_pageという変数に読み込みました。後は、ルーティングを行っているswitchのところに、case '/other': という分岐を用意しています。ここで、/otherにアクセスしたときの処理を用意すればいいわけですね。

## Bootstrapってなんだ？

これで、複数のページを扱うこともできるようになりました。これで、この章でのNode.jsとEJSの説明はおしまいです。が、ちょっと待ってください。最後のサンプル、それまでとは少し感じが違っていませんでしたか？

実をいえば、最後のサンプルでは、作成したstyle.cssは使っていません。代わりに「Bootstrap」というものを使ってスタイルを設定していたのです。

Bootstrapは、スタイルシートのフレームワークです。これを組み込むことで、簡単にスタイルを設定できるようになります。先ほど記述したテンプレートで、こんなタグが書かれていたのを思い出してください。

```
<link href="https://cdn.jsdelivr.net/npm/bootstrap@5.0.2/dist/css/ ↲
  bootstrap.min.css"
  rel="stylesheet" crossorigin="anonymous">
```

これが、Bootstrapのスタイルシートを読み込むためのタグです。これにより、専用のクラスが使えるようになります。例えば、<body>部分を見てみましょう。

```
<body class="container">
<h1 class="display-4">
```

これらのタグのclass属性に設定されているのが、Bootstrapのクラスです。これにより、Webページのスタイルが設定されていたのですね。

Bootstrapについては、本書では特に触れません。興味ある人は別途学習してみましょう。ただclass属性を使ってスタイルを利用するだけなら、割と簡単に使い方をマスターできるようになりますよ。

## この章のまとめ

ようやく、本格的にWebアプリケーションのプログラミングを開始しましたが、いかがでしたか。スタートしてすぐに、httpだのrequestだのresponseだのテンプレートだのと立て続けに難しそうなものが押し寄せてきてパニックになった人も多かったことでしょう。

Node.jsは、なにしろサーバープログラムそのものを自分で作っていくため、普通のサーバープログラムに比べ、最初に頭に入れておくべき知識がかなり多いのは確かです。最低限これだけは知らないとダメ！ という事柄が多いので、「Node.jsって、なんだかすごく難しいぞ」と思ってしまった人も多いことでしょう。

が、それらの多くは、テクニカルな知識というより、「イメージ」であったりします。サーバーも、リクエストも、レスポンスも、テンプレートも、具体的な技術的理解が要求されるわけではなくて、「だいたいこういう感じのものなんだよ」という、ふわっとしたイメージがつかめていればOKなんだ、と割り切って考えてください。

あまり「これの技術的な役割が正確に理解できないぞ」というように突き詰めて考える必要はありません。「だいたいこんな感じのものなんだよね」という程度の理解で十分なんです。実際にプログラミングを始めて、使い方に慣れてくれば、そうした「ふわっとしたイメージ」も「正確にはこういう働きをするんだ」と次第にわかってくるはずですから。

では、この章で「これだけはしっかり理解しておく」というポイントはどの部分になるでしょうか。3つに絞ってまとめておきましょう。

### ●1. Webアプリの基本の３ステップ

Node.jsでのWebページの表示の基本は、3つの作業でした。requireでhttpオブジェクトを用意し、createServerでサーバーを作り、listenで待ち受け開始する。この基本手順はNode.jsで一番最初に理解しておくべき事柄です。

### ●2. EJSテンプレートの使い方をマスターする

Webページの画面は、基本的にテンプレートエンジンを利用します。ここではEJSというものを使いました。この使い方もしっかり理解しておきましょう。fsのreadFileSyncで読み込み、ejs.renderでレンダリングし、その結果をwriteで書き出す。この基本的な手順はしっかり頭に入れておいてくださいね。

### ●3. ルーティングの基本を覚えておく

Node.jsでは、「どのアドレスにアクセスしたら何を表示するか」ということもすべてプログラミングしておかないといけません。そうしたアドレスごとの処理を定義するのが「ルーティング」です。ルーティングは、request.urlの値を取り出し、url.parseでパースして得られたオブジェクトから「pathname」でパスを取り出し、その値に応じて処理を作成していきます。

こうして整理してみると、たったの1章でずいぶんと詰め込みましたね。確かに混乱してしまうのも無理はありません。

ただ、こうした基礎的な部分は「基本はこう書く」というものが決まっています。Webページ表示の基本手順、テンプレートを表示する基本手順、ルーティングの基本的なコード。これらを覚えてしまえば、Node.jsの基本はほぼマスターできてしまうのです。

最初は、とにかく丸暗記！ 詳しい役割や意味などわからなくてもかまいません。暗記したとおりに書いて動けば、それでOK。今は、「とにかく覚えて動かせるようになる」ことを第一に考えましょう。

Chapter

# 3

# Webアプリケーションの基本をマスターしよう

Webアプリケーションでは、さまざまな技術が用いられています。クライアント側からサーバーに値を送る方法、値を保存するためのさまざまな技術、より複雑なページを構成するためのテクニック。こうした「Web開発で覚えておくべき基本」についてまとめて説明しましょう。

# Section 3-1 データのやり取りをマスターしよう

**ポイント**

- ▶ クエリーパラメーターの使い方を学びましょう。
- ▶ フォーム送信の内容をイベント処理でうけとる方法について考えましょう。
- ▶ <% %> でテンプレート内でコードを実行してみましょう。



## 「難しい」と「面倒くさい」

前章で、テンプレートを使ってWebページを表示できるようになりました。<%= %>で値を表示させるぐらいはできるようになりましたが、Webというのはもっとさまざまな形で値をやり取りし、処理していきます。ここでは「Web特有の値のやり取り」について考えていきましょう。

ただし、説明に入る前に、頭に入れておいてことがあります。

この章あたりから、やることも、作るプログラムも、だんだんと難しくなってきます。本当は難しいわけではないんですが、「難しい」と感じるようになってくるはずです。

Webの処理というのは、「ものすごく高度な知識や技術が要求される」わけではありません。が、とにかく「面倒くさい」のです。処理をきっちりと組み立てるには、それぞれの働きを正確に理解しておかないといけません。

そこで、とりあえずこの章を読むにあたって、その心構えを最初に挙げておきます。それは、

「全部、理解しようなんて考えない！」

ということ。なんとなく、「こういうことだろうなぁ」ぐらいにわかれば、それでOK。細かく1つ1つの文の意味から役割からなぜそう書くのか、全部きっちりわかってから次に進もう、なんて考えないでおきましょう。

この章で説明することは、Webの開発をする上で覚えておきたいものばかりです。が、

それらは「わからなくてもなんとかなる」ものでもあります。ビギナーの段階で、「これらを全部覚えないと絶対先に進めない！」というものは、実はそんなにたくさんはありません。わからないなら、そのまま素通りしても全然問題ない、なんてことも多いのです。

というわけで、これからわかりにくい機能について、面倒くさいソースコードを書いて説明していきますが、「なんとなく、わかればそれでいい」と思いながら読んでください。1回読んでわからないからといって、焦らないように！

## パラメーターで値を送る

まずは、「パラメーター」を使った値の受け渡しについてです。Webでは、必要に応じて、さまざまな値をアドレス(URL)に付け足して送信することができます。例えばAmazonなどにアクセスすると、アドレスの後に「?○○=××&○○=××&……」というようなものが延々とつけられていることに気がつくでしょう。

あれは「クエリーパラメーター」と呼ばれるものです。アドレスに値の情報を付け足して送ることで、必要な値をサーバーに渡すことができるのです。

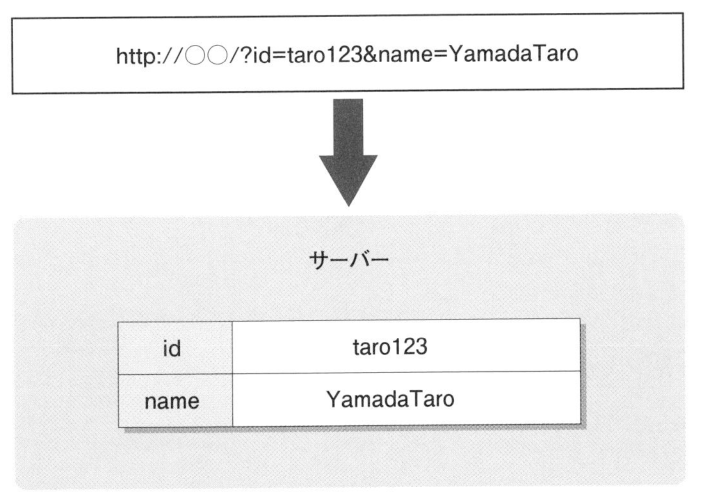


図3-1　URLの末尾にクエリーパラメーターを付けて呼び出すことで、必要な値をサーバーに渡すことができる。

### クエリーパラメーターを表示する

では、実際にクエリーパラメーターを使ってみましょう。前章で作成したサンプルをそのまま再利用して簡単な処理を作ってみます。最初に、「かなり面倒くさいソースコードになる」と脅しましたが、これはそんなに面倒くさくはありません。ただ、ちょっと長いので、じっくり読んで理解してください。

では、app.jsのソースコードを以下のように修正してください。

リスト3-1

```
const http = require('http');
const fs = require('fs');
const ejs = require('ejs');
const url = require('url');

const index_page = fs.readFileSync('./index.ejs', 'utf8');

var server = http.createServer(getFromClient);

server.listen(3000);
console.log('Server start!');

// ここまでメインプログラム

// createServerの処理
function getFromClient(request, response) {

  var url_parts = url.parse(request.url, true); //☆trueにする!
  switch (url_parts.pathname) {

    case '/':
      var content = "これはIndexページです。"
      var query = url_parts.query;
      if (query.msg != undefined) {
        content += 'あなたは、「' + query.msg + '」と送りました。';
      }
      var content = ejs.render(index_page, {
        title: "Index",
        content: content,
      });
      response.writeHead(200, { 'Content-Type': 'text/html' });
      response.write(content);
      response.end();
      break;

    default:
      response.writeHead(200, { 'Content-Type': 'text/plain' });
      response.end('no page...');
      break;
  }
}
```

図3-2 ブラウザのアドレスの末尾に「?msg=○○」というように追記してアクセスすると、その値がメッセージに表示される。

修正したら、Node.jsを再実行してアクセスしてみてください。その際、Webブラウザのアドレス欄にクエリーパラメーターをつけてアクセスしましょう。例えば、

```
http://localhost:3000/?msg=Hello
```

こんな具合にアクセスすると、msgパラメーターにHelloという値が送られてメッセージに表示されます。

## クエリーパラメーターの取り出し方

では、どうやってクエリーパラメーターを取り出せばいいのか、見てみましょう。まず、前章でも使ったurlオブジェクトの「parse」メソッドで、request.urlの値をパース処理します。

```
var url_parts = url.parse(request.url, true);
```

このとき重要なのは、parseの第2引数に「true」をつける、という点です。こうすることで、クエリーパラメーターとして追加されている部分もパース処理されるようになります。その後を見てみると、こんなことをしています。

```
var query = url_parts.query;
```

この「query」というプロパティに、パースされたクエリーパラメーターのオブジェクトが保管されています。例えば、先ほどのhttp://localhost:3000/?msg=helloだと、trueを付けることで、クエリーパラメーターの値が、以下のようなオブジェクトにまとめられるようになります。

```
{'msg':'hello'}
```

trueをつけないと(あるいはfalseだと)、queryの値は 'msg=hello' というただのテキストになってしまいます。

## オブジェクトからmsgの値を取り出す

こうして、パースされたurl_partsから、queryの値を変数に取り出すと、後はそこからmsgの値を取り出して処理するだけです。ただし、パラメーターを用意してなかった場合は、msgは未定義(undefined)になるので、その点だけチェックし処理するようにします。

```
if (query.msg != undefined){
  content += 'あなたは、「' + query.msg + '」と送りました。';
}
```

ここではmsgというパラメーターを1つだけ用意しましたが、複数の値を送ることももちろん可能です。その場合は、/?a=1&b=2&c=3……というように、1つ1つの値を&でつなげて記述すればOKです。

# フォーム送信を行う

ユーザーからの入力をサーバーに送って処理をするという場合、クエリーパラメーターはあまり便利なものではありません。それより普通は「フォーム」を利用することが多いでしょう。フォームに入力フィールドなどを用意し、それに入力をしてサーバーに送信するのです。受け取ったサーバー側では、ユーザーから入力された値を利用して処理を作成できます。

フォームの送信は、一定の手続きを追って処理していかないといけません。整理するとこんな感じです。

1. 送られたフォームのデータを受け取る。
2. 受け取ったデータをパースする。
3. 必要な値を取り出して処理をする。

それほど難しそうには見えませんが、これは最初にいった「面倒くさいソースコード」を書かないといけないものです。

実をいえばNode.jsには、標準で「フォームから送られたデータを取り出す」という機能が標準ではついてないのです。クエリーパラメーターならurl.parseでパースし、queryから取り出せばいいのですが、フォームのPOST送信にはそういった便利なものがないのです。ですから、「送られてきたデータを取り出してつなぎ合わせ、全部受け取ったらパースして必要なデータを探す」といったようなかなり面倒くさいことをしないといけません。

これは、実際に処理を見ながら説明をしたほうがわかりやすいでしょう。では、サンプルを作成しましょう。

## index.ejsを修正する

今回は、index.ejsにフォームを用意し、それを/otherに送信すると、その内容をother.ejsで表示する、といったものを作ってみることにします。

まずは、フォームを用意しましょう。index.ejsの<body>部分を以下のように修正してください。

リスト3-2

```
<body class="container">
  <header>
    <h1 class="display-4"><%=title %></h1>
  </header>
  <div role="main">
    <p><%=content %></p>
    <form method="post" action="/other">
      <input type="text" name="msg" class="form-control">
      <input type="submit" value="Click" class="btn btn-primary">
    </form>
  </div>
</body>
```

これで入力フィールドと送信ボタンからなるフォームができました。<form method="post" action="/other">というように、/otherというアドレスにPOST送信するようになっています。

## フォームの処理を作成する

後は、この/otherでフォームの内容を受け取り、other.ejsを使って結果を表示するような処理を作成すればいいわけですね。では、app.jsを以下のように修正しましょう。

リスト3-3

```
const http = require('http');
const fs = require('fs');
```

```
const ejs = require('ejs');
const url = require('url');
const qs = require('querystring'); //☆追加

const index_page = fs.readFileSync('./index.ejs', 'utf8');
const other_page = fs.readFileSync('./other.ejs', 'utf8');
const style_css = fs.readFileSync('./style.css', 'utf8');

var server = http.createServer(getFromClient);

server.listen(3000);
console.log('Server start!');

// ここまでメインプログラム==========

// createServerの処理
function getFromClient(request, response) {
  var url_parts = url.parse(request.url, true); //☆trueに

  switch (url_parts.pathname) {

    case '/':
      response_index(request, response); //☆修正
      break;

    case '/other':
      response_other(request, response); //☆修正
      break;

    case '/style.css':
      response.writeHead(200, { 'Content-Type': 'text/css' });
      response.write(style_css);
      response.end();
      break;

    default:
      response.writeHead(200, { 'Content-Type': 'text/plain' });
      response.end('no page...');
      break;
  }
}

// ☆indexのアクセス処理
function response_index(request, response) {
  var msg = "これはIndexページです。"
  var content = ejs.render(index_page, {
    title: "Index",
```

```
    content: msg,
  });
  response.writeHead(200, { 'Content-Type': 'text/html' });
  response.write(content);
  response.end();
}

// ☆otherのアクセス処理
function response_other(request, response) {
  var msg = "これはOtherページです。"

  // POSTアクセス時の処理
  if (request.method == 'POST') {
    var body = '';

    // データ受信のイベント処理
    request.on('data', (data) => {
      body += data;
    });

    // データ受信終了のイベント処理
    request.on('end', () => {
      var post_data = qs.parse(body); // ☆データのパース
      msg += 'あなたは、「' + post_data.msg + '」と書きました。';
      var content = ejs.render(other_page, {
        title: "Other",
        content: msg,
      });
      response.writeHead(200, { 'Content-Type': 'text/html' });
      response.write(content);
      response.end();
    });

    // GETアクセス時の処理
  } else {
    var msg = "ページがありません。"
    var content = ejs.render(other_page, {
      title: "Other",
      content: msg,
    });
    response.writeHead(200, { 'Content-Type': 'text/html' });
    response.write(content);
    response.end();
  }
}
```

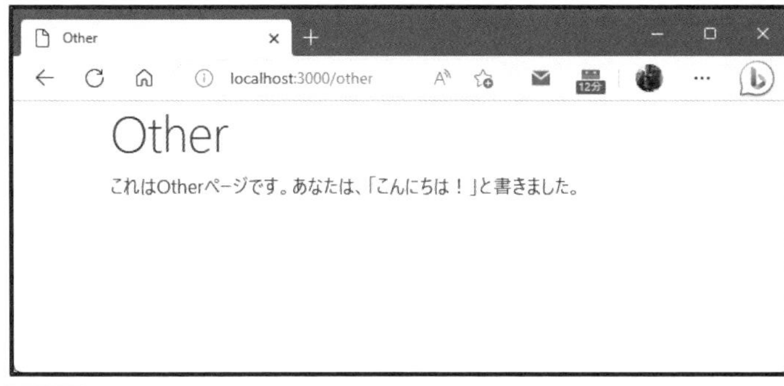


図3-3　フォームにテキストを書いて送信すると、送られたメッセージを表示する。

修正ができたら、Node.jsを再実行してフォームを送信してみましょう。フォームに書いたメッセージが/otherに表示されます。

## コラム 「GET」と「POST」 Column

普通にWebサイトにアクセスするとき、Webブラウザは「GET」という方式でアクセスをしています。GETはアクセスの基本と考えていいでしょう。が、フォームなどでは「POST」という方式を使います。今回のサンプルでも、<form>にはmethod="post"と属性を用意して、POSTで送信するようにしてあります。これはGETと何が違うんでしょう？

「POST」というのは、フォームなどを送信する際の基本となる送信方式です。これは、Webにアクセスする際に使われるHTTPというプロトコル（送信や受信の細かな手続きを決めたルールのようなもの）で決められているものです。

GETは、「いつ、どこからどうアクセスしても常に同じ結果が返される」というようなものに使います。普通にWebページにアクセスすると、誰がどこからいつアクセスしても同じ表示になります。これに対し、POSTは「そのとき、その状況での表示」を行うような場合に使われます。

# フォームの処理を整理する

では、どのようにしてフォームの処理を行っているのか、順を追って説明していくことにしましょう。

まず最初のrequire文のところを見てください。querystringというものをrequireする文が追加されていますね。この文です。

```
const qs = require('querystring');
```

これは、Query Stringというモジュールをロードするものです。Query Stringは、クエリーテキストを処理するための機能を提供するものです。前に、URLからクエリーパラメーターをパースするのにurlというオブジェクトを使いましたが、これは(URLではなく)普通のテキストをパース処理するためのものです。

## switchの修正

ルーティング(アドレスと実行する処理の関連付け)の処理は、switch文で行っていますが、今回は少し修正しています。'/'と'/other'のパスの処理を見ると、こうなっています。

```
case '/':
  response_index(request, response);
  break;

case '/other':
  response_other(request, response);
  break;
```

次第に処理が長くなってくるので、これらのアドレスにアクセスした際の処理は、それぞれresponse_index、response_otherという関数に切り離して用意することにしました。フォーム送信の処理は、response_other関数を見ればわかる、というわけです。

## response_other関数でのPOST処理

このresponse_other関数では、まずifを使って、POST送信されたかどうかをチェックしています。

```
if (request.method == 'POST') {……
```

requestの「method」というプロパティは、そのリクエストがどういう方式で送られてきたかを表す値です。これが"GET"か"POST"かによって、GETとPOSTの処理を分ければいいのです。

フォームを送信した場合は、POSTで送信されていますから、このrequest.methodがPOSTかどうかチェックすれば、フォーム送信された場合だけ処理を行うようにできるのです。

## requestとイベント処理

では、POST送信されたときにはどんな処理をしているのか。それは「イベント」を使った処理です。ここは、ちょっとわかりにくいので、頭の中でイメージしながら考えていってくださいね。

イベントというのは、さまざまな動作に応じて発生する信号のようなものです。Node.jsでは、オブジェクトに「こういう動作のときはこのイベントが発生する」という仕組みが組み込まれています。

オブジェクトでは、イベントに応じて呼び出される関数を設定することができます。つまり、「○○という動作をした→○○イベントが発生→設定した関数を実行」という一連の流れが自動的に行われるようになるのですね。

このイベントの設定は、こんな具合に行えます。

```
オブジェクト . on( イベント名 , 関数 );
```

これで、指定のイベントが発生したら、あらかじめ用意しておいた関数を実行させることができるようになります。

このイベントというものは、別にフォームの送信などとは関係なく、さまざまなところで使われています。Node.に限らず、普通のWebブラウザで動いているJavaScriptなどでも使われているものなんですよ。

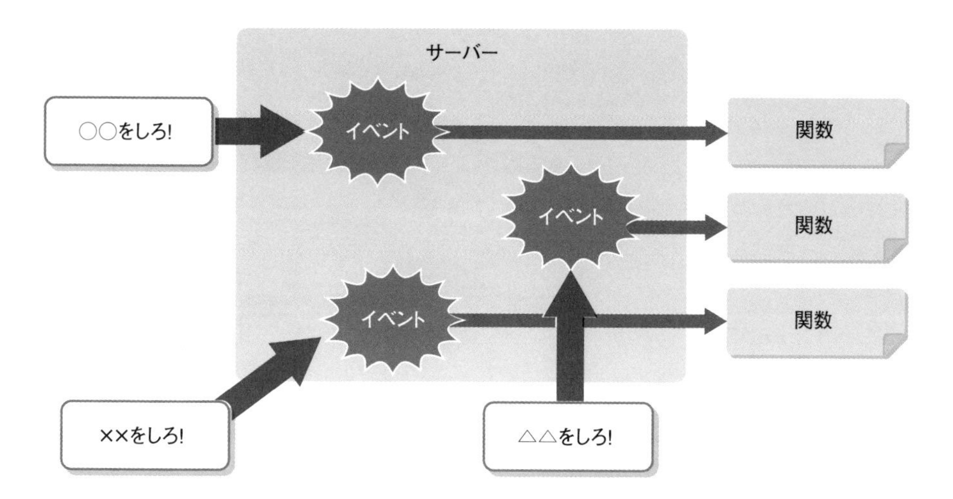


図3-5　何かの動作が行われると、それに対応するイベントが発生する。これにより、設定された関数が実行される。

## データ受信に関するイベント

では、POSTでフォーム送信をしたときの処理は、どうやるのでしょうか。

クライアントから送信された情報というのは、requestオブジェクトにまとめられています。このrequestには、クライアントから送られたデータを受信する際のイベントが用意されています。

| | |
|---|---|
| 'data'イベント | クライアントからデータを受け取ると発生するイベントです。 |
| 'end'イベント | データの受取が完了すると発生するイベントです。 |

注意したいのは、「インターネットでは、データは一度にまとめて送られてくるわけではない」という点です。長いテキストなどでは、少しずつ何回かに分けてデータが送られてくることもあります。ですから、dataイベントで受け取ったデータを変数などに保管していき、endイベントが起きたらそれまで送られたものすべてをまとめてエンコードして使う、というようなやり方をしなければいけません。

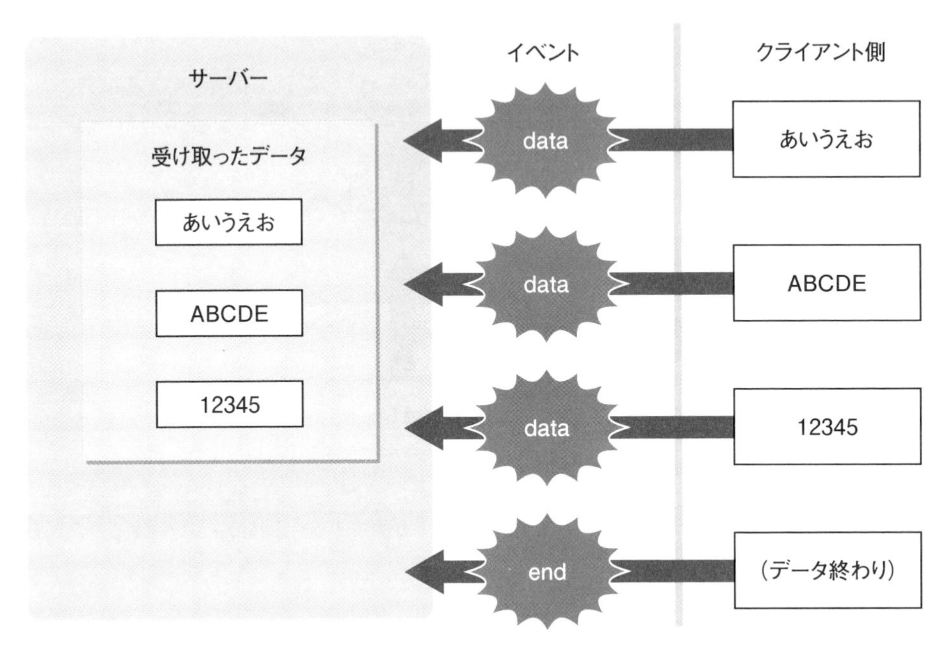


図3-6　クライアントからデータが送られる度に「data」イベントが発生する。最後のデータが送られると「end」イベントが発生し、それでデータの受信は完了する。

## dataイベントの処理

では、requestのイベントに設定される処理がどんなものか見てみましょう。まずは、dataイベントです。

```
var body='';

request.on('data', (data) => {
  body +=data;
});
```

変数bodyを用意しておき、dataイベントが発生したら、引数の値をbodyに追加しているのがわかります。dataイベントは、クライアントからデータを受け取ったときのイベントです。引数には、クライアントから受け取ったデータが入っています。ですから、このデータを変数bodyにどんどん追加していけば、受け取ったデータを取り出せるようになる、というわけです。

## endイベントの処理

すべてのデータを受け取ったら、最後にそれをパースしてテキストの値として取り出します。

```
request.on('end',() => {
   var post_data =  qs.parse(body);
   msg += 'あなたは、「' + post_data.msg + '」と書きました。';

   ……略……
});
```

endイベントに割り当てる関数には、引数はありません。すべてのデータを受け取った後ですから、もう渡されるデータはないのです。

ただし、受け取ったデータ(body変数)は、実はそのままでは使えません。クライアントからは、クエリーテキストと呼ばれる形式で送られてくるので、それをエンコードしておかないといけないのです。

それを行っているのが、qsオブジェクトの「parse」です。qs.parse(body)により、受け取ったデータ(body)をエンコードし、それぞれのパラメーターの値を整理したオブジェクトに変換してくれます。後は、このオブジェクトから必要な値を取り出して利用するだけです。

# 複雑な情報を整理する

ここまで、さまざまな形で値をやり取りする方法について説明してきましたが、送られる値は基本的に「ただのテキスト」でした。ですが、実際の開発では、もっと複雑な値をやり取りすることもあります。

特に、プログラムからテンプレートへ値を渡して表示するような場合には、非常に込み入った構造のオブジェクトを受け渡すこともあります。こうした場合には、単純に「受け取った変数を<%= %>で出力する」というだけでは済まないでしょう。

こうした場合は、テンプレート側で「受け取ったデータを処理する」仕組みを用意することができます。EJSには、テンプレート内でJavaScriptのコードを実行するためのタグも用意されています。このようなものです。

```
<% ……実行するスクリプト…… %>
```

EJSのこうしたタグ類は、全体で1つのスクリプトのように働きます。つまり、こうしたタグをテンプレートのあちこちで使った場合、上にあるものから順に実行されていくわけですね。あちこちにスクリプトを埋め込んだ場合も、それらの間で変数などは共有され、1つの処理として動くようになるのです。

必要に応じて、<% %>で処理を実行し、<%= %>で結果を表示する。この2つのタグを組み合わせることで、複雑なオブジェクトなどをテンプレート内で処理していくことができるようになります。

## オブジェクトの内容をテーブル表示する

では、実際に簡単なサンプルを挙げておきましょう。ここでは、データをオブジェクトにまとめておき、その内容をテーブルの形にまとめて表示する、ということをやってみましょう。

まずは、スクリプトを修正します。今回は、index.ejsを読み込んで表示することにしましょう。修正するのは、トップページを作成する部分(前回作成スクリプトのresponse_index関数」)です。app.jsの冒頭に変数dataを追記し、response_index関数を書き換えます。

リスト3-4

```
// 追加するデータ用変数
var data = {
  'Taro': '09-999-999',
  'Hanako': '080-888-888',
  'Sachiko': '070-777-777',
  'Ichiro': '060-666-666'
};

// indexのアクセス処理
function response_index(request, response) {
  var msg = "これはIndexページです。"
  var content = ejs.render(index_page, {
    title: "Index",
    content: msg,
    data: data,
  });
  response.writeHead(200, { 'Content-Type': 'text/html' });
  response.write(content);
  response.end();
}
```

ここでは、response_index関数の他、dataという変数も用意してあります。このdataにまとめたデータをテンプレート側できれいにレイアウトし表示しよう、というわけです。

var data = {……}; の部分をapp.jsの適当なところ(console.log('Server start!'); の下あたり)に追記し、response_index関数をすでに書かれているものと置き換えてください。

## テンプレートを修正する

では、テンプレート側を修正しましょう。今回は、Node.js側から渡された「data」というオブジェクトの中から順に値を取り出してテーブルを作ることにします。index.ejsの<body>部分を以下のように修正してください。

リスト3-5

```
<body class="container">
    <header>
        <h1 class="display-4"><%=title %></h1>
    </header>
    <div role="main">
        <p><%=content %></p>
        <table class="table">
            <% for(var key in data) { %>
            <tr>
                <th><%= key %></th>
                <td><%= data[key] %></td>
            </tr>
            <% } %>
        </table>
    </div>
</body>
```

図3-7　実行すると、dataの中身を順に取り出してテーブルタグとして出力していく。

修正したら実行して表示を確かめましょう。data変数にまとめてあるものがテーブルに出力されていることがわかるでしょう。

## テーブルの生成

では、テーブルの生成部分を見てみましょう。今回は、以下のようにテーブルの生成が書かれています。

```
<table>
  <% for(var key in data) { %>
    ……内容の出力……
  <% } %>
</table>
```

<% for(var key in data) { %>は、forによる繰り返しの開始、最後の<% } %>は繰り返しの終了部分であることがわかるでしょう。<% %>は、中に書かれているスクリプトはつながって解釈されます。ですから、こんな具合に構文の最初と最後を別々の<% %>タグにして書いても問題ないのです。

その間では、<%= %>を使って必要な値を出力しています。

```
<tr>
<th><%= key %></th>
<td><%= data[key] %></td>
</tr>
```

<tr>タグの中に<th>と<td>を用意していますね。<%= %>で、変数keyと、data[key]の値が出力されています。

この部分は、forの繰り返しの中に書かれています。つまり、これらのタグは、何度も繰り返し書き出されるのです。変数dataに用意されているプロパティの数だけ<tr>タグが書き出されていくことになります。こうして、データの数がいくつあってもそれらすべてをテーブルにまとめることができるのです。

# Section 3-2 パーシャル、アプリケーション、クッキー

**ポイント**

- ▶ パーシャルとは何か、どう利用するのか理解しましょう。
- ▶ アプリケーション変数の働きと使い方を知りましょう。
- ▶ クッキーはどういうものでどんな使い方をするのか学びましょう。



## includeとパーシャル

Webページの表示には、まだまだ覚えておきたいテクニックがいろいろとあります。まずは、テンプレートの一部を部品化する「パーシャル」について説明しましょう。

先ほど、データをテーブルに整理して表示をしてみましたね。テーブルの表示というのは、けっこう汎用性のあるものです。配列などのデータを用意し、forを使ってテーブルを表示する、といったことは割と多くのWebアプリケーションで行われるでしょう。

こういう場合、「テーブルの内容を汎用的に入れ替えできる」ともっと便利になります。つまり、<table>内の<tr>〜</tr>の部分のテンプレートを別に用意して、必要に応じてそれを読み込んで表示できるようにするわけですね。

こういう、テンプレート内から更に読み込んで使われる、テンプレート内の小さな部品を「パーシャル」と呼びます。このパーシャルを使って、テーブルの表示をカスタマイズしやすくしてみましょう。

### パーシャルの作成

まずは、ファイルを作成しましょう。VS Codeのエクスプローラーから「NODE-APP」にある「新しいファイル」アイコンをクリックし、「data_item.ejs」とファイル名を入力してください。

図3-8 新たに「data_item.ejs」というファイルを作る。

このファイルに、テーブル内の表示を記述しましょう。ここでは、通し番号とデータのキー、値を表示するテーブル内容を用意しておくことにします。

リスト3-6

```
<tr>
   <th><%= id %></th>
   <td><%= key %></td>
   <td><%= val[0] %></td>
</tr>
```

## includeでパーシャルを読み込む

今回は、keyとvalという変数として表示する値をパーシャルに渡すようにしてあります(valは配列になっています)。では、このパーシャルを使ってテーブルの表示を行うように、index.ejsを書き換えましょう。<body>部分を以下のように修正ください。

リスト3-7

```
<body class="container">
   <header>
      <h1 class="display-4"><%=title %></h1>
   </header>
   <div role="main">
      <p><%=content %></p>
      <table class="table">
         <% var id = 0; %>
         <% for(var key in data) { %>
         <%- include('data_item',
```

```
                {id:++id, key:key, val:[data[key]]}) %>
        <% } %>
      </table>
    </div>
</body>
```

ここでは、パーシャルを読み込んで組み込むために「include」というものを使っています。これは、以下のような形で記述します。

```
<%- include( ファイル名 , {……受け渡す値……} ) %>
```

includeは、<%- %>というタグを使って呼び出します。これは、<%= %>と同じように内容を出力するものですが、出力内容をエスケープ処理しないようになっています。

<%= %>は、出力するテキストにHTMLのタグなどが含まれていると、自動的にエスケープ処理して「HTMLタグのテキスト」として表示されるようになっています。が、<%- %>はタグをそのままタグとして出力する(つまり、HTMLのタグとしてちゃんと使える)ようにします。

include関数は、第1引数にパーシャルのファイル名を指定します。第2引数には、パーシャル側に渡す値をまとめたオブジェクトを用意します。ここでは、{id:++id, key:key, val:[data[key]]} という値を用意していますね。これで、id, key, valという値が渡されていたのですね。

## filenameでパーシャルファイルを指定する

最後に、app.jsのresponse_index関数を修正します。以下のリストのように書き換えてください(1行、追加しているだけです)。

リスト3-8

```
function response_index(request, response) {
  var msg = "これはIndexページです。"
  var content = ejs.render(index_page, {
    title: "Index",
    content: msg,
    data: data,
    filename: 'data_item' //☆追記
  });
  response.writeHead(200, { 'Content-Type': 'text/html' });
  response.write(content);
  response.end();
}
```

わかりますか？ ☆のfilenameという値でパーシャルファイルの名前を渡すようにしているだけです。これを忘れると、テンプレート側でうまくパーシャルを利用できないので注意しましょう。

一通りできたら、実際にアクセスしてテーブルがちゃんと表示されることを確認しましょう。

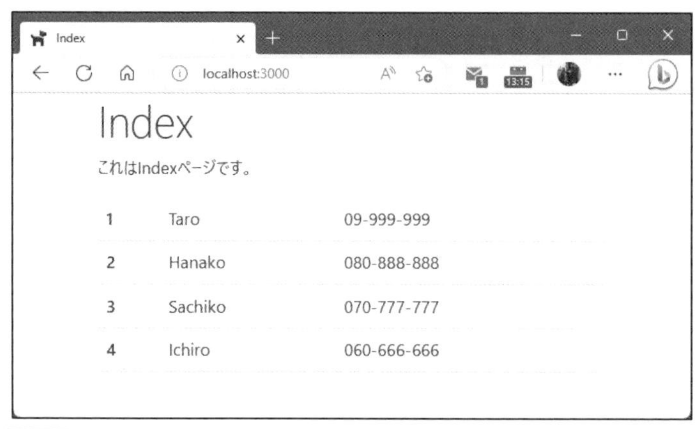


図3-9 パーシャルを使って表示したテーブル。

## パーシャルを書き換える

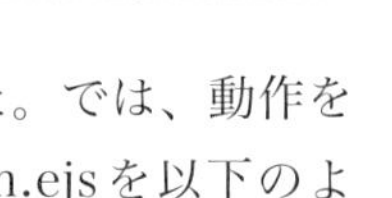

これでパーシャルを使ってテーブルの内容を表示できるようになりました。では、動作を確認したところで、パーシャルの内容を書き換えてみましょう。data_item.ejsを以下のように変更してみてください。

リスト3-9

```
<table class="table table-dark">
  <tr>
    <th><%= id %>:
      <%= key %></th>
  </tr>
  <% for(var i in val){ %>
  <tr>
    <td><%= val[i] %></td>
  </tr>
  <% } %>
</table>
```

各データを<table>にまとめるようにしました。これを表示するように、index.ejsの<body>部分を書き換えてみましょう。

リスト3-10

```
<body class="container">
  <header>
    <h1 class="display-4"><%=title %></h1>
  </header>
  <div role="main">
    <p><%=content %></p>
    <% var id = 0; %>
    <% for(var key in data) { %>
    <%- include('data_item',
          {id:++id, key:key, val:[data[key]]}) %>
    <% } %>
  </div>
</body>
```

アクセスすると、1つ1つのデータがテーブルの形にまとめられて表示されます。パーシャルを利用すれば、こんな具合にテーブル内の表示部分だけを修正すれば、各項目の表示を変更することも簡単に行えます。

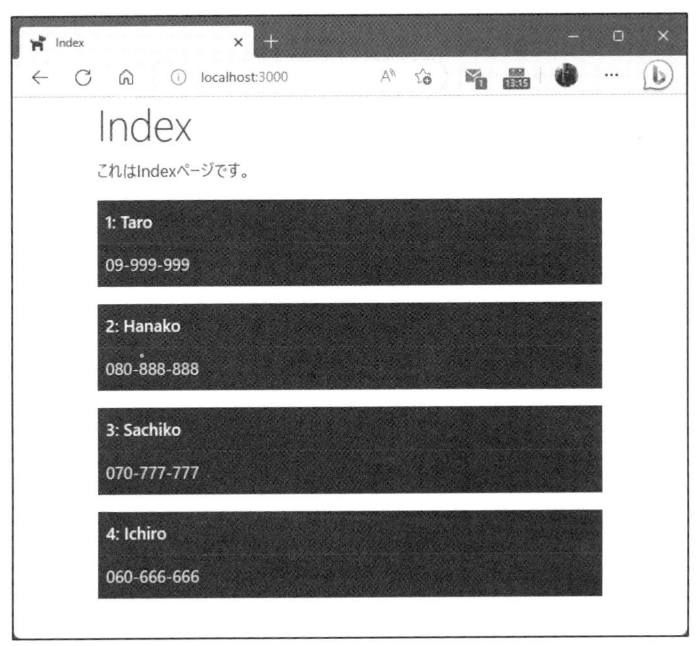


図3-10 テーブルの表示部分を修正すると、こんなものも簡単にできる。

# 別のデータを表示させる

パーシャルは、書き方を工夫すれば、さまざまなデータの表示にも利用できるようになります。先ほどのdata_item.ejsを使って別のデータを表示させてみましょう。

今回は、other.ejsを利用します。まず、app.jsのresponse_other関数を修正しましょう。以下のように関数を書き換えてください。なおdata2という変数も追記しておいてください。

リスト3-11

```
var data2 = {
  'Taro': ['taro@yamada', '09-999-999', 'Tokyo'],
  'Hanako': ['hanako@flower', '080-888-888', 'Yokohama'],
  'Sachiko': ['sachi@happy', '070-777-777', 'Nagoya'],
  'Ichiro': ['ichi@baseball', '060-666-666', 'USA'],
}

// otherのアクセス処理
function response_other(request, response) {
  var msg = "これはOtherページです。"
  var content = ejs.render(other_page, {
    title: "Other",
    content: msg,
    data: data2,
    filename: 'data_item'
  });
  response.writeHead(200, { 'Content-Type': 'text/html' });
  response.write(content);
  response.end();
}
```

変数data2は、先ほど追記した変数dataの下あたりに追加すればいいでしょう。そしてresponse_other関数を、すでに記述しているものと置き換えます。

## テンプレートを修正する

続いて、other.ejsのテンプレートを修正します。<body>タグの部分を以下のように書き換えてみましょう。

リスト3-12

```
<body class="container">
  <header>
```

```
    <h1 class="display-4"><%=title %></h1>
  </header>
  <div role="main">
    <p><%=content %></p>
    <% var id = 0; %>
    <% for(var key in data) { %>
    <%- include('data_item',
          {id:++id, key:key, val:[data[key]]}) %>
    <% } %>
  </div>
</body>
```

これで、data2の内容をテーブルに表示する/otherが作成できました。では、実際にアクセスして表示を確かめてみましょう。先ほどと同様に、1つ1つのデータがテーブルにまとめられた形で表示されます。

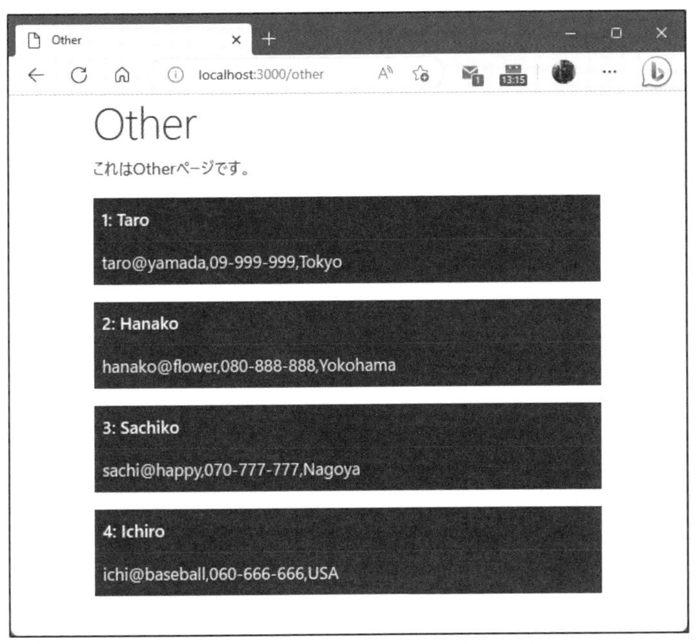


図3-11 /otherにアクセスすると、data2のデータがテーブルにまとめられて表示される。

# アプリケーション変数

Webで使われるデータというのは、大まかにいって2つのものがあります。それは「アクセスしている人それぞれに固有のデータ」と、「すべての人に共通のデータ」です。

まずは、「すべての人に共通するデータ」からです。これは、実はすでに皆さんは使っています。先に、データの表示をテーブルにまとめて表示しましたね。あれは、dataという変数をグローバル変数として用意していました。

Node.jsでは、サーバーをプログラム内で作成して実行し、待ち受けして動いています。つまり、サーバーが起動している間は、常にプログラムが実行中の状態になっているのです。ということは、グローバル変数として用意してあるものは、常にその値が保持されていることになります。つまり、いつ誰がアクセスしても、グローバル変数にアクセスすれば同じ値が得られるわけです。

このことがわかっていれば、「すべての人に共通するデータ」というのは案外簡単に作れます。データをグローバル変数として用意し、それを表示すればいいのですから。



## メッセージの伝言ページを作る

その簡単な例として、メッセージを置いておく簡易伝言ページを作ってみましょう。フォームを用意し、テキストを送信すると、それがグローバル変数に保管され、誰がアクセスしてもそのメッセージを見ることができるようになる、といったものです。

まずは、テンプレートを作成しましょう。今回はindex.ejsを修正して使うことにしましょう。

リスト3-13

```
<body class="container">
  <header>
    <h1 class="display-4"><%=title %></h1>
  </header>
  <div role="main">
    <p><%=content %></p>
    <table class="table">
      <tr>
        <th>伝言です！</th>
      </tr>
      <tr>
        <td><%=data.msg %></td>
      </tr>
    </table>
    <form method="post" action="/">
```

```
    <div class="form-group">
      <label for="msg">MESSAGE</label>
      <input type="text" name="msg" id="msg"
        class="form-control">
    </div>
    <input type="submit" value="送信"
      class="btn btn-primary">
  </form>
 </div>
</body>
```

例によって、<body>タグの部分だけ掲載しておきました。ここでは、<%=data.msg %>というようにして、保管しているメッセージを表示しています。app.js側で、dataにフォームから送信されたデータを保管しておけばいいわけですね。

## response_indexを修正する

では、app.jsの修正を行いましょう。今回は、response_index関数の修正を行います。以下のように関数とグローバル変数dataを書き換えてください。

リスト3-14

```
var data = { msg: 'no message...' };

function response_index(request, response) {
  // POSTアクセス時の処理
  if (request.method == 'POST') {
    var body = '';

    // データ受信のイベント処理
    request.on('data', (data) => {
      body += data;
    });

    // データ受信終了のイベント処理
    request.on('end', () => {
      data = qs.parse(body); // ☆データのパース
      write_index(request, response);
    });
  } else {
    write_index(request, response);
  }
}
```

```
// indexの表示の作成
function write_index(request, response) {
  var msg = "※伝言を表示します。"
  var content = ejs.render(index_page, {
    title: "Index",
    content: msg,
    data: data,
  });
  response.writeHead(200, { 'Content-Type': 'text/html' });
  response.write(content);
  response.end();
}
```

図3-12　メッセージを書いて送信すると、それがサーバーに保管され、誰がアクセスしても表示されるようになる。

今回は、indexにアクセスした際の処理を更に分けて、indexの表示の作成をwrite_indexという関数に切り離しておきました。

修正ができたら、実際に http://localhost:3000/ にアクセスしてみましょう。メッセージを書いて送信すると、それが伝言として表示されます。このメッセージは、ブラウザを終了したり、別のブラウザでアクセスした場合も常に保たれ同じものが表示されます。

ここでは、グローバル変数dataをこのように用意してあります。

```
var data = {msg:'no message...'};
```

dataはオブジェクトとして値を用意し、その中にmsgという値を用意しています。これは、POST送信のendイベントの部分(☆マークの文)で、

```
data = qs.parse(body);
```

このようにbodyの値をパースしdataに保管していることから、常にフォームの送信内容が保管されるようになることがわかるでしょう。フォームには、<input type="text" name="msg">というようにして入力フィールドが用意してあり、この値がオブジェクトのmsgプロパティとして送られ利用されるわけですね。

## クッキーの利用

もう1つの「アクセスするそれぞれの他人ごとに保管されるデータ」としては、もっとも基本となるのは「クッキー」でしょう。クッキーは、Webブラウザに用意されているもので、サーバーから送られた値を保管しておくための仕組みです。

このクッキーを利用するためには、クッキーの仕組みについて理解しておかないといけません。クッキーというのは、Webブラウザに保管しておく値ですが、これはどうやってサーバーとの間でやり取りするのでしょうか?

実は、「ヘッダー情報」として値をやり取りしているのです。ヘッダーというのは、前に説明しましたね? 画面に表示されない、そのコンテンツに関する情報などを送るのに用いられるものです。ここでクッキーの情報がやり取りされているのです。

サーバーからヘッダー情報としてクライアントにクッキーの情報が送られると、Webブラウザはそれをブラウザの中に保管します。そしてサーバーにアクセスする際には、そのクッキー情報をヘッダーに追加して送ります。受け取ったサーバー側は、そのクッキーの情報を使って必要な処理を行い、またヘッダー情報として送り返す……といったことを繰り返しているのです。

ですから、クッキーを利用するためには、ヘッダー情報のやり取りをしないといけません。

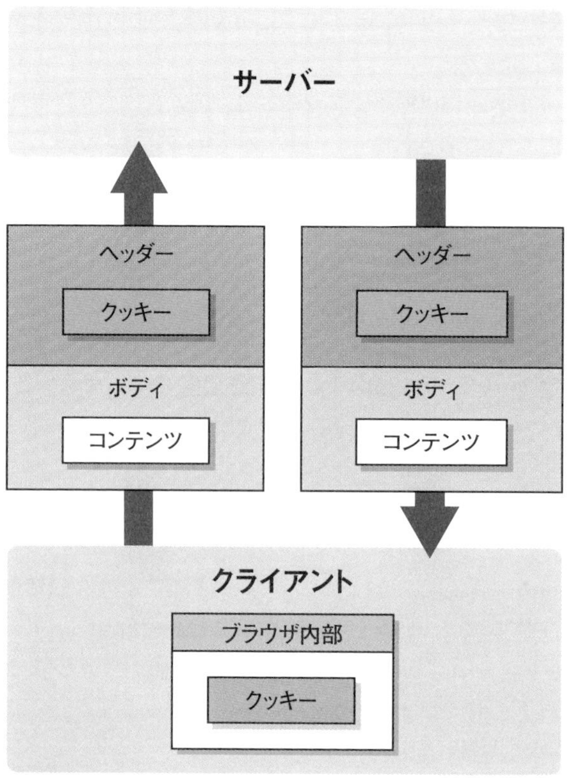


図3-13 クッキーは、ヘッダーの情報としてやり取りされる。サーバーから送られたクッキーの情報は、Webブラウザの内部に保管される。

それにもう1つ、ちょっと面倒なことがあります。クッキーには、日本語などを直接保管できないのです。クッキーは保管できる値の種類が限られているので、特殊な形式に変換して保管し、取り出したらまた変換して元のテキストに戻してやらないといけません。

クッキーには、こういう面倒くさいことがいろいろとあります。ですから、Node.jsでクッキーを利用するのはちょっと大変です。が、面倒な部分は、一度作ってしまえば、後はそれほど大変でもないはずです。とにかく試してみることにしましょう。

## テンプレートを修正する

では、先ほどのメッセージを表示するサンプルにクッキー表示の機能を追加してみることにしましょう。まずは、テンプレートの修正です。index.ejsの<body>部分を以下のように書き換えてください。

リスト3-15

```
<body class="container">
  <header>
```

```
      <h1 class="display-4"><%=title %></h1>
    </header>
    <div role="main">
      <p><%=content %></p>
      <table class="table">
        <tr>
          <th>伝言です！</th>
        </tr>
        <tr>
          <td><%=data.msg %></td>
        </tr>
      </table>
      <p>your last message:<%= cookie_data %></p>
      <form method="post" action="/">
        <div class="form-group">
          <label for="msg">MESSAGE</label>
          <input type="text" name="msg" id="msg"
            class="form-control">
        </div>
        <input type="submit" value="送信"
          class="btn btn-primary">
    </div>
  </body>
```

今回は、フォームの手前に、<%= cookie_data %>というタグを追加して、cookie_dataという値を表示するようにしておきました。app.js側では、このcookie_dataにクッキーの値を入れるようにすればいいわけですね。

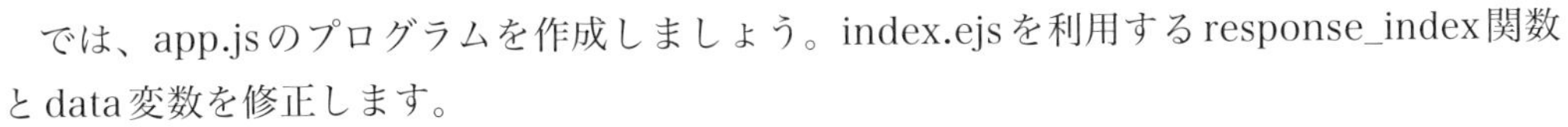

## クッキー利用の処理を作成する

では、app.jsのプログラムを作成しましょう。index.ejsを利用するresponse_index関数とdata変数を修正します。

今回は、response_indexの他に、ページの表示作成のwrite_index、クッキーの値を読み書きするsetCookie、getCookieといった関数が用意してあります。けっこう長いので間違えないようにしてください。

リスト3-16

```
// データ
var data = { msg: 'no message...' };
```

```
// indexのアクセス処理
function response_index(request, response) {
  // POSTアクセス時の処理
  if (request.method == 'POST') {
    var body = '';

    // データ受信のイベント処理
    request.on('data', (data) => {
      body += data;
    });

    // データ受信終了のイベント処理
    request.on('end', () => {
      data = qs.parse(body);
      // クッキーの保存
      setCookie('msg', data.msg, response);
      write_index(request, response);
    });
  } else {
    write_index(request, response);
  }
}

// indexのページ作成
function write_index(request, response) {
  var msg = "※伝言を表示します。"
  var cookie_data = getCookie('msg', request);
  var content = ejs.render(index_page, {
    title: "Index",
    content: msg,
    data: data,
    cookie_data: cookie_data,
  });
  response.writeHead(200, { 'Content-Type': 'text/html' });
  response.write(content);
  response.end();
}

// クッキーの値を設定
function setCookie(key, value, response) {
  var cookie = escape(value);
  response.setHeader('Set-Cookie', [key + '=' + cookie]);
}
// クッキーの値を取得
function getCookie(key, request) {
```

```
  var cookie_data = request.headers.cookie != undefined ?
    request.headers.cookie : '';
  var data = cookie_data.split(';');
  for (var i in data) {
    if (data[i].trim().startsWith(key + '=')) {
      var result = data[i].trim().substring(key.length + 1);
      return unescape(result);
    }
  }
  return '';
}
```

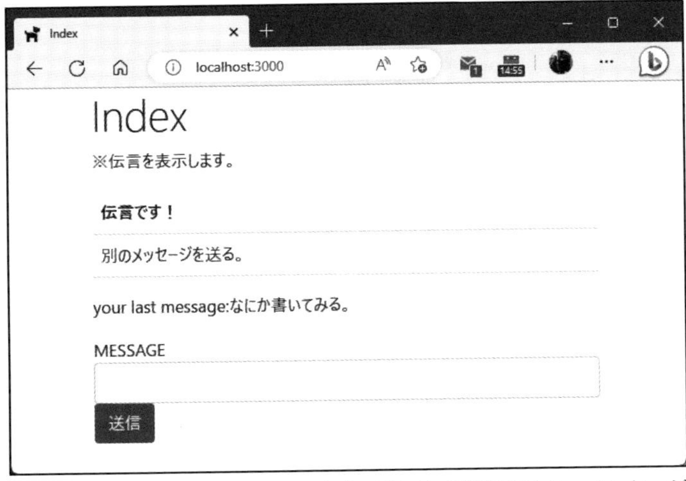


図3-14　アクセスしてフォームからテキストを送信すると、メッセージとして表示される。ページに再アクセスすると、最後に送信したメッセージが「your last message:」として表示される。

変数data、response_index関数、write_index関数は、それぞれすでに記述されているものに置き換えてください。そしてsetCookieとgetCookie関数を追記します。

修正できたら、実際にアクセスしてみましょう。先ほどと同様に、フォームからテキストを送信すると、それがメッセージとして表示されます。この段階では、まだ「your last message:」のところには何も表示されません。

表示を確認したら、ページに再度アクセスしてみましょう。すると、今度はyour last message:のところに、先ほど送信したメッセージが表示されます。メッセージは、他のクライアントから送られるとそちらに更新されてしまい変わってしまいますが、your last message:の部分は、自分が最後に送信したメッセージが常に保管されています。他のクライアントでは、そのクライアントのメッセージが保管されます。

もし、現在使っているWebブラウザとは別のブラウザを持っているなら、それを起動して、2つのブラウザで同じようにアクセスしてみてください。これで、サーバーは「2つのクライアントがアクセスしている」と判断します。それぞれのブラウザでメッセージを送信し、どのように表示されるかを調べてみると、今回のサンプルの働きがよくわかります。それぞれのクライアントごとに別々の値が保管されているのがよくわかるでしょう。

Chapter 1
Chapter 2
Chapter 3
Chapter 4
Chapter 5
Chapter 6
Chapter 7

## クッキーに値を保存する

今回は、クッキーの保存とクッキーからの値の読み込みをそれぞれ関数にして用意しています。まずは、クッキーへの保存から見てみましょう。

これは、setCookieという関数として用意してあります。この関数は、クッキーのキーと値、そしてresponseを引数に持ちます。

```
function setCookie(key, value, response) {……
```

どうしてresponseが？ と思った人。クッキーはヘッダー情報として送信するんでしたよね？ だから、responseのsetHeaderを利用するのです。そのためにresponseを引数で渡すようにしているのですね。

クッキーに値を保存するには、まず保存する値を「エスケープ処理」します。これは、要するに「クッキーに保存できる形式に変換する」処理のことです。

```
var cookie = escape(value);
```

この「escape」が、引数の値をエスケープ処理する関数です。これで変換された値が用意できたら、それを指定のキーの値に設定して保存します。なお、キーの値は、今回は特にエスケープ処理していません。

```
response.setHeader('Set-Cookie',[key + '=' + cookie]);
```

クッキーのヘッダー情報は、「Set-Cookie」という名前で設定されます。第2引数には値が用意されますが、これは配列になっています。この配列は、以下のようなテキストとして値を用意します。

```
[ 'キー=値' , 'キー=値', ……]
```

クッキーは、それぞれ名前(キー)とそれに設定される値がセットになっています。これらは、「キー＝値」というように、イコールでつなげたテキストとして用意されます。こうして用意した配列をSet-Cookieの値に用意し、setHeaderすれば、それがクッキーとしてヘッダー情報に追加されてクライアントへと送られるのです。



## クッキーから値を取り出す

クッキーへの保存は、実は割と簡単なのです。問題は、値を取り出す場合です。Set-Cookieの値は、[ 'キー＝値' , 'キー＝値', ……] といった形になっていました。これは実際には、'キー＝値; キー＝値; ……'というようにセミコロンでつなげた1つのテキストの形でクッキーに保管されています。

クッキーの値を取り出すためには、まずこれらの値を1つ1つ切り離し、取り出したいキーを探して、その値だけを取り出さないといけません。これはけっこう面倒くさい処理が必要です。

クッキーから値を取り出すのは、getCookieという関数になっています。これは以下のような形になっています。

```
function getCookie(key, request) {……
```

クライアントから送られてくるクッキー情報は、requestから取り出します。そこで、取り出すキーとrequestを引数で渡すようにしてあります。

### 三項演算子でcookieを得る

関数では、まずクッキーの値を変数に取り出します。これは、今まで見たことのないような形の式を使っています。

```
var cookie_data = request.headers.cookie != undefined ? request.headers.cookie
: '';
```

ちょっとわかりにくいですが、これは「三項演算子」というものです。三項演算子は、条件と2つの値の計3個の要素で構成されています。最初の条件がtrueならば1つ目の値、falseなら2つ目の値が得られます。

```
変数 = 条件 ? 値1 : 値2 ;
```

こういう形ですね。ここでは、request.headers.cookieという値をチェックしています。requestの「headers」というのは、ヘッダー情報がまとめられているプロパティで、その中の「cookie」というプロパティにクッキーの値が保管されています。ただし！ 場合によっては、クッキーがまだないこともあります。そこで三項演算子を使い、このcookieの値がundefinedでないならクッキーのテキストを取り出し、そうでない場合は空のテキストを返すようにした、というわけです。

## クッキーを分解する

では、取り出したクッキーの値から、指定のキーの値を取り出しましょう。これには、まずクッキーのテキストをセミコロンで分割します。

```
var data = cookie_data.split(';');
```

splitは、引数でテキストを分割するメソッドです。これで、cookie_dataのテキストをセミコロンで分割し配列にまとめたものが得られます。後は、繰り返しを使い、ここから順にテキストを取り出して、その値が取り出したいキーかどうかを調べるだけです。

```
for(var i in data){
  if (data[i].trim().startsWith(key + '=')){
    var result = data[i].trim().substring(key.length + 1);
    return unescape(result);
  }
}
```

data[i].trim().startsWith(key + '=')というのは、data[i]のテキストをトリム(前後の余白を取り除く)し、startsWithでkey + '='というテキストで始まっているかどうかをチェックするものです。これで始まっているなら、それが指定のキーの値だと判断できます。

後は、substringを使って、'キー ='の後のテキスト部分を取り出し、それを「unescape」という関数を使ってアンエスケープ(クッキーの形式から普通のテキストに戻す処理)してreturnするだけです。

## これ以上は「セッション」

以上でクッキーの読み書きができるようになりました。「なんだか全然わからない！」という人もいることでしょう。それでもかまいません。そうだろうと思って、クッキーの読み書きを関数にしておいたのですから。

これらクッキー利用の関数をそのままコピー＆ペーストして利用すれば、内容はわからなくても、誰でもクッキーを読み書きできるようになります。とりあえず、使うことさえできれば、今は十分でしょう。中の仕組みなどは深く考えないでください。

簡単な値を保管する程度ならば、クッキーで十分です。ただし、もっと複雑で大きなデータになると、クッキーではちょっと心もとないでしょう。

そのような場合には、「セッション」と呼ばれるものが用いられます。ただし、このセッションは、Node.jsには標準では用意されていません。次の章では、Node.jsで使う「Express」というフレームワークを導入して、より本格的な開発を行います。そこでセッションを利用する予定ですので、それまでもう少しクッキーで我慢してください。

# Section 3-3 超簡単メッセージボードを作ろう

**ポイント**

- ▶ Webアプリの作成を体験しましょう。
- ▶ ローカルストレージの使い方を覚えましょう。
- ▶ パーシャルやグローバル変数などの技術が実際にどう使われるか学びしょう。



## メッセージをやり取りしよう！

さて、ここまでだいぶいろんなことを覚えてきました。そろそろ、それなりにちゃんと動くアプリケーションを作ってみることにしましょう。……えっ？「まだ、そんな難しいことなんて無理！」ですって？ いえいえ、アプリなんて、必要最小限の知識があれば作れるものですよ。

もちろん、いきなり「Googleマップみたいなアプリを作りたい」なんていわれても無理ですが、ごく簡単なものならば、それなりに使える機能のアプリを作ることはできるはずです。それに、1つ1つの機能を覚えることも大切ですが、「アプリを作る上で必要なノウハウ」というのは、実際にアプリを作ってみないとなかなか身につかないものです。

今回作ってみるのは、Webアプリの基本ともいえる「メッセージボード(掲示板)」です。何かのメッセージを送信するとそれを保管して表示する、というものですね。本格的なメッセージボードは、サーバーにデータベースなどを設置して動かしますが、ここではもっと簡単に、「送信したデータを配列にまとめておく」という形で作ろうと思います。

アプリそのものはとてもシンプル。メッセージのフィールドが1つあるだけです。ここに何か書いて送信すれば、それが保存されます。メッセージは、最大10個まで保存され、それ以上になると古いものから順に消えていきます。また初めてアクセスしたときにはIDを入力するような仕組みも用意しましょう。

図3-15　完成した超簡易メッセージボード。メッセージを書いて送信すると、送ったクライアントのIDとメッセージが追加され表示される。

## メッセージボードに必要なものは？

とりあえず、ここまで覚えたことだけでも簡単なメッセージボードは作れると思いますが、いくつか新しい機能を使ってより使えるものにしましょう。ここで初めて登場するのは、以下のような技術です。

### ●投稿データをファイルに保存する

変数にデータを保管しているだけだと、サーバーをリスタートしたりするとすべて消えてしまいます。きちんとデータを保管し、常にその内容が表示できるようにするには、どこかにデータを保管しておかないといけません。

今回は、テキストファイルにデータを保存して、それを読み込んで使うような方法をとることにします。ファイルアクセスは、覚えておくといろいろ応用ができますよ。

### ●自分のIDをローカルストレージに保管する

それぞれのクライアントごとにデータを保存するものとして「クッキー」を使いましたが、実はその他にももっと手軽な機能があるのです。それは「ローカルストレージ」というものです。これもブラウザにデータを保存するための機能で、かなり手軽に利用できます。

「じゃあ、なんでクッキーの代りにそっちを教えなかったんだ！」と思うかも知れませんが、これには1つ、問題があるのです。それは、「クライアント側でしか動かない」ということ。つまり、ブラウザに表示されるWebページの中でしか使えないのです。

Node.jsは、サーバー側で実行されるプログラムです(というか、Node.jsでサーバーそのものを作って動かしているのですから)。だから、Node.jsのプログラムの中からは、ローカルストレージは使えません。クライアント側とサーバー側でうまく連携して動くようなプログラムを考えないといけません。

この2つの技術を身につければ、特に「データの保管」という点ではずいぶんと利用範囲が広がってきます。では、実際にアプリを作成してみましょう。プログラムの説明などは、すべて完成した後で行うことにしましょう。



## 必要なファイルを整理する

では、今回のアプリではどのようなものを作成する必要があるでしょうか。必要になるファイル類をざっと整理してみましょう。

| | |
|---|---|
| app.js | メインプログラムのファイルです。 |
| index.ejs | これがメッセージボードの表示ページのテンプレートになります。 |
| login.ejs | ログインページ(IDの入力ページ)のテンプレートです。 |
| data_item.ejs | テーブル表示のパーシャル用テンプレートです。 |
| mydata.txt | データを保管しておくテキストファイルです。 |

これらのファイルを作成すれば、アプリは完成です。想像していたほど難しくはないでしょう? では、作成していきましょう。

### フォルダーを用意する

まずは、適当な場所に、アプリケーションのフォルダーを用意しましょう。サンプルでは、デスクトップに「mini_board」という名前で用意しておきました。このフォルダーの中にファイルを作成していきます。

フォルダーを作ったら、VS Codeのウィンドウにドラッグ&ドロップして、フォルダーを開いておきましょう。ただし、すでに「node-app」フォルダーを開いていますから、新しいウィンドウで開くことにしましょう。

VS Codeの「ファイル」メニューから「新しいウィンドウ」メニューを選ぶと、新しいウィンドウが現れます。そこに「mini_board」フォルダーをドラッグ＆ドロップすれば、このウィンドウでフォルダーが開けます。

## index.ejsテンプレートを作成する

ではWebアプリを作成しましょう。最初にテンプレート関係から作成していきます。テンプレートは全部で3つ作成します。順に作成していきましょう。

最初に、トップページのテンプレートを作ります。VS Codeのエクスプローラーから「MINI_BOARD」の右側にある「新しいファイル」アイコンをクリックしてファイルを作り、「index.ejs」と名前を入力します。そして下のリストのように記述をします。

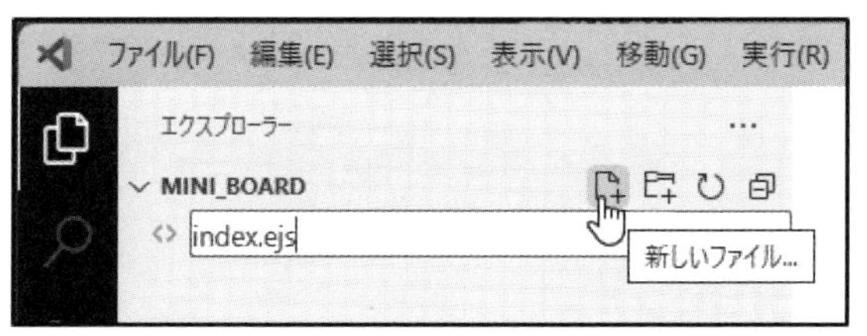


図3-16 新しいファイルを作成し、「index.ejs」と名前をつけておく。

リスト3-17

```
<!DOCTYPE html>
<html lang="ja">

<head>
  <meta http-equiv="content-type"
    content="text/html; charset=UTF-8">
  <title>ミニメッセージボード</title>
  <link rel="stylesheet"
  href="https://stackpath.bootstrapcdn.com/bootstrap/4.4.1/css/
    bootstrap.min.css"
  crossorigin="anonymous">
  <script>
    function init() {
      var id = localStorage.getItem('id');
      if (id == null) {
        location.href = './login';
      }
      document.querySelector('#id').textContent = 'ID:' + id;
      document.querySelector('#id_input').value = id;
    }
  </script>
```

```
</head>

<body class="container" onload="init();">
   <header>
      <h1 class="display-4">メッセージボード</h1>
   </header>
   <div role="main">
      <p>※メッセージは最大10個まで保管されます。</p>
      <form method="post" action="/">
         <p id="id"></p>
         <input type="hidden" id="id_input" name="id">
         <div class="form-group">
            <label for="msg">Message</label>
            <input type="text" name="msg" id="msg"
               class="form-control">
         </div>
         <input type="submit" value="送信"
            class="btn btn-primary">
      </form>

      <table class="table">
         <% for(var i in data) { %>
         <%- include('data_item', {val:data[i]}) %>
         <% } %>
      </table>
   </div>
</body>

</html>
```



今回は、JavaScriptのスクリプトの他、フォームとテーブルまであるので少々複雑です。いくつかの部分に区切って働きを見てみましょう。

## ローカルストレージの値の取得

ここでは、<script>タグで「ローカルストレージからIDの値を取り出し、それに応じて処理をする」というスクリプトを書いています。initという関数の部分ですね。ここで、まずローカルストレージから値を取り出します。

```
var id = localStorage.getItem('id');
```

やっているのは、たったこれだけです。「localStorage」というのが、ローカルストレージを扱うために用意されているオブジェクトです。この「getItem」で値を取り出します。このメソッドは、引数に「キー」を指定して呼び出します。

```
変数 = localStorage.getItem( キー );
```

この「キー」というのは、要するに値につけてある「名前」のことだ、と考えてください。ローカルストレージは、さまざまな値に名前をつけて保存します。そして、取り出すときは「この名前の値を下さい」と要求すれば、指定の値が取り出せるようになっているのです。

## IDがなければログインページに移動

今回のスクリプトでは、getItem('id')で「id」というキーの値を取り出しています。そして、値がまだなければ、IDが未登録と判断し、ログインページに移動しています。

```
if (id == null){
    location.href = './login';
}
```

現在開いているページは、locationオブジェクトの「href」という値で設定されています。この値を書き換えれば、表示するページも変わるようになっています。ここでは、'./login'に変更し、ログインページに移動しています。

## IDを非表示フィールドに設定する

IDの値が取り出せたなら、この値を2箇所に設定しています。画面にIDを表示するための<p>タグと、非表示フィールドのvalueです。

```
document.querySelector('#id').textContent = 'ID:' + id;
document.querySelector('#id_input').value = id;
```

1行目は、<span id="id">のタグに「ID:○○」という形でテキストを表示させるものです。重要なのは2行目の部分です。これは、<form>内にある、

```
<input type="hidden" id="id_input" name="id" value="">
```

このタグのvalueに値を設定しているのです。この非表示フィールドは、フォームを送信するときに、IDの値を一緒に送るために用意してあるものです。ローカルストレージはクライアント側の機能で、サーバー側では使えません。そこで、メッセージを送信する際、

IDの値も一緒に送ることで、「なんというIDのクライアントが送信してきたか」をサーバー側に伝えるようにしていたのですね。

# テーブルのパーシャル・テンプレート

続いて、メッセージをテーブル表示する際に使うパーシャルのテンプレートファイルを作りましょう。VS Codeのエクスプローラーから「MINI_BOARD」右側の「新しいファイル」アイコンをクリックし、「data_item.ejs」と名前を入力してください。そして下のリストを記述します。

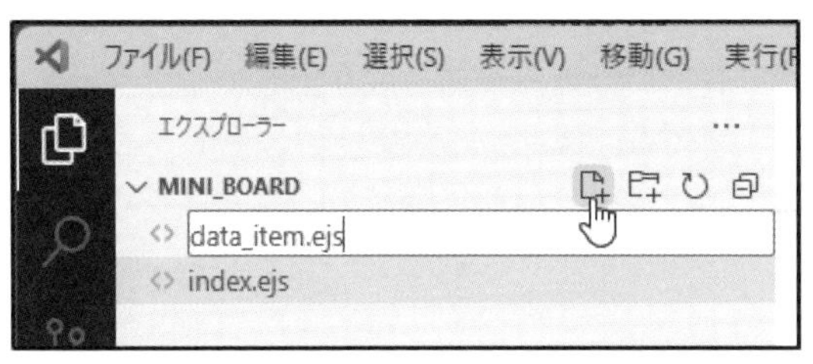


図3-17 「data_item.ejs」ファイルを新たに作成する。

リスト3-18

```
<% if (val != ''){ %>
<% var obj = JSON.parse(val); %>
<tr>
  <th><%= obj.id %></th>
  <td><%= obj.msg %></td>
</tr>
<% } %>
```

## メッセージをテーブルで表示する

メッセージをテーブルで表示する部分は、index.ejsではこのようになっていました。

```
<table class="table">
  <% for(var i in data) { %>
  <%- include('data_item', {val:data[i]}) %>
  <% } %>
</table>
```

dataという変数が、メッセージのデータをまとめて保管している変数です。これは、各データを配列としてまとめています。ここから順に値を取り出し、includeを使ってdata_item.ejsによる項目を作成しよう、というわけです。ここでは、valという名前でデータの値を渡しています。

## パーシャル側の処理

ただし、このdata_item.ejsを見ると、それほど単純ではないことがわかります。まず最初に、こんなif文のタグが用意されていますね。

```
<% if (val != ''){ %>
```

index.ejs側でdataという変数にまとめられているデータは、各データをテキストの形にして保管しています。ですから、まずはこのテキストの値が空でないかをチェックし、ちゃんと値が保管されていれば表示のための処理を行うようにしています。

## JSONオブジェクトの生成

ただし、表示の処理は、ただvalで渡されたテキストを表示すればいいというわけではありません。実は、後述しますがこのデータのテキストは、「JSON形式で書かれた値」なのです。

JSONは「JavaScript Object Notation」の略で、JavaScriptのオブジェクトをテキストの形で記述するためのフォーマットです。このJSONは、JavaScriptのオブジェクトをテキストとしてやり取りするのによく利用されます。

JSON形式のテキストは、簡単にJavaScriptのオブジェクトに変換できるのです。オブジェクトにできれば、そこから必要な値を取り出して使うことができますね。

```
<% var obj = JSON.parse(val); %>
```

これが、JSON形式のテキストを元にオブジェクトを生成している文です。JSON関連の機能は、その名の通り「JSON」というオブジェクトにまとめられています。このJSONオブジェクトの「parse」は、引数のテキストをパース処理してオブジェクトを生成し返します。

後は、このオブジェクトobjから必要な値を取り出して出力するだけです。

```
<th><%= obj.id %></th>
<td><%= obj.msg %></td>
```

ここにはidとmsgの値が用意されています。これらをテーブルの項目として出力すれば、メッセージとIDがテーブルの形で表示できます。

## login.ejsを作る

残るテンプレートは、/loginにアクセスした際に表示されるログインページのテンプレートです。これもVS Codeで「新しいファイル」アイコンを使い、「login.ejs」という名前で作成しましょう。そして、下のリストの内容を記述しておきましょう。

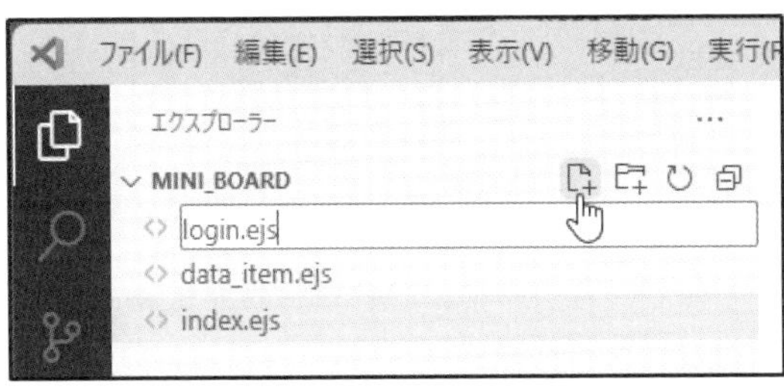


図3-18 「新しいファイル」アイコンを使い、「login.ejs」というファイルを作成する。

リスト3-19

```
<!DOCTYPE html>
<html lang="ja">

<head>
  <meta http-equiv="content-type"
    content="text/html; charset=UTF-8">
  <title>ミニメッセージボード</title>
  <link rel="stylesheet"
  href="https://stackpath.bootstrapcdn.com/bootstrap/4.4.1/css/    ↵
  bootstrap.min.css"
  crossorigin="anonymous">
  <script>
    function setId() {
      var id = document.querySelector('#id_input').value;
      localStorage.setItem('id', id);
      location.href = '/';
    }
  </script>
</head>

<body class="container">

  <header>
    <h1 class="display-4">メッセージボード</h1>
  </header>
  <div role="main">
    <p>あなたのログインネームを入力ください。</p>
```

```
      <div class="form-group">
        <label for="id_input">Login name:</label>
        <input type="text" id="id_input"
          class="form-control">
      </div>
      <button onclick="setId();"
        class="btn btn-primary">送信</button>
    </div>
  </body>

  </html>
```

## ローカルストレージに値を保存する

このログインページで行うのは、「IDを入力してもらい、それを保存すること」です。保存先は、ローカルストレージです。つまり、クライアント(Webブラウザ)に保存することになります。

ということは、このフォームはサーバーに送信しても意味がありません。サーバーで処理するのではないのですから。クライアントの中で、値の保存処理を用意しないといけません。

フォームを見ると、こんな具合に書かれているのがわかります。

```
<button onclick="setId();"
      class="btn btn-primary">送信</button>
```

<button>タグのonclickに「setId」という関数が指定されています。この関数で、保存の処理をしているのですね。関数を見ると、こうなっています。

```
function setId(){
  var id = document.querySelector('#id_input').value;
  localStorage.setItem('id', id);
  location.href = '/';
}
```

「id_input」というIDのDOMオブジェクトからvalueの値を取り出し、それをローカルストレージに保存しています。ローカルストレージへの保存は、こんな具合に記述します。

```
localStorage.setItem( キー , 値 );
```

ここでは、setItem('id', id) と実行して、「id」というキーに送信されたidの値を設定していた、というわけです。

## データファイルの用意

テンプレート以外のものとして、データを保管するファイルを作成しておきましょう。今回は「mydata.txt」という名前で用意しておきます。

これは、送られてきたメッセージをまとめて保存しておくためのものです。これも、「新しいファイル」アイコンで作成し、ファイル名を記入しておいてください。

ファイルの中身は、空のままにしておきます。これは、プログラムの中から利用するので、データなどをユーザーが書いておく必要はありません。ファイルを作っておくだけでOKです。

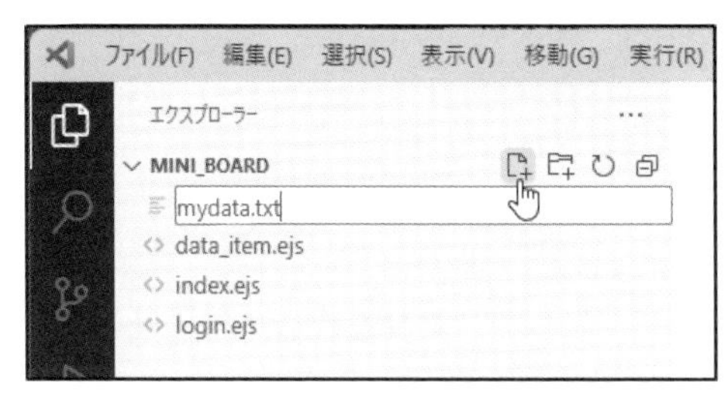


図3-19 mydata.txtファイルを追加する。

# メインプログラムを作る

これで、スクリプトファイル以外はできました。残るは、メインプログラム部分です。今回のWebアプリでもejsを利用しますので、プログラムを作成する前にnpmコマンドでインストールしておきましょう。

VS Codeの「ターミナル」から「新規ターミナル」メニューを選びます。そして現れたターミナルから、以下のようにコマンドを実行してください。これで、mini_boardにejsがインストールされます。

```
npm install ejs
```

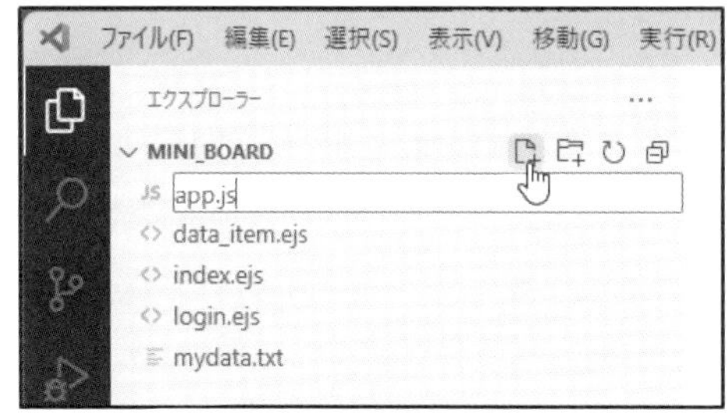


図3-20 npm installでmini_boardにejsをインストールしておく。

## app.jsを作成する

では、メインプログラムを作りましょう。「app.js」という名前で作成し、下のリストを記述しましょう。今回は、けっこう長くなっているので、間違えないように注意してください。

```
問題　出力　デバッグ コンソール　ターミナル　　powershell + ⌵ ◫ 🗑 … ^ ×
PS C:\Users\tuyan\Desktop\mini_board> npm install ejs

added 16 packages in 893ms

2 packages are looking for funding
  run `npm fund` for details
PS C:\Users\tuyan\Desktop\mini_board>
行 113、列 1　スペース: 2　UTF-8　CRLF　{} JavaScript
```

図3-21　最後にスクリプトファイル「app.js」を作成する。

リスト3-20

```
const http = require('http');
const fs = require('fs');
const ejs = require('ejs');
const url = require('url');
const qs = require('querystring');

const index_page = fs.readFileSync('./index.ejs', 'utf8');
const login_page = fs.readFileSync('./login.ejs', 'utf8');

const max_num = 10; // 最大保管数
const filename = 'mydata.txt'; // データファイル名
var message_data; // データ
readFromFile(filename);

var server = http.createServer(getFromClient);

server.listen(3000);
console.log('Server start!');

// ここまでメインプログラム==========

// createServerの処理
function getFromClient(request, response) {

  var url_parts = url.parse(request.url, true);
  switch (url_parts.pathname) {
```

```
    case '/': // トップページ(メッセージボード)
      response_index(request, response);
      break;

    case '/login': // ログインページ
      response_login(request, response);
      break;

    default:
      response.writeHead(200, { 'Content-Type': 'text/plain' });
      response.end('no page...');
      break;
  }
}

// loginのアクセス処理
function response_login(request, response) {
  var content = ejs.render(login_page, {});
  response.writeHead(200, { 'Content-Type': 'text/html' });
  response.write(content);
  response.end();
}

// indexのアクセス処理
function response_index(request, response) {
  // POSTアクセス時の処理
  if (request.method == 'POST') {
    var body = '';

    // データ受信のイベント処理
    request.on('data', function (data) {
      body += data;
    });

    // データ受信終了のイベント処理
    request.on('end', function () {
      data = qs.parse(body);
      addToData(data.id, data.msg, filename, request);
      write_index(request, response);
    });
  } else {
    write_index(request, response);
  }
}
```

```
// indexのページ作成
function write_index(request, response) {
  var msg = "※何かメッセージを書いてください。";
  var content = ejs.render(index_page, {
    title: 'Index',
    content: msg,
    data: message_data,
    filename: 'data_item',
  });
  response.writeHead(200, { 'Content-Type': 'text/html' });
  response.write(content);
  response.end();
}

// テキストファイルをロード
function readFromFile(fname) {
  fs.readFile(fname, 'utf8', (err, data) => {
    message_data = data.split('\n');
  })
}

// データを更新
function addToData(id, msg, fname, request) {
  var obj = { 'id': id, 'msg': msg };
  var obj_str = JSON.stringify(obj);
  console.log('add data: ' + obj_str);
  message_data.unshift(obj_str);
  if (message_data.length > max_num) {
    message_data.pop();
  }
  saveToFile(fname);
}

// データを保存
function saveToFile(fname) {
  var data_str = message_data.join('\n');
  fs.writeFile(fname, data_str, (err) => {
    if (err) { throw err; }
  });
}
```

#  メッセージボードの使い方 

完成したら、プログラムを実行して動作を確認しましょう。VS Codeのターミナルから以下のように実行してください。

```
node app.js
```

問題　出力　デバッグ コンソール　ターミナル

```
PS C:\Users\tuyan\Desktop\mini_board> node app.js
Server start!
```

行 1、列 1　スペース: 2　UTF-8　CRLF　プレーンテキスト

図3-22　「mini_board」フォルダーに移動し、node app.jsを実行する。



## ログインページの利用

では、Webブラウザからhttp://localhost:3000 にアクセスしてみましょう。すると、初めてアクセスしたときには自動的にログインページ(/login)に移動します。ここで、自分のID（メッセージボードに表示されるニックネーム)を記入し、ボタンを押してください。自動的にメッセージボードのページに移動します。

図3-23　ログインページ。ここでIDとなるニックネームを記入する。

## メッセージボードページの利用

メッセージボードのページは、メッセージを書いて送信するフォームがあるだけのシンプルなものです。フォームの上には、先ほど入力したIDが表示されているはずです。ここでメッセージを記入し送信すれば、それがサーバーに送られ保存されます。

図3-24　メッセージボードのページ。メッセージを書いて送信する。

## 送信メッセージの表示

メッセージが送信されると、それはサーバーに保管されます。そして次にメッセージボードにアクセスをすると、その一覧がフォームの下に表示されるようになります。

複数のブラウザから送信すると、それぞれ固有のIDでメッセージが表示されることがわかるでしょう。なお、IDを変更したいときは、手動で/loginにアクセスしてIDを再入力すれば、以後、新しいIDで投稿されるようになります。

投稿したメッセージは、10以上になると古いものから削除され、常に10個以内のみ保管されるようになっています(最大数は簡単に変更できます)。

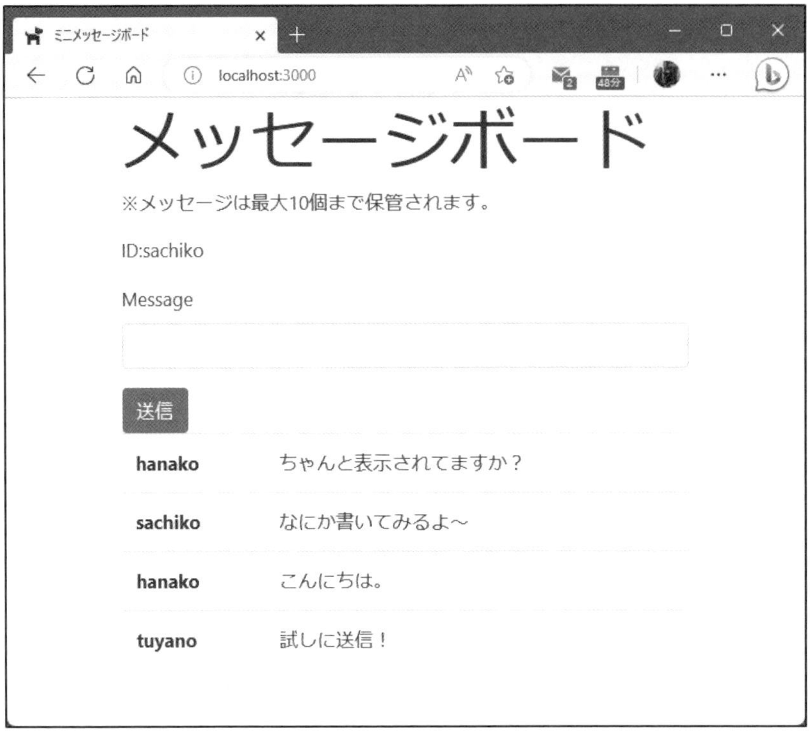

図3-25　実際にメッセージを送信したところ。それぞれメッセージを送った人のID付きで表示されるのがわかる。

## データファイルの処理について

では、スクリプトについて説明しましょう。今回は、かなり長いスクリプトになりましたから、全部説明しようとすると長くなってしまいます。スクリプトの多くはすでにやった処理の使いまわしですから、大事なポイントだけ説明しておくことにしましょう。

今回のポイントは、「データファイルへのデータの読み書き」です。ここでは送信されたデータを最大10個まで保存しています。が、実は送られたメッセージだけでなく、送った人間のIDも合わせて、オブジェクトとしてデータを保存しているのです。

ですから、ただ読み書きするだけでなく、「オブジェクトをテキストに変換したり、テキストからオブジェクトに戻したり」といった操作も考えておく必要があります。前にindex.ejsのところで触れた「JSON」というものを利用するのですね。

## ファイルの最大数

では、順にポイントをチェックしていきましょう。まず、スクリプトの最初のところで以下のような変数が用意されています。

```
const max_num = 10;
const filename = 'mydata.txt';
```

max_numは、保管するデータの最大数を示す変数(正しくは定数)です。この値を変更すれば、保管するデータ数を変更できます。filenameは、保存するファイルの名前ですね。これらの値を書き換えることで、表示項目や保管ファイルを変更することができます。

## ファイルのロード

その後にあるmessage_dataというのが、データを保管しておくための変数です。これは値が何も設定されていませんが、すぐその後で呼び出しているreadFromFileという関数によってデータがロードされています。

この関数は、以下のように定義されています。

```
function readFromFile(fname) {
  fs.readFile(fname, 'utf8', (err, data) => {
    message_data = data.split('\n');
  })
}
```

fs.readFileで、指定の名前のファイルを読み込んでいるのがわかります。そのコールバック関数では、読み込んだデータ(data)の後に「split」というものをつけて実行しています。これはテキスト(String)オブジェクトのメソッドで、そのテキストを引数の文字で分割し配列にしたものを返します。

split('\n')により、fs.readFileSyncで読み込んだテキストを「\n」という記号で分割し配列にしていたのです。この\nという記号は、改行コードの1つです。つまり、これで各行ごとにテキストを分割して配列にしていた、というわけです。

## データの更新

続いて、フォームが送信され、その値をデータに追加する処理についてです。response_indexのrequestに追加されているendイベントでは、全部のデータを受け取ったら「addToData」というメソッドを呼び出しています。これは、以下のように定義されています。

Chapter 1
Chapter 2
Chapter 3
Chapter 4
Chapter 5
Chapter 6
Chapter 7

```
function addToData(id, msg, fname, request) {……}
```

ID、メッセージ、ファイル名、そしてrequestといったものが引数として渡されているのがわかるでしょう。ここでは、まず送信されてきたデータをオブジェクトにまとめています。

```
var obj = {'id': id, 'msg': msg};
```

そして、作成されたオブジェクトをJSON形式のテキストに変換します。これは以下のように行います。

```
var obj_str = JSON.stringify(obj);
```

JSONオブジェクトの「stringify」というメソッドは、先に使ったparseと反対の働きをします。すなわち、引数に指定したJavaScriptのオブジェクトをテキストに変換したものを返します。

## データを配列に追加する

これで、objをテキストとして取り出せました。後は、これをmessage_dataに追加します。

```
message_data.unshift(obj_str);
```

ここでは、「unshift」というメソッドを使っています。これは、配列の最初に値を追加するものです。こうすることで、「最後に追加したものが最初に位置する」ようにしてあるわけですね。

追加したら、message_dataのデータ数がmax_num以上になっているかチェックし、もしそれ以上ならmessage_dataの最後のデータを削除します。

```
if (message_data.length > max_num){
  message_data.pop();
}
```

これで、message_dataにデータを追加する処理はできました。後は、これをファイルに保存するだけです。

## 配列を保存する

message_dataは、テキストの配列です。これを保存するには、配列を1つのテキストにまとめて、それを保存することになります。これを行っているのが、saveToFile関数です。これは、保存するファイル名を引数に持つシンプルな関数です。

関数では、まずmessage_dataを1つのテキストに変換します。

```
var data_str = message_data.join('\n');
```

「join」は、配列を1つのテキストにまとめるものです。引数には、1つ1つの値の区切りとなるテキストを指定します。ここでは「\n」を指定していますね。これは、改行コードでした。これを使って、配列の1つ1つの値を改行して1つのテキストにまとめたものがdata_strに設定されます。

後は、これをファイルに保存します。これを行うのが、fsオブジェクトの「writeFile」というメソッドです。これは以下のようになっています。

```
fs.writeFile( fname, data_str, (err) => {……保存後の処理……} );
```

第1引数には保存するファイルの名前、第2引数に保存するテキストをそれぞれ指定します。

第3引数は、保存後の処理になります。このwriteFileも非同期で実行されるので、保存が完了したら第3引数のコールバック関数が実行されます。この関数では、引数にERRORが発生したときの状況を表すオブジェクトが渡されます。この引数がnullなら、エラーは起こらなかったと考えて良いでしょう。オブジェクトが渡されていたら、エラーが発生したと判断して必要な処置を取ればいい、というわけです。

## この章のまとめ

というわけで、この章でだいぶWebアプリケーションっぽい機能が使えるようになってきました。ただし、最初に述べたように、かなりコードも長くわかりにくくなっていて、理解するのが「面倒くさい」感じになっています。途中で、「なんだかよくわからない！」と投げ出したくなった人もいたことでしょう。

この章の内容は、今すぐ覚えなくても大丈夫です。まずは「ポイントだけ頭にしっかり入れておく」ということを考えましょう。それさえわかっていれば、後は、これらの機能が必要になったところでもう一度読み返して、掲載されているコードをコピー&ペーストするなどして動かせば、なんとかなるはずです。そうやって、何度も使っていくうちに、本章で取り上げた機能も使えるようになってくるのですから。

では、本章のポイントを整理しておきましょう。

### ●1. フォームの送信とイベント処理

フォームの送信は、この章で取り上げた項目の中でも「最重要」部分といえます。フォーム送信は、ユーザーとのやり取りの基本ですから、ここはしっかりと理解しておきたいですね。

この処理では、onを使ったイベント処理の設定が重要な役割を果たしていました。dataとendイベントの処理ですね。これらのイベントの使い方もさることながら、「イベント処理の組み込みと使い方」についてしっかりと理解しておくようにしましょう。

### ●2. ローカルストレージと、クライアント機能の利用

今回、サンプルを作成するところで、IDの値をローカルストレージというものに保存しました。ローカルストレージの機能は非常に簡単に使えますから是非覚えておきたいところですが、それ以上に重要なのが「クライアントにある機能との連携」です。

Node.jsは、サーバー側で動くプログラムです。が、一般にJavaScriptといえば、クライアント側で動く言語として使われています。どちらも同じJavaScriptですが、「どこで動くか」が違うのです。ですから、例えばNode.jsのプログラム内から、クライアントの機能を直接利用することはできません。

クライアントにある機能を利用した結果をどうやってサーバー側に送るか、あるいはサーバー側で用意した値をどうやってクライアント側に送って利用するか。こうした両者の連携についても、少しずつ身につけていくようにしたいものですね。

### ●3. ファイルの読み書きはデータ保存の基本！

今までも、fs.readFileなどでファイルを読み込む処理は使ってきましたが、「データの保管場所」としてファイルを意識したことはありませんでした。が、ファイルはデータ保存の基本中の基本です。

ここで作成したサンプルでは、JavaScriptのオブジェクトをJSON形式のテキストにして保管し、それをもとにオブジェクトを生成して利用する、ということをやっていました。この「オブジェクト＝テキストの変換」と「テキストファイルの読み書き」を使いこなせるようになれば、JavaScriptのどんなオブジェクトでもファイルに保存し、読み込んで使えるようになります。

この章で、Webアプリに必要な機能をいろいろと説明しました。が、正直、どれも難しかったことでしょう。それもそのはず、ここまでは、「素のNode.js」を使ってきたのですから。

どんなプログラミング言語でも、素の状態では使いにくいものです。そこで、多くの言語では、開発効率をアップするフレームワークを導入するようになっているのですね。

これは、Node.jsでもまったく同じです。Node.jsでも、開発をぐっとやりやすくしてくれるフレームワークがいろいろと登場しています。次章では、Node.jsの世界でもっとも広く使われている「Express」というフレームワークを導入し、使い方を学んでいくことにしましょう。

Chapter

# 4

# フレームワーク「Express」を使おう

開発の効率を格段にアップしてくれる「Express」フレームワークを導入し使ってみましょう。Expressジェネレーターで作成されたプロジェクトについて学び、フォーム送信やセッションなどのWeb機能の使い方を覚えましょう。

# Expressを利用しよう

**ポイント**

- ▶ Expressジェネレーターの使い方を覚えましょう。
- ▶ package.jsonの働きについて理解しましょう。
- ▶ プロジェクトの基本的な構成を頭に入れましょう。



## Node.jsは「面倒くさい」！

さて。皆さんは、ここまでWebアプリケーションに関する基本的な機能の使い方をいろいろと覚えてきました。ここまでの学習を通じて、どんな感想を持ちましたか。これはもちろん、人それぞれでしょうが、きっと多くの人はこんな感想を持ったことでしょう。

「面倒くさい！」

Node.jsのプログラムは、本当に面倒くさいのです。これは、Webアプリケーション開発に用いられているその他の言語(PHP、Ruby、Python、Java、C#、等など……)と比べても、かなり面倒くさいといえます。

その最大の理由は、Node.js以外のほとんどの言語が「サーバープログラムが別に用意されていて、そこに設置するプログラムの処理だけ書けばいい」というのに比べ、Node.jsでは「サーバープログラムそのものから全部作らないといけない」という点にあります。が、それだけでなく、他にも理由はあります。

それは、「便利に使える機能が少ない」という点です。例えば前章で使ったクッキーにしても、「キーを指定したらその値が得られる」というような便利な機能が最初から用意されていれば、もっと簡単に誰もが使うようになるでしょう。ルーティングにしたところで、簡単にルート情報を追加設定できれば、もっと複雑なページ構成のアプリケーションを作ろうと思えます。そういう、「これ、もうちょっと便利にならないの？」ということがNode.jsでは多いのです。

このことは、皆さんだけが感じていたわけではありません。Node.jsを利用する多くの開発者も感じていたのでしょう。「Node.js自体はとてもいいソフトウェアだ、だけどこのままじゃ不便だから、もっと便利に使えるためのプログラムを作ろう」と考えました。そうして、多くのライブラリやフレームワークが開発され、配布されるようになっているのです。

## アプリケーションフレームワークと「Express」

そうしたNode.js用のソフトウェアの中でも、Web開発においてもっとも重要といえるのが「アプリケーションフレームワーク」と呼ばれるものです。

これは、その名の通り「アプリケーションを作るための仕組みと機能をまとめたソフトウェア」です。アプリケーションの基本的な仕組みを設計し、そこに簡単なプログラムを追加するだけで本格的なアプリケーションが作れるようにしたものなのです。

このアプリケーションフレームワークの中で、もっとも多くのユーザーに使われ支持されているのが「Express（エクスプレス）」と呼ばれるフレームワークです。

### Expressとは？

Expressは、Node.jsに独自の機能を組み込み、アプリケーション開発をより簡単に行えるようにします。こうしたものはExpressの他にも数多くありますが、Expressの利点は、「素のNode.jsに比較的近い使い心地」にあるといえます。

Node.jsの機能をゴリゴリにカスタマイズしてしまう大規模なフレームワークは、また一から使い方を覚えないといけません。また、フレームワークの機能が巨大化すればそれだけコードも巨大化し、動作も重くなるし、プログラムも複雑化してきます。

Expressは、比較的軽い（小さい）フレームワークでありながら、Node.jsの開発効率を劇的にアップしてくれます。しかも、Node.js本来の機能を比較的残しているため、Expressに応用できる知識も多く、ごく自然にExpressに移行できるでしょう。

もっと強力なフレームワークは他にもありますが、「小さくてパワフル」というのはExpressが一番！です。

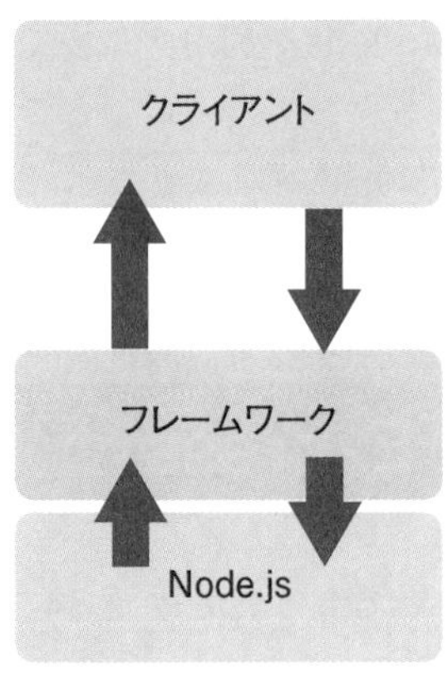


図4-1　フレームワークは、Node.jsの上に独自のシステムを構築し、より簡単にクライアントとやり取りできるようにする。

Chapter 1
Chapter 2
Chapter 3
Chapter 4
Chapter 5
Chapter 6
Chapter 7

## Expressのアプリケーション作成

これは、Node.jsのパッケージとして流通していますので、npmを使って簡単にインストールできます。ただし！ 今すぐインストールはしません。Expressは、これまで使ってきたEJSのようなパッケージとはちょっとだけ使い方が違うのです。

### Expressジェネレーターでプロジェクトを作る

Expressでは、「Expressジェネレーター」という専用プログラムが用意されています。これは、Express利用のためのツールのようなものです。このExpressジェネレーターを利用し、Expressの「プロジェクト」を作成します。

プロジェクトというのは、Webアプリに必要なファイルやライブラリ、設定情報などを1つのフォルダーにまとめたものです。これまで作成してきたWebアプリケーションとほぼ同等のものをイメージすればいいでしょう。「Webアプリを構成するファイルやフォルダー全体のことをプロジェクトって呼んでるんだ」と理解して下さい。

Expressは非常に便利なフレームワークですが、プロジェクトを一からすべて手作業で作成しようとするとそれなりに大変です。Expressはいくつものスクリプトファイルを作成して呼び出したり、内部で各種のライブラリを呼び出し利用しているため、すべて自分でセットアップし、必要なファイルを用意するのは少々面倒なのです。

そこで、ExpressのWebアプリ開発を支援するツールとしてExpressジェネレーターというものが用意されているのですね。Expressジェネレーターを使う利点を整理すると、以下のようになるでしょう。

### ●1. アプリの基本部分を自動生成する

Expressジェネレーターでは、1枚のWebページによるWebアプリケーションのプロジェクトを自動生成します。プログラム、テンプレート、スタイルシート、パッケージ関係などすべて一式揃ったプロジェクトが作られるので、後はそれらをエディターで開いて編集していけば、簡単にカスタマイズしてオリジナルのアプリにすることができます。これは、全ファイルを手作業で作っていくよりもかなり楽です。

### ●2. 必要なパッケージは最初から揃っている

Expressジェネレーターで作成されたアプリケーションでは、Expressで利用される基本的なパッケージがすべて最初から組み込まれています。後から別途インストールする必要がありません。

### ●3. スクリプトがモジュール方式になっている

Expressジェネレーターで作成されるプログラムは、これまで説明してきたExpressのものとは違っています。必要に応じて、それぞれのWebページごとに独立したスクリプトファイル(モジュール)を用意してプログラムを書くようになっているのです。

最初のうちは、いくつもスクリプトファイルがあって複雑そうに見えるかも知れませんが、ある程度以上複雑なプログラムになってくると、このモジュール方式のほうがプログラムが整理しやすくて便利なのです。

このように、Expressを使っているなら、Expressジェネレーターを使わないと損！ といっていいでしょう。Expressジェネレーターを使って作られたプロジェクトの基本がわかれば、後々プログラムの拡張も非常に楽になり、本格的な開発にも十分耐えられるようなコードを書けるようになるはずです。

## Expressジェネレーターをインストールする

Expressジェネレーターを利用するには、まずnpmでExpressジェネレーターのソフトウェアをインストールしておく必要があります。

デスクトップに移動してからコマンドプロンプトまたはターミナルを起動し、以下のようにコマンドを実行して下さい。なお、VS Codeのターミナルから実行してももちろんかまいません。

```
npm install -g express-generator
```

```
問題　出力　デバッグ コンソール　ターミナル　　powershell

PS C:\Users\tuyan\Desktop> npm install -g express-generator
npm WARN deprecated mkdirp@0.5.1: Legacy versions of mkdirp are no lon
ger supported. Please update to mkdirp 1.x. (Note that the API surface
 has changed to use Promises in 1.x.)

added 10 packages in 640ms
PS C:\Users\tuyan\Desktop>

行 115、列 21　スペース: 2　UTF-8　CRLF　{} JavaScript
```

図4-2 「npm install -g express-generator」でExpressジェネレーターをインストールする。



これまでと違い、コマンドには「-g」というオプションを付けます。これは、グローバル環境にインストールするためのものです。つまり、使っているアプリにインストールするのではなく、Node.jsの実行環境にインストールし、いつでもどこからでも使えるようにするのです。

（※なお、macOSでExpressジェネレーターがうまくインストールできない場合は、「npm install」の前に「sudo」をつけて、「sudo npm install ……」と実行して下さい。これは管理者モードでコマンドを実行するためのものです。実行後、管理者のパスワードを入力するとnpm installコマンドが実行できます）

### コラム 「deprecated」の警告が表示される Column

Expressジェネレーターをインストールした際、「depreceted」と表示された警告が現れた人もいるかも知れません。ExpressやExpressジェネレーターは次期バージョンのver. 5に向けて開発を移行しており、ver. 4はメンテナンス状態となっています。このため、内部で使っているパッケージが古くなって警告が表示されることがあります。警告は、ただの警告ですからそのまま無視して使ってかまいません。

もう少し先のところで、プロジェクトのパッケージを設定するpackage.jsonファイルについて説明します。このファイルを修正することでパッケージを最新のものに更新できます。

# Expressジェネレーターでアプリを作成する

では、Expressジェネレーターでアプリケーションを作ってみましょう。まだVS Codeが開いているならそのターミナルを使ってもかまいません。あるいは、コマンドプロンプトまたはターミナルを開いて使ってもいいでしょう。

まず、アプリを作成する場所に移動します。ここでは、デスクトップに移動しておくことにしましょう。VS Codeのターミナルなら、「cd ..」とすれば、これまで使っていた「node-app」フォルダーの外側(つまり、デスクトップ)に移動できます。コマンドプロンプトなどを起動して使う場合は、「cd Desktop」としてデスクトップに移動します。

デスクトップに移動したら、以下のようにコマンドを実行して下さい。

```
express --view=ejs ex-gen-app
```

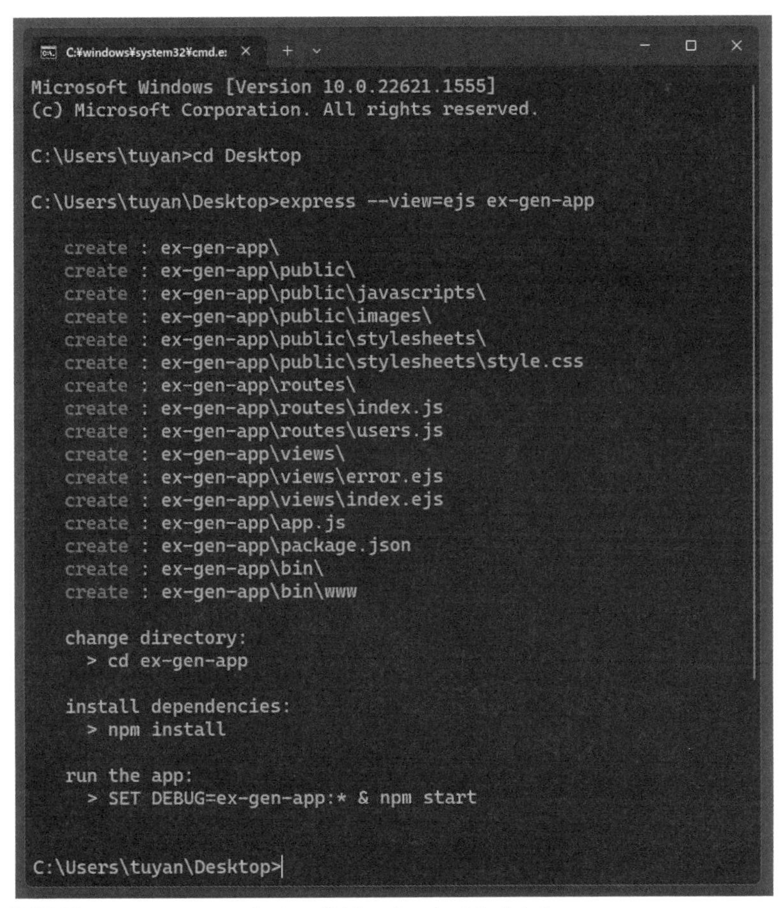


図4-3 expressコマンドでアプリケーションを生成する。

## expressコマンドについて

これで、デスクトップに「ex-gen-app」というフォルダーが作成され、その中にアプリケーションのファイル類が自動生成されます。驚くほど簡単にアプリができてしまいました。

この「express」というコマンドは、以下のように実行します。

```
express --view=ejs アプリケーション名
```

これで、指定のアプリケーションフォルダーを作って必要なファイルを生成します。なお、ここでは「--view=ejs」というオプションを付けていますが、これは「テンプレートエンジンにEJSを指定する」ためのものです。EJS利用の場合は必ずこのオプションを付けて実行しましょう。

### コラム --view=ejsしないとどうなるの？ Column

中には、--view=ejsを付けるのを忘れて、「express ○○」と実行してしまった人もいることでしょう。この場合も、ちゃんと問題なくアプリの基本ファイルは作成されます。実行すればちゃんと動きます。

では、なにが違うのか？ テンプレートファイルが「○○.jade」というファイルになっているはずです。これは、「Jade」というテンプレートエンジンのテンプレートファイルなのです。

Jadeは、非常によくできたテンプレートエンジンなのですが、EJSのようにHTMLを使っていません。独自仕様の言語で記述をします。興味のある人は別途学習してみて下さい。

## VS Codeでプロジェクトを開く

「ex-gen-app」フォルダーが作成されたら、VS Codeの「ファイル」メニューから「新しいウィンドウ」メニューを選んで新しいウィンドウを開き、そこにフォルダーをドラッグ&ドロップして開きましょう。これで、「ex-gen-app」の中身をVS Codeで編集できるようになります。

あわせて、「ターミナル」メニューから「新しいターミナル」メニューを選んでターミナルを使えるようにしておきましょう。

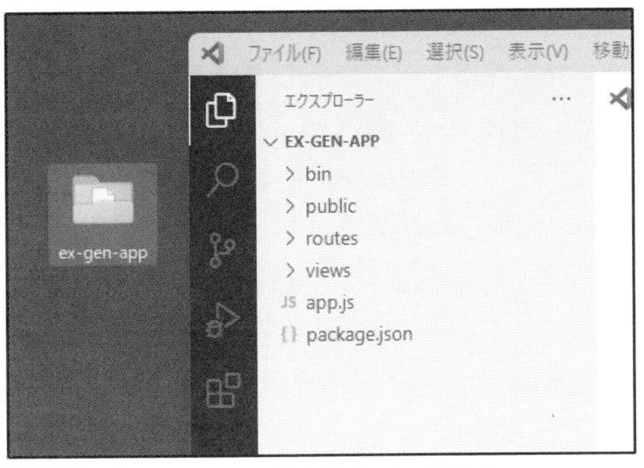


図4-4 「ex-gen-app」をVS Codeで開く。



## package.jsonとパッケージ情報

VS Codeで開いたら、プロジェクト内にある「package.json」というファイルを開いて下さい。ここには、JSONフォーマット(JavaScriptのオブジェクトを記述するためのフォーマットです)のテキストが書かれています。

このpackage.jsonというファイルは、プロジェクトのパッケージ情報を記述するものです。パッケージ情報とは、具体的には、プロジェクトの名前やバージョン、プロジェクトを操作するためのスクリプト、プロジェクトで必要となるパッケージなどです。ここでは、以下のような情報が記述されています。

### ●プロジェクトの設定

| | |
|---|---|
| name | パッケージの名前です。 |
| version | バージョン番号です。 |
| private | プライベート(公開していない)なパッケージか、公開されたパッケージかを指定するものです。 |
| scripts | 実行するスクリプトの設定です。startというプログラム実行のためのスクリプトが指定されています。 |

### ●使用パッケージの指定

| | |
|---|---|
| dependencies | ここに、使用しているパッケージの情報がまとめられます。ここではexpressの他、cookie-parserやejsなど、アプリケーションで必要になるソフトウェアも最初から用意されています。 |

中でも特に重要なのが「パッケージ」に関する情報です。Node.jsのアプリケーションは、「npm」というプログラムを利用して必要なプログラムなどを管理しています。このnpmは、Node.jsの「パッケージ管理ツール」というものです。npmは、Node.jsで利用されるさまざまなライブラリを「パッケージ」と呼ばれるソフトウェアの形で管理します。

アプリケーションを作成するとき、そのアプリケーションで必要となるパッケージがあれば、このnpmを使ってインストールしていきます。これは、1つ1つのパッケージを直接指定して組み込むこともできますが、アプリケーションによっては多数のパッケージを組み合わせて動いているものもあります。こうしたものでは、1つ1つ手作業で組み込んでいくのはかなり大変ですし問題も発生しがちです。

そこで登場するのが、package.jsonです。このpackage.jsonは、npmで使用するパッケージ情報が記述されており、必要なパッケージをこのファイルですべて一括管理できます。



## Expressジェネレーターのpackage.jsonについて

Expressジェネレーターは大変便利なのですが、最近、更新があまり頻繁にされておらず、使用するパッケージ類が古いままになっていることがよくあります。そこで、プロジェクトが作成されたら、package.jsonを開いて、使用するパッケージの情報を修正して新しくしておくとよいでしょう。

参考までに、2023年4月現在、使用パッケージ類を最新バージョンにしたpackage.jsonを下に掲載しておきます。

リスト4-1

```
{
  "name": "ex-gen-app",
  "version": "0.0.0",
  "private": true,
  "scripts": {
    "start": "node ./bin/www"
  },
  "dependencies": {
    "cookie-parser": "~1.4.6",
    "debug": "~4.3.4",
    "ejs": "~3.1.9",
    "express": "~4.18.2",
    "http-errors": "~2.0.0",
    "morgan": "~1.10.0"
  }
}
```

この中で重要なのは、"dependencies"という項目です。ここの{……}部分にあるのが、プロジェクトで使用するパッケージとそのバージョンの情報です。おそらく、デフォルトで生成されているパッケージのバージョンは、これよりかなり古くなっていることでしょう。上記のように修正しておきましょう。このように修正することで、次のパッケージのインストールを実行する際、最新のパッケージが組み込まれるようになります。

### 必要なパッケージをインストールする

これでアプリケーション開発の準備は整いました。が、実はこのままではWebアプリとして実行することはできません。なぜなら、まだ必要なパッケージがインストールされていないからです。

VS Codeのターミナルから以下のコマンドを実行して下さい。

```
npm install
```

この「npm install」は、package.jsonに記述されている情報を元に、プロジェクトに必要なパッケージなどを検索してすべてインストールします。いちいち、「何をインストールしないといけないのか」なんて考えなくていいのです。

```
問題　出力　デバッグ コンソール　ターミナル　　powershell

PS C:\Users\tuyan\Desktop\ex-gen-app> npm install

added 40 packages, changed 22 packages, and audited 95 packages in 2s

9 packages are looking for funding
  run `npm fund` for details

found 0 vulnerabilities
PS C:\Users\tuyan\Desktop\ex-gen-app> 

行 17、列 1　スペース: 2　UTF-8　LF　{} JSON
```

図4-5　npm installで必要なパッケージ類をインストールする。

## アプリケーションを実行する

では、アプリケーションを実行しましょう。先ほど、ファイルをすべて自作した場合は、「node ○○.js」というようにスクリプトファイルを直接指定してnodeコマンドを実行すればよかったのですが、Expressジェネレーターを利用してアプリを作成した場合、少しやり方が変わってきます。

後述しますが、Expressジェネレーターで作成されたアプリでは、起動スクリプトは「bin」

フォルダーの中に「www」という名前で作られています。これを実行すれば、アプリを起動できます。したがって、ターミナルから以下のように実行すれば起動できます。

### ●Windowsの場合

```
node bin\www
```

### ●macOSの場合

```
node bin/www
```

ただし、実はこれよりもっといい方法があります。それは、npmコマンドを使った方法です。実は、Expressジェネレーターで作成したアプリでは、npmのパッケージ情報を記述したpackage.jsonに、アプリケーションを起動する「start」というスクリプトが定義されているのです。これを利用するのがよいでしょう。

やはりアプリケーションのフォルダーにカレントディレクトリがあることを確認してから、以下のように実行してみて下さい。

```
npm start
```

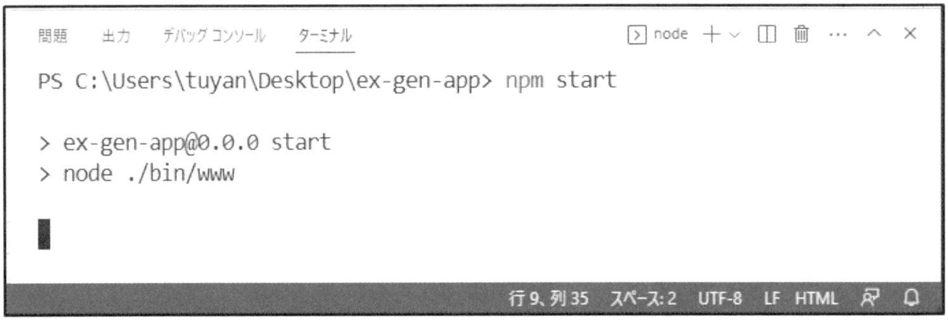

```
問題　出力　デバッグ コンソール　ターミナル　　node + ⌄ ◫ 🗑 ··· ^ ×

PS C:\Users\tuyan\Desktop\ex-gen-app> npm start

> ex-gen-app@0.0.0 start
> node ./bin/www

█

行 9、列 35　スペース: 2　UTF-8　LF　HTML
```

図4-6　npm startでApplicationが起動する。

これで、wwwが実行されアプリケーションが起動します。起動したら、Webブラウザからアプリケーションのトップページにアクセスして表示を確認してみましょう。Expressのデフォルトページが表示されますよ。

```
http://localhost:3000/
```

図4-7 localhost:3000にアクセスすると、トップページが表示される。

## マウスクリックでコマンド実行！ Column

npm startのようにnpmのコマンドとして用意されているものは、実はもっと簡単に実行することができます。package.jsonが用意されているフォルダーをVS Codeで開くと、エクスプローラーの下の方に「NPMスクリプト」という表示が追加されます。これをクリックして開くと、そこにpackage.jsonに用意されているコマンド(ここでは「start」)がリスト表示されるようになります。この項目の右端にある再生アイコンをクリックすれば、そのコマンドが実行されるのです。

(「NPMスクリプト」という表示がない場合は、エクスプローラーの右上にある「…」をクリックし、現れたメニューから「Npmスクリプト」を選ぶと表示されるようになります)

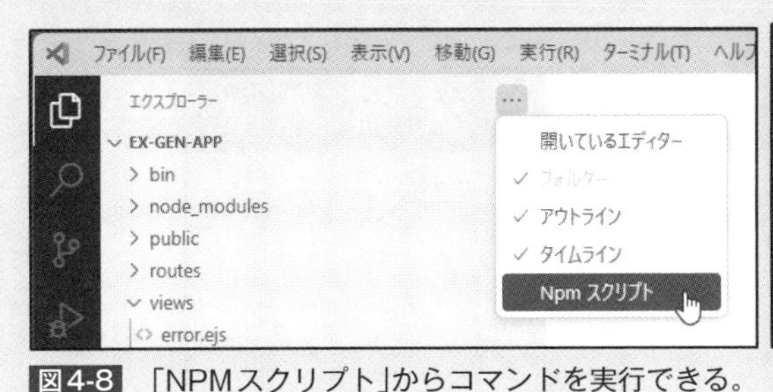


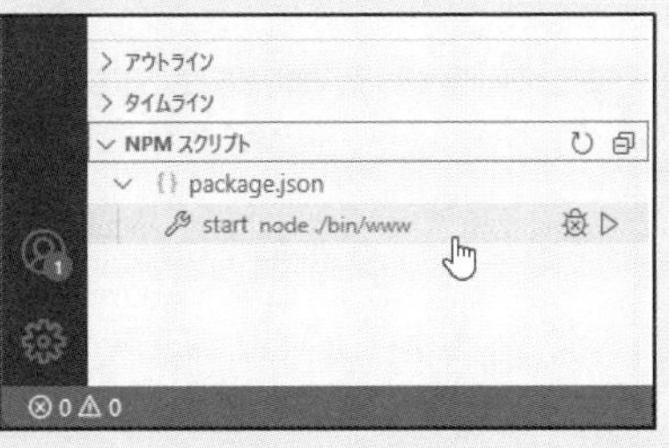


図4-8 「NPMスクリプト」からコマンドを実行できる。

# アプリケーションのファイル構成

では、Expressジェネレーターで生成されるアプリケーションはどのような構成になっているのでしょうか。アプリケーションフォルダーの中身を見てみましょう。

## 「bin」フォルダー

アプリケーションを実行するためのコマンドとなるファイルが保管されているところです。この中には「www」というファイルが用意されており、これがアプリケーションを実行するためのコマンドとなります。

## 「node_modules」フォルダー

これはNode.jsのパッケージ類がまとめて保管されているところです。npm installを実行すると自動生成されます。このプロジェクトで利用する全パッケージがここにまとめられています。

## 「public」フォルダー

公開ディレクトリです。ここにあるものはURLを指定して直接アクセスすることができます。この中には「images」「javascripts」「stylesheets」といったフォルダーが用意されていて、ここにそれぞれイメージ、スクリプトファイル、スタイルシートファイルを保管します。

例えば、「stylesheets」にはデフォルトでstyle.cssというファイルが用意されています。Webブラウザから、http://localhost:3000/stylesheets/style.css というアドレスを入力してアクセスしてみましょう。すると、style.cssの中身が表示されます。「stylesheets」フォルダーのstyle.cssが、入力したアドレスで公開されているのがわかるでしょう。

図4-9 http://localhost:3000/stylesheets/style.cssにアクセスするとstyle.cssの中身が表示される。

## 「routes」フォルダー

各アドレスの処理が用意されます。用意されているページのアドレスごとにスクリプトファイルが作成されており、ここにファイルを追加することで、ルーティング(アドレスと実行するスクリプトの関連付け)を追加していくことができます。

## 「views」フォルダー

これはテンプレートファイルをまとめておくところです。ここにはデフォルトで「index.ejs」「error.ejs」という2つのファイルが用意されています。

## app.js

これがメインプログラムとなるものです。ここにメインプログラムが書かれています。ただし、それぞれのアドレスにアクセスした際の処理は別ファイルに切り離されていますので、ここにあるのは、アプリケーション本体部分だけになります。

## package.json

先ほど使いましたね。プロジェクトのパッケージに関する情報を記述したものでしたね。ここには、必要なライブラリの情報なども書かれています。先ほどの「npm install」コマンドでは、ここから必要なパッケージ類の情報を取得してインストールしていました。

(なお、package-lock.jsonというファイルも見つかった人もいるでしょうが、これもnpmのパッケージに関するファイルです。ただしこちらは編集することはありません)

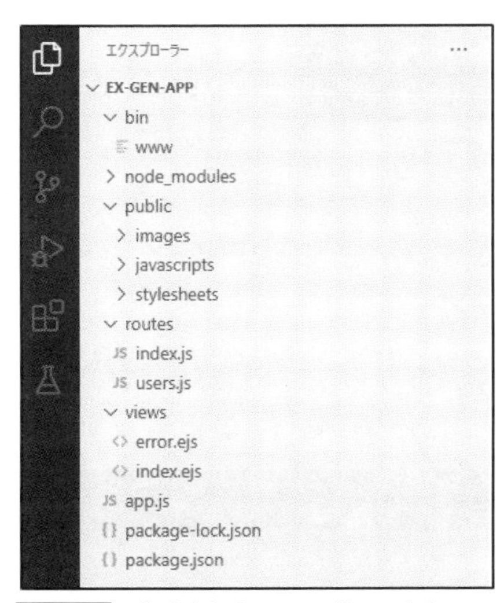


図4-10 作成されたフォルダーの中身。

# もう1つのExpress開発法

作成したExpressアプリのプログラミングに進む前に、もう1つだけ説明をしておきたいことがあります。それは、「Expressジェネレーターを使わないExpressアプリの作り方」です。

Expressジェネレーターは大変便利なのですが、環境によってはインストールされていなかったり、何らかの理由で使えなかったりすることもあるでしょう。そんなとき、「自力でExpressのアプリを構築できる」というのは非常に大きな力になります。

また、Expressジェネレーターは最初から結構な量のファイルを生成するので、自分で「一番シンプルなExpressアプリ」を作ってみたほうがExpressの基本を理解しやすいのです。

コマンドプロンプトまたはターミナル(VS Codeのターミナルでもかまいません)を起動し、アプリケーションを作る場所にカレントディレクトリを移動して下さい。そしてアプリケーションのフォルダーを作成します。

```
mkdir express-app
```

ここでは「express-app」という名前でフォルダーを作成しました。フォルダーを作成したら、「cd express-app」でフォルダー内に移動します。

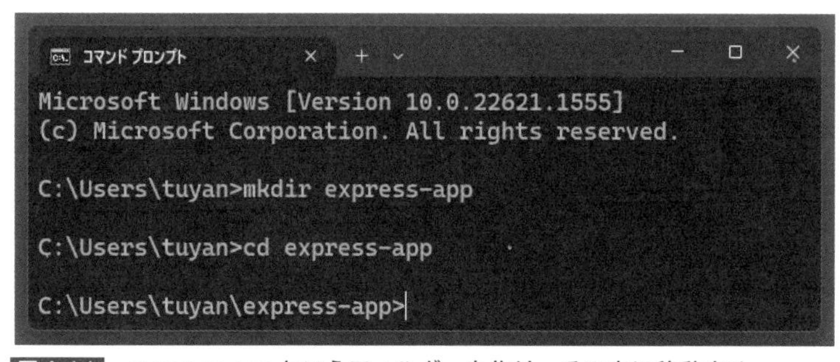


図4-11 express-appというフォルダーを作り、その中に移動する。

## npmの初期化をする

次に行うのは、「npmの初期化」です。これは、コマンドラインから以下のように実行をします。

```
npm init
```

## アプリケーション名の入力

これを実行すると、初期化のために必要な情報を順に尋ねてきます。まず最初に、以下のようなメッセージが現れます。

```
name: (express-app)
```

これは、アプリケーションの名前です。デフォルトで「express-app」とフォルダーの名前が設定されています。この名前でよければそのままEnterまたはReturnキーを押します。

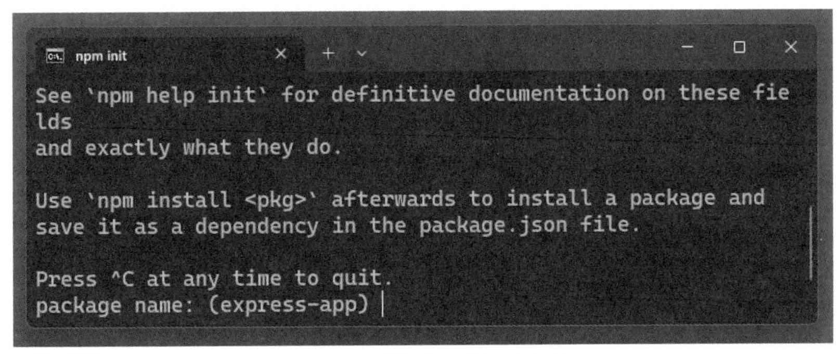


図4-12 npm initを実行すると、まず名前を尋ねてくる。

## その他の項目を設定する

その後も、次々に設定の内容を尋ねてきます。設定する項目はざっと以下のようになります。

|  |  |
| --- | --- |
| version: (1.0.0) | バージョン番号です。 |
| description: | 説明文です。 |
| entry point: (index.js | 起動用のスクリプトファイル名です。 |
| test command: | テスト実行のコマンドです。 |
| git repository: | Gitというバージョン管理システムのリポジトリ名です。 |
| keywords: | 関連するキーワードです。 |
| author: | 作者名です。 |
| license: (ISC) | ライセンスの種類です。 |

たくさんあって、中にはわかりにくいものもありますが、基本的に「すべてそのままEnterまたはReturnキーを押せばいい」と考えて下さい。中には、自分で値を入力した方がいいものもありますが、初めてのアプリ作りですから、そのあたりは省略しましょう。

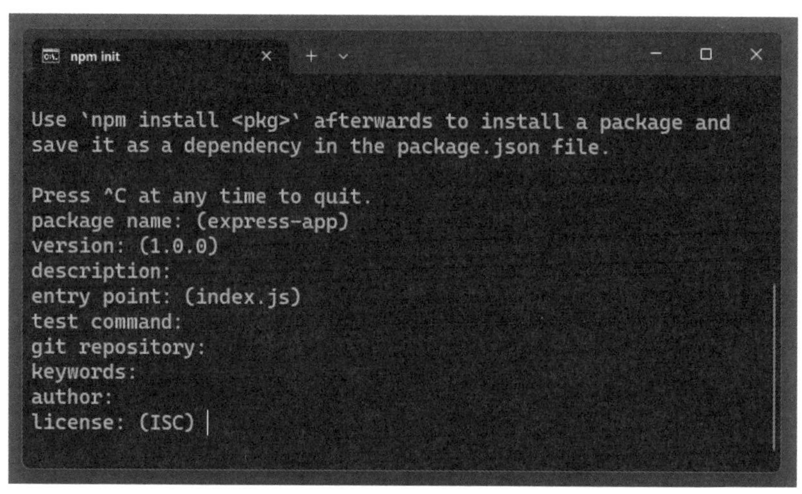


図4-13　さまざまな項目が現れるが、基本的にすべてEnter/ReturnすればOKだ。

## 内容を確認し初期化完了！

すべてEnterすると、設定した内容が表示され、「Is this ok? (yes)」と表示されます。そのままEnter/Returnキーを押せば、npmの初期化が完了します。

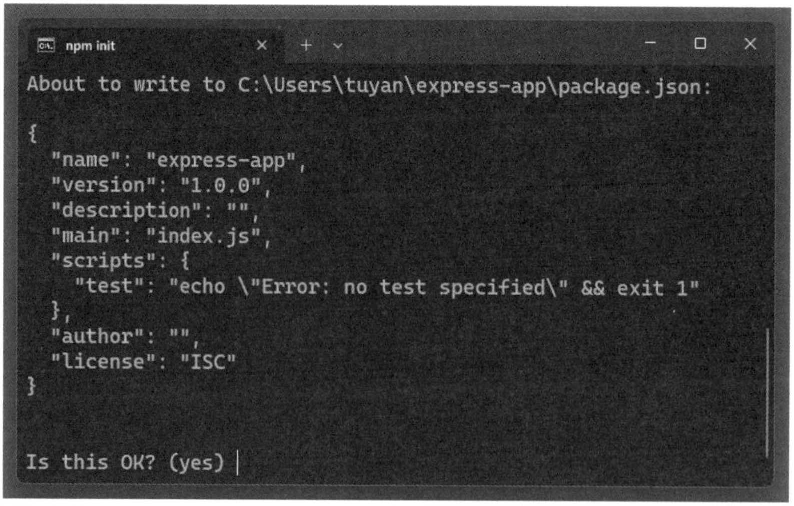

```
npm init
About to write to C:\Users\tuyan\express-app\package.json:

{
  "name": "express-app",
  "version": "1.0.0",
  "description": "",
  "main": "index.js",
  "scripts": {
    "test": "echo \"Error: no test specified\" && exit 1"
  },
  "author": "",
  "license": "ISC"
}


Is this OK? (yes)
```

図4-14　内容を確認し、Enter/Returnすれば作業完了だ。

初期化すると、フォルダーの中に「package.json」というファイルが作成されます。これは、npmのパッケージに関する情報が記述されたものでしたね。

作成できたら、VS Codeで新しいウィンドウを開き、「express-app」フォルダーをドラッグ&ドロップしてフォルダーを開いておきましょう。

図4-15 VS Codeでフォルダーを開く。

## Expressをインストールする

npmの初期化が終わったら、続いてExpressをインストールします。VS Codeでターミナルを開き、以下のように実行して下さい。

```
npm install express
```

これでExpressが用意できました。他にもEJSなど必要となるものはありますが、とりあえず最低限動けばOKと割り切り、他のパッケージは用意しないでおきます。

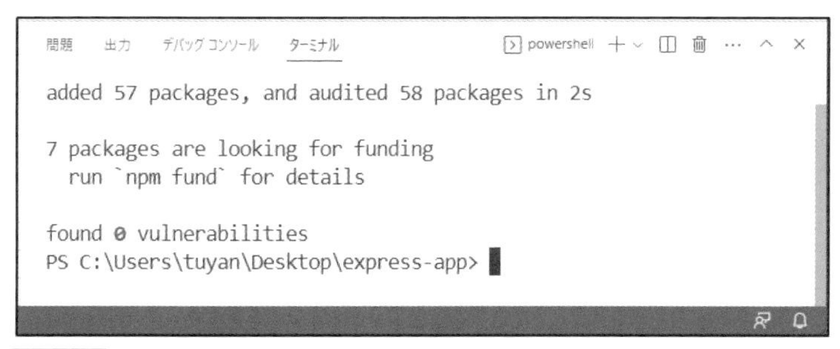


図4-16 npm install expressを実行する。結構たくさんのパッケージがインストールされる。

# アプリケーションを作成する

さあ、これで下準備はできました。いよいよExpressアプリケーションのプログラムを作成しましょう。VS Codeのエクスプローラーから「EXPRESS-APP」の右側の「新しいファイル」アイコンをクリックし、「index.js」という名前でファイルを作成して下さい。これが、いわばメインプログラムになります。

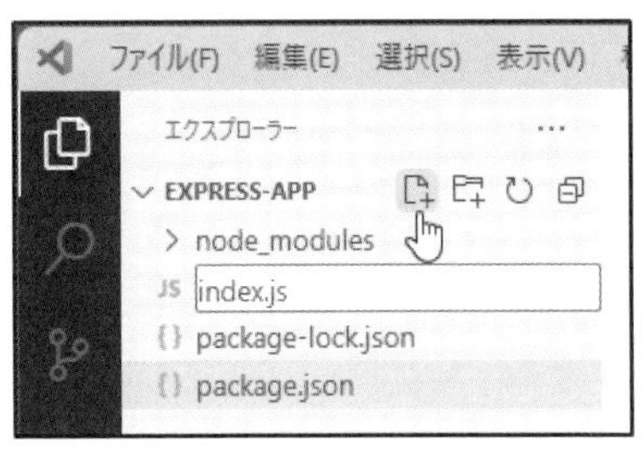


図4-17 index.jsという名前のファイルを作成する。

Chapter 1
Chapter 2
Chapter 3
Chapter 4
Chapter 5
Chapter 6
Chapter 7

## ソースコードを書く

ファイルができたら、プログラムを記述しましょう。以下のリストがプログラムです。内容は改めて説明するので、今は間違えないように書くことだけ考えて下さい。

リスト4-2

```
const express = require('express')
var app = express()

app.get('/', (req, res) => {
  res.send('Welcome to Express!')
})

app.listen(3000, () => {
  console.log('Start server port:3000')
})
```

図4-18 Webブラウザでアクセスすると「Welcome to Express!」と表示される。

記述できたら、ターミナルから「node index.js」を実行し、http://localhost:3000にアクセスしてみましょう。「Welcome to Express!」とテキストが表示されます。

とりあえず、これで「Expressジェネレーターを使わないでExpressのアプリを作って動かす」ということはできました。まだ内容などまったくわからないでしょうし、EJSも何も使っていない状態ですが、「こういう手順で作業すればアプリを作れるんだ」ということはわかったことでしょう。

# Section 4-2 Expressの基本コードをマスターする

ポイント
- Expressの基本コードの流れを理解しましょう。
- ルーティング処理と関数の働きを学びましょう。
- ルーティング処理を書けるようになりましょう。



## Expressのもっともシンプルなスクリプト

では、Expressのスクリプトを調べていきましょう。Expressジェネレーターで作成したプロジェクトを見る前に、先ほど手作業で作ったExpressアプリのスクリプトから見てみましょう。こういうものでしたね。

リスト4-3

```
const express = require('express')
var app = express()

app.get('/', (req, res) => {
  res.send('Welcome to Express!')
})

app.listen(3000, () => {
  console.log('Start server port:3000')
})
```

内容はわからなくとも、「非常にシンプルな処理しか用意されていない」ということはわかるでしょう。このスクリプトでは、以下のような作業を行っています。

1. expressオブジェクトの用意
2. アプリ(appオブジェクト)の作成

3. ルーティングの設定
4. 待ち受け開始

これが、Expressのプログラムを動かす上で必要な最小限の作業です。つまり、先ほど手作業で作成したのは、「Expressのもっともシンプルなアプリケーションのスクリプト」だったのですね。
これは、Expressの基本中の基本となるものです。その考え方がわかれば、Expressジェネレーターの長くわかりにくいスクリプトを理解する助けになるでしょう。
では、順に説明しましょう。

## expressオブジェクトの用意

まず最初に行うのは、expressオブジェクトの用意です。これは、requireでモジュールをロードするだけです。

```
const express = require('express')
```

ここでロードしている「express」というのが、Express本体のモジュールです。ここでロードしたexpressオブジェクトから、アプリケーションのオブジェクトを作成します。

## Applicationオブジェクトの作成

expressを用意して最初に行うのは、「アプリケーション（Application）オブジェクトの作成」です。このApplicationというのが、Expressのアプリケーション本体となるオブジェクトなのです。これは以下のように行います。

```
var app = express()
```

expressオブジェクトは、そのまま関数として実行できるようになっています。これで生成されるのがApplicationオブジェクトです。これを設定した変数appを使って、アプリケーションの処理を行っていきます。

## ルーティングの設定

Applicationには、まだ何もルーティングの設定がされていません。Webアプリケーションのトップページにアクセスできるようにルーティングの設定を作成します。

```
app.get('/', (req, res) => {
```

```
  res.send('Welcome to Express!')
})
```

ここでは、appオブジェクトの「get」というメソッドを呼び出しています。これは、GETアクセスの設定を行うためのものです。これは以下のようになっています。

```
app.get( パス , 実行する関数 );
```

第1引数には、割り当てるパスを指定します。ここでは、'/'としていますね。そして第2引数には、呼び出される関数を用意します。これで、第1引数のパスにクライアントがアクセスしたら、第2引数の関数が実行されるようになります。

第2引数に用意する関数は、以下のような形で定義します。

```
(req, res) => {……実行する処理……}

(※function(req, res){……} でも同じ)
```

引数のreq、resは、requestとresponseのことです。これらは、Node.jsアプリケーションでもおなじみでしたね。Expressのreqとresは、Node.jsにあったrequest, responseとは違うもの(Express独自のオブジェクト)なのですが、基本的に「リクエストとレスポンスの機能や情報をまとめたもの」という点は同じです。

ここでは、「send」というメソッドを使っています。これは、クライアントに送信するボディ部分(実際に画面に表示されるコンテンツの部分)の値を設定するもので、以下のように実行します。

```
res.send( 表示するテキスト );
```

これで、引数に設定したテキストがそのままクライアントに送られ表示される、というわけです。

## 待ち受けの開始

最後に、待ち受けを開始します。これはappオブジェクトの「listen」というメソッドを使います。この部分ですね。

```
app.listen(3000, () => {
  console.log('Start server port:3000')
})
```

このlistenは、第1引数にポート番号、第2引数に待ち受け開始後に実行されるコールバック関数を指定しておきます。これはNode.jsのhttp.Serverにあったlistenと同じ働きをするもの、と考えてよいでしょう。

いかがでしょう、だいたいの流れはつかめたでしょうか。

Expressは独自の機能を搭載したフレームワークですが、ポイントポイントで、Node.jsでおなじみだったものが見え隠れしているのに気づきます。リクエストにレスポンス、そしてlistenによる待ち受け。Node.jsのときの知識が、ある程度通用するのです。この「Node.jsとの絶妙な距離感」が、Express人気の秘訣でしょう。

## Expressジェネレーターのスクリプトを読む

Expressの基本的な処理がわかったところで、再びExpressジェネレーターで作成した「ex-gen-app」に戻って、Expressの説明を続けましょう(以後は、すべて「ex-gen-app」を使います)。

Expressジェネレーターによって生成されたスクリプトがどうなっているか見ていくことにしましょう。こちらは、先ほどの基本スクリプトからガラリと変わって、かなり長くわかりにくいものになっています。

まずは、「app.js」から見ていきましょう。これが、本来のメインプログラムに相当するものとなります。この中身はこうなっています。

リスト4-4

```
var createError = require('http-errors');
var express = require('express');
var path = require('path');
var cookieParser = require('cookie-parser');
var logger = require('morgan');

var indexRouter = require('./routes/index');
var usersRouter = require('./routes/users');

var app = express();

// view engine setup
app.set('views', path.join(__dirname, 'views'));
app.set('view engine', 'ejs');

app.use(logger('dev'));
app.use(express.json());
```

```
app.use(express.urlencoded({ extended: false }));
app.use(cookieParser());
app.use(express.static(path.join(__dirname, 'public')));

app.use('/', indexRouter);
app.use('/users', usersRouter);

// catch 404 and forward to error handler
app.use(function(req, res, next) {
  next(createError(404));
});

// error handler
app.use(function(err, req, res, next) {
  // set locals, only providing error in development
  res.locals.message = err.message;
  res.locals.error = req.app.get('env') === 'development' ? err : {};

  // render the error page
  res.status(err.status || 500);
  res.render('error');
});

module.exports = app;
```

## プログラムの流れを整理する

Expressの基本スクリプトとはだいぶ感じが変わっていますね。では、プログラムがどのようになっているのか順を追って説明していきましょう。

ここで行っているのは、ざっと以下のような作業になります。

1. 必要なモジュールのロード。
2. ルート用モジュールのロード。
3. Expressオブジェクトの作成と基本設定。
4. app.useによる関数組み込み。
5. アクセスするルートとエラー用のapp.use作成。
6. module.expressの設定。

これがExpressジェネレーターを使ってアプリケーションを作成した場合に生成されるコードです。基本スクリプトに比べ内容がずいぶん変わっていますが、これは「プログラムをより柔軟に改良できるように設計した」ための変化なのです。
では、それぞれについて説明しましょう。

## モジュールのロード

まず最初に、requireで必要なモジュールをロードしています。これが、かなりたくさんあります。ざっと見てみましょう。

| | |
|---|---|
| 'http-errors' | HTTPエラーの対処を行うためのものです。 |
| 'express' | これは、Express本体です。これはわかりますね。 |
| 'path' | pathは、ファイルパスを扱うためのものです。 |
| 'cookie-parser' | クッキーのパース(値を変換する処理)に関するものです。 |
| 'morgan' | HTTPリクエストのログ出力に関するものです。 |

これらは、Webアプリケーションの開発を行う際、比較的多用されるモジュールであるため、最初にすべてロードしていつでも使える状態にしているのでしょう。

## ルート用モジュールのロード

次に行うのは、ルートごとに用意されているスクリプトをモジュールとしてロードする作業です。これは以下の部分になります。

```
var indexRouter = require('./routes/index');
var usersRouter = require('./routes/users');
```

「routes」フォルダーの中にindex.jsとusers.jsというスクリプトファイルがありましたが、これらをモジュールとしてロードしていたのですね。このスクリプトについては後で説明しますが、例えばindex.jsならば、/indexにアクセスしたときの処理をまとめてあります。
今まで作成したプログラムでは、1つのスクリプトファイルにすべてを記述していました。が、Expressジェネレーターでは、アプリで利用するアドレスごとに、そのアドレスにアクセスした際に実行するスクリプトをファイルとして用意するようになっています。そして、そのファイルをrequireでロードし、それぞれ割り当てるアドレスごとに呼び出されるように設定しておくのです。
これらのスクリプトファイルは、app.js内にロードして使われることになります。つまり、app.jsと、「routes」内のindex.jsやusers.jsは1つのスクリプトファイルに書かれたのと同じように働くようになります。このことはとても重要なので忘れないで下さい。

## Expressオブジェクトの作成と基本設定

Expressのオブジェクトを作成し、基本的な設定を行います。それを行っているのが以下の部分です。

```
var app = express();

app.set('views', path.join(__dirname, 'views'));
app.set('view engine', 'ejs');
```

app.setは、アプリケーションで必要とする各種の設定情報をセットするためのものです。ここでは「views」と「view engine」という値を設定しています。これは、それぞれ「テンプレートファイルが保管される場所」「テンプレートエンジンの種類」を示すものです。これでテンプレート関係の設定を行っていたのです。

## app.useによる関数組み込み

続いて、app.useを使い、アプリケーションに必要な処理の組み込みを行っていきます。これらは、先ほどrequireでロードしたモジュールの機能を呼び出すようにしてあります。

```
app.use(logger('dev'));
app.use(express.json());
app.use(express.urlencoded({ extended: false }));

app.use(cookieParser());
app.use(express.static(path.join(__dirname, 'public')));
```

このapp.useは、アプリケーションで利用する関数を設定するためのものです。このapp.useは既に使ったことがありましたね。アプリケーションにアクセスした際に実行される処理を組み込むためのものです。

ここでは、requireでロードした各種のモジュールの機能を組み込んでいます。これらを組み込むことで、Webページにアクセスした際の基本的な処理が行われるようになっている、と考えて下さい。

## アクセスのためのapp.use作成

app.useは、特定のアドレスにアクセスしたときの処理も設定できます。第1引数に、割り当てるパスを指定し、関数を設定すれば、そのアドレスにアクセスした際に指定の関数が実行されるようになります。

```
app.use('/', indexRouter);
app.use('/users', usersRouter);
```

ここでは、'/'と'/users'に、それぞれindexRouterとusersRouterを割り当てています。これらは、先ほどrequireでロードしたものですね。「routes」フォルダー内のindex.jsとusers.jsの内容をロードし保管している変数でした。これら「routes」フォルダーから読み込んだモジュールを、app.useで指定のアドレスに割り当てることで、「そのアドレスにアクセスしたら、設定されたモジュールにある処理を呼び出す」という関連付けがされるのですね。

## その他のアクセス処理

その後にある2つのapp.useは、エラーなどが発生したときの処理を担当する関数の設定になります。

### ●エラーコード404用(Not found)のエラー処理

```
app.use(function(req, res, next) {
  next(createError(404));
});
```

### ●それ以外のエラー処理

```
app.use(function(err, req, res, next) {
  // set locals, only providing error in development
  res.locals.message = err.message;
  res.locals.error = req.app.get('env') === 'development' ? err : {};

  // render the error page
  res.status(err.status || 500);
  res.render('error');
});
```

これらは、ここまでのapp.useで設定されたアドレス以外のところにアクセスした際に呼び出されます。また、何らかの理由でアクセス時にHTTPエラーが発生した際もこれらが処理します。内容は、今は理解する必要はありません。「エラーの処理用にこういうものがあるみたいだ」ぐらいに考えておけば十分です。

Chapter 1 Chapter 2 Chapter 3 Chapter 4 Chapter 5 Chapter 6 Chapter 7

## module.expressの設定

最後に、moduleオブジェクトの「exports」というプロパティに、appオブジェクトを設定します。

```
module.exports = app;
```

appは、expressオブジェクトが入った変数でしたね。これを、moduleというモジュール管理のオブジェクトの「exports」というプロパティに設定します。

このexportsというのは、外部からのアクセスに関するもので、こうすることで設定したオブジェクトが外部からアクセスできるようになります。まぁ、これは「Expressジェネレーターのスクリプトで最後に必ずやっておくおまじない」のようなものと考えておきましょう。

これで、app.jsについては、すべての作業が完了です！

Chapter 1
Chapter 2
Chapter 3
Chapter 4
Chapter 5
Chapter 6
Chapter 7

# index.jsについて

では、「routes」フォルダー内に作成されているモジュールのスクリプトを見てみましょう。これは、既に触れましたが、ルーティングして割り当てられたアドレスへの処理を記述するものです。

ここでは、サンプルとしてindex.jsの内容を見てみましょう。このindex.jsは、先ほどapp.jsの中で、app.use('/', indexRouter); というようにして、'/'にアクセスしたら実行されるように設定されていました。

リスト4-5

```
var express = require('express');
var router = express.Router();

/* GET home page. */
router.get('/', function(req, res, next) {
  res.render('index', { title: 'Express' });
});

module.exports = router;
```

require('express'); でExpressをロードした後、「Router」というメソッドを呼び出しています。これは、Routerオブジェクトを生成するもので、ルーティングに関する機能をまとめたものです。

## router.getについて

ここでは、router.getというメソッドで、'/'にアクセスした際の表示(res.renderでレンダリングする)を行っています。先に書いた基本スクリプトでは、app.getというものを使っていました。

```
app.get('/', (req, res) => {
  res.send('Welcome to Express!')
})
```

こういうものですね。(req, res) => {……} と、index.jsにあるfunction(req, res, next){……} ではだいぶ違って見えるでしょうが、これらはどちらもまったく同じものです。違いは、nextという第3引数があるかどうかだけです。

Expressでは、Routerオブジェクトの「get」メソッドで、GETアクセスの処理を設定するのです。

使い方はapp.getのときと同様で、以下のようになります。

```
router.get( アドレス , 関数 );
```

ここでは使っていませんが、同様にPOST処理を行う「post」メソッドも用意されています。

## renderによるレンダリング

関数内で行っているのは、requestの「render」でレンダリングを行う作業です。この部分ですね。

```
res.render('index', { title: 'Express' });
```

先にNode.js単体でEJSを利用した際は、ejsオブジェクトのrenderを呼び出してレンダリングをしましたが、あれとほとんど働きは同じです。ただし、第1引数には、読み込んだテンプレートではなく、単に「テンプレートファイルの名前」を指定するだけです。

'index'は、「views」フォルダー内にあるindex.ejsテンプレートファイルを示します。renderでは、このようにテンプレートを「名前」で指定できます。'index.ejs'ではなく、'index'でいいのですね。これは、ExpressがEJS以外のテンプレートエンジンにも対応しているためです。

例えば、デフォルトで使われるJadeというエンジンでは、index.jadeといったファイル名になりますし、Pugというテンプレートエンジンではindex.pugになります。テンプレートエンジンによって使われる拡張子は変わりますが、それに関係なくテンプレートファイルが読み込まれるように、拡張子を取り除いた名前だけで読み込めるようになっているのですね。

最後に、module.exportsにrouterを設定して作業完了です。オブジェクトを生成し、変更を加えたら、こうして最後にmodule.exportsを実行します。例の「おまじない」ですね。

## index.ejsテンプレート

このindex.jsで利用されるテンプレートが、「views」内の「index.ejs」になります。こちらのソースコードも見ておきましょう。

リスト4-6

```
<!DOCTYPE html>
<html>
  <head>
    <title><%= title %></title>
    <link rel='stylesheet' href='/stylesheets/style.css' />
  </head>
  <body>
    <h1><%= title %></h1>
    <p>Welcome to <%= title %></p>
  </body>
</html>
```

ここでは、「title」という変数が使われています。これは、index.jsでres.renderを実行する際に、{ title: 'Express' }というように引数に指定して渡していましたね。この値が使われていたわけです。

# wwwコマンドについて

最後に、「bin」内にある「www」というファイルについてです。これは、プログラムを実行するためのコマンドのような役割を果たしています。では、その中身がどうなっているか見てみましょう。といっても、かなり長いものなので、重要な部分だけピックアップして掲載しておきます。

リスト4-7

```
#!/usr/bin/env node

var app = require('../app');
var debug = require('debug')('ex-gen-app:server');
var http = require('http');

var port = normalizePort(process.env.PORT || '3000');
```

Chapter 1 Chapter 2 Chapter 3 Chapter 4 Chapter 5 Chapter 6 Chapter 7

```
app.set('port', port);

var server = http.createServer(app);

server.listen(port);
server.on('error', onError);
server.on('listening', onListening);

……以下略……
```

app.jsと、ex-gen-app:server、httpといったモジュールをロードしています。そしてportというポート番号を示す値を設定し、createServerでサーバーを実行します。引数にappという変数が指定されていますが、これは「createServerでサーバーを作り、appを実行する」という働きをします。

後は、listenで待ち受け状態にしておき、serverの「on」を使ってイベントの処理を設定します。ここではerrorとlisteningという2つのイベントを設定していますね。これでエラー時と待ち受け状態のときの処理を行うようにしていたわけです。

基本的な処理の流れは、Expressを使わない、素のNode.jsでアプリケーションを作ったときに書いたので見覚えがあるでしょう(onによるイベント処理は別ですが)。まぁ、この部分は、実際に何か修正したりすることはないので、「そんなものがあるらしい」という程度に考えておけば十分です。よくわからなくても全然問題ありませんよ。

## app.jsと「routes」内モジュールの役割分担

ざっと全体の流れを説明しましたが、いかがでしたか。頭が混乱している人もきっと多いことでしょう。最大の問題は、「wwwとapp.jsと『routes』内のモジュール、それぞれがどういう役割を果たしているのか」ということでしょう。

3つの役割を整理するとこうなります。

- wwwは、ただ「サーバーを起動する」ためのもの。実際にサーバーが起動した後の処理は何もない。
- app.jsは、Webアプリケーション本体の設定に関するもの。実行するアプリケーションの基本的な設定などを行う。
- 実際に特定のアドレスにアクセスしたときの処理は、「routes」内に用意したスクリプト(モジュール)で行う。

wwwについては、私たちが編集したりすることはまずないので、忘れて下さい。重要なのは、app.jsと、「routes」内に用意するスクリプトファイルだけです。

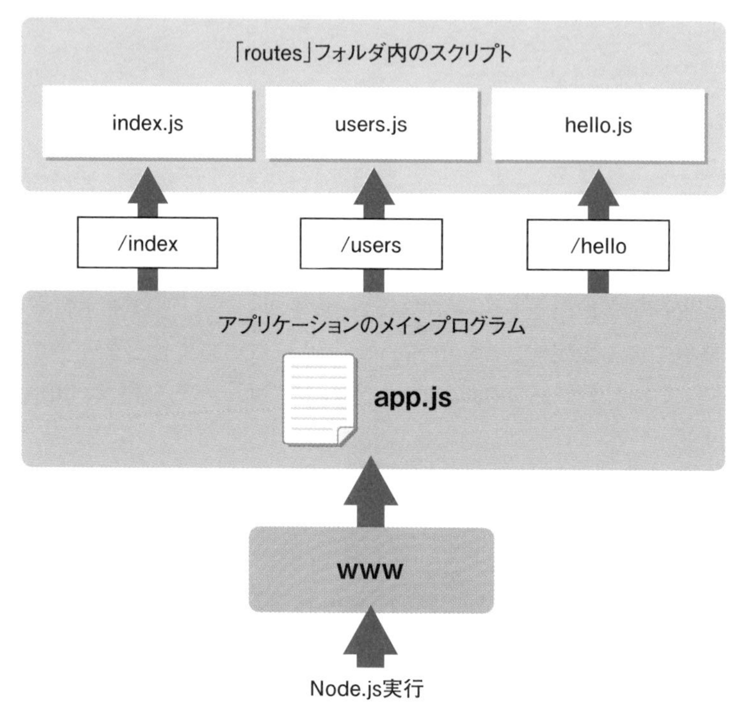


図4-19 Expressジェネレーターのスクリプトの流れ。wwwでプログラムを起動し、app.jsでアプリケーションの設定を行い、「routes」内のスクリプトで各アドレスにアクセスした際の処理を用意する。



## Webページを追加してみる

基本的な流れがわかったところで、ちゃんと理解できたか、確認のために、「新しいWebページ」を作成してみましょう。

Expressジェネレーターによるアプリケーションでは、Webページは2つのファイルで構成されます。テンプレートと、スクリプトです。ここでは、/helloというアドレスで表示するWebページを作ってみます。

### テンプレートを作成する

まずは、テンプレートファイルから作成しましょう。「views」フォルダーの中に作成をします。VS Codeのエクスプローラーで「views」フォルダーを選択し、「EX-GEN-APP」の右側にある「新しいファイル」アイコンをクリックしてファイルを作成します。名前は「hello.

ejs」としておきましょう。

図4-20 「views」フォルダー内に「hello.ejs」というファイルを作成する。

## ソースコードを記述する

では、hello.ejsのソースコードを記述しましょう。今回は以下のように記述をしておくことにします。

リスト4-8

```
<!DOCTYPE html>
<html lang="ja">
  <head>
    <meta http-equiv="content-type"
      content="text/html; charset=UTF-8">
    <title><%= title %></title>
  <link href="https://cdn.jsdelivr.net/npm/bootstrap@5.0.2/dist/css/ ↵
    bootstrap.css"
  rel="stylesheet" crossorigin="anonymous">
    <link rel='stylesheet' href='/stylesheets/style.css' />
  </head>
  <body class="container">
    <header>
        <h1><%= title %></h1>
    </header>
    <div role="main">
        <p><%- content %></p>
    </div>
  </body>
</html>
```

タイトルとコンテンツを表示するだけのものです。サンプルで作成されていたindex.ejsは必要最小限の内容だったので、多少タグを追加し、Bootstrapのクラスを使うようにしています。既にexpress-appなどで作成したページと内容は同じですから、やっていることはおわかりですね。

## ルーティング用スクリプトを作る

では、/helloにアクセスした際の処理を行うスクリプトファイルを作成しましょう。これは「routes」フォルダーの中に用意をします。VS Codeのエクスプローラーで「routes」フォルダーを選択し、「EX-GEN-APP」の右側の「新しいファイル」アイコンをクリックしてファイルを作ります。名前は「hello.js」とします。

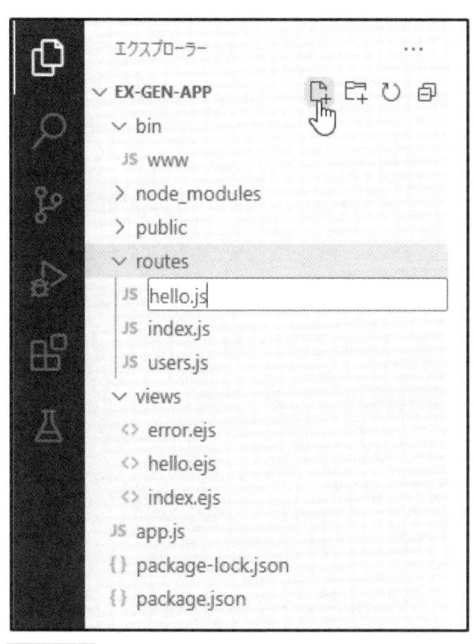


図4-21 「routes」フォルダー内に「hello.js」ファイルを作成する。

### ソースコードを記述する

では、ソースコードを記述しましょう。今回は、簡単なコンテンツをテンプレート側に渡すようにします。基本的なコードの内容はindex.jsとほとんど同じです。

リスト4-9

```
const express = require('express');
const router = express.Router();
```

```
router.get('/', (req, res, next) => {
  var data = {
    title: 'Hello!',
    content: 'これは、サンプルのコンテンツです。<br>this is sample content.'
  };
  res.render('hello', data);
});

module.exports = router;
```

## app.jsの修正

もう1つ、修正すべき点があります。それは、app.jsです。ここに、hello.jsをモジュールとしてロードし、アドレスへ割り当てる処理を追加しておかなければいけません。app.jsを開き、適当な場所に以下の2文を追記しましょう。

リスト4-10

```
var helloRouter = require('./routes/hello');
app.use('/hello', helloRouter);
```

これらは続けて書く必要はありません。1行目は、他のrequire文が書かれているところに記述しておくとよいでしょう。2行目は、app.use('/users', usersRouter); の次行あたりに書いておきましょう。

ここまですべて記述できたら、一度「npm start」を実行して、動作を確認しておきましょう。http://localhost:3000/helloにアクセスして、表示されるWebページがどうなっているか見て下さい。

図4-22 localhost:3000/helloにアクセスすると、こんな表示がされる。

# router.getと相対アドレス

今回作成したhello.jsについて少し補足しておきましょう。基本的なコードはindex.jsと同じですから改めて説明するまでもないでしょう。res.renderの第2引数には、titleとcontentの2つの値を渡すので、わかりやすいように変数dataというものにデータを用意し、それをrenderの引数に指定するようにしてあります。

## app.useとrouter.getの役割

今回、注意しておきたいのは、router.getの第1引数です。ここでは、'/'としてありますね。これを見て、「あれ、/helloにアクセスするのだから、'/hello'じゃないのか？」と思った人もいることでしょう。

まず、「アドレスと、呼び出されるスクリプトの設定は、app.jsで既に行われている」ということを思い出して下さい。app.jsでは、

```
app.use('/hello', helloRouter);
```

このように設定を追記していました。これで、'/hello'にアクセスされたらhelloRouterが呼び出されるようになっています。

では、hello.js内にあるrouter.get('/',……); というメソッドの'/'は何なのか？ これは、app.jsで設定された'/hello'以降のアドレスを設定するものなのです。つまり、router.get('/',……);は、/hello/にアクセスした際の処理なのです。

router.getでは、/hello以下の相対アドレスを設定するのです。例えば、

```
router.get('/ok, ……); → '/hello/ok のGET処理
```

こんな具合ですね。「/helloアドレス下の処理は、hello.jsですべて対応する」ということなのです。app.jsのapp.useと、「routes」内のスクリプトのrouterは、こんな具合に役割を担当しているのですね。

Chapter 1
Chapter 2
Chapter 3
Chapter 4
Chapter 5
Chapter 6
Chapter 7

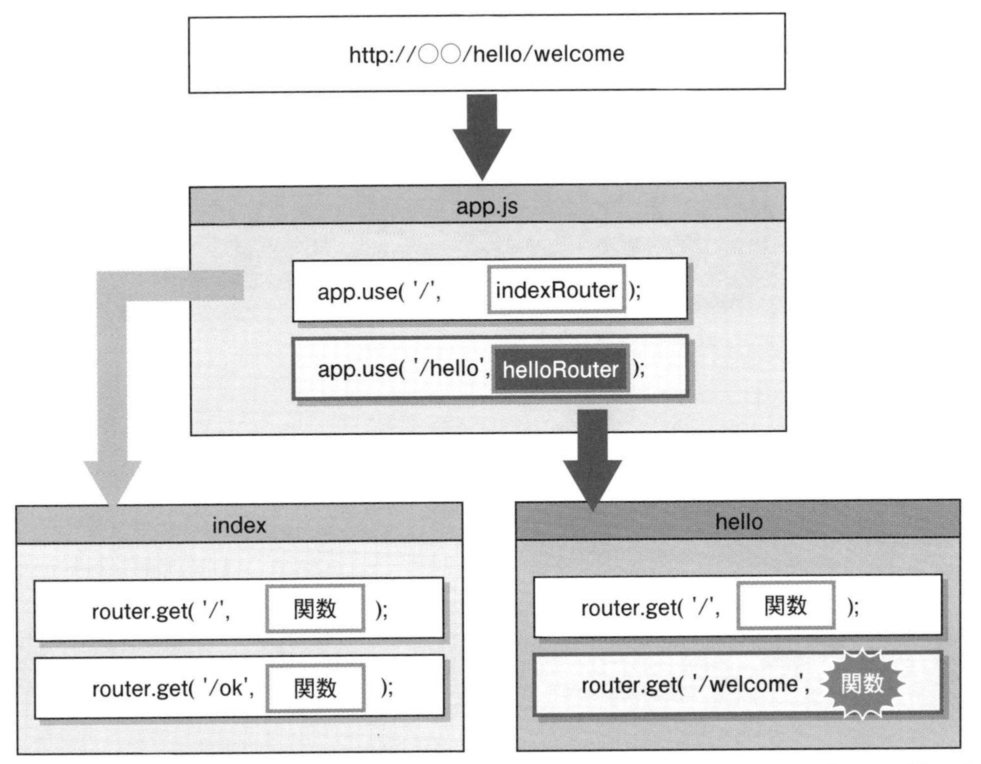


図4-23 Expressでは、app.useでアドレスごとの基本的な処理の分岐を行い、更に「routes」内のそれぞれのスクリプト内で、分岐したアドレスより先の細かな分岐を行う。

# Section 4-3 データを扱うための機能

ポイント

▶ クエリーパラメーターの扱い方を覚えましょう。
▶ フォーム送信の処理を行えるようになりましょう。
▶ セッションの働きと使い方を理解しましょう。



## パラメーターを使おう

さて、Expressの基本的な使い方はわかってきました。後は、ひたすら「アプリケーションで使えるさまざまな機能」を覚えていくだけです。使える機能が増えていけば、作れるアプリの幅も広がります。

最初に覚えるべきは、「アプリの中で、値をやり取りするためのさまざまな方法」でしょう。「値のやり取り」といっても、それにはいろいろなものがあります。パラメーターやフォームを使った「クライアントからサーバーへ値を渡す」という方法もそうですし、「セッション」といって、アクセスしているクライアントが常に必要な情報を保持し続ける仕組みなどもあります。こうした「値の利用」全般について考えていきましょう。

### クエリーパラメーターはNode.jsと同じ！

まずは、クエリーパラメーターの利用についてです。クエリーパラメーターについては、基本的に「素のNode.js」で行っていたのとまったく同じです。すなわち、requestのqueryから値を取り出し利用するのです。

では、先ほど作成した/helloのWebページを使って実際にクエリーパラメーターを使ってみましょう。「routes」フォルダーのhello.jsを以下のように修正します。

リスト4-11

```
const express = require('express');
```

```
const router = express.Router();

router.get('/', (req, res, next) => {
  var name = req.query.name;
  var mail = req.query.mail;
  var data = {
    title: 'Hello!',
    content: 'あなたの名前は、' + name + '。<br>' +
      'メールアドレスは、' + mail + 'です。'
  };
  res.render('hello', data);
});

module.exports = router;
```

修正したら、npm startでアプリを実行して下さい。そして以下のような形でアドレスを入力し、アクセスをしてみましょう。

```
http://localhost:3000/hello?name=hanako&mail=hanako@flower.com
```

これで、Webページには「あなたの名前は、hanako。」「メールアドレスは、hanako@flowerです。」といったメッセージが表示されます。

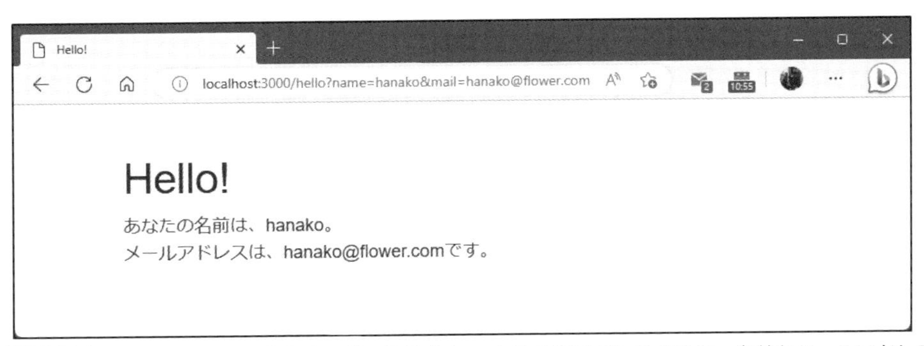


図4-24 /hello?name=○○&mail=○○ といった具合にアクセスすると、名前とメールアドレスが表示される。

## クエリーとqueryオブジェクト

ここでは、クエリーパラメーターとして「name=○○&mail=○○」というように、nameとmailという2つの値を送っています。そしてhello.jsでは、router.getのところで、

```
var name = req.query.name;
var mail = req.query.mail;
```

このように値が取り出されています。reqオブジェクトのquery内からnameとmailの値を取り出していることがわかります。Node.jsとまったく同様に、request（ここではreqという名前ですが）のqueryからすべてのパラメーターが取り出せるようになっています。

## フォームの送信について

続いて、フォームの送信を行ってみましょう。フォームの送信は、Node.jsではかなり面倒でしたね。

が、Expressでは違います。Expressでは、「Body Parser」というパッケージをインストールして利用するのが基本です。といっても、Expressジェネレーターのプロジェクトでは標準でBody Parserが組み込み済みになっているため、「別途パッケージをインストール」などといった作業は不要です。

Expressの本体プログラム(「node_modules」フォルダー内の「express」フォルダーにある「lib」内のexpress.jsというファイル)で、以下のような処理が用意されています。

リスト4-12

```
exports.json = bodyParser.json
exports.query = require('./middleware/query');
exports.static = require('serve-static');
exports.urlencoded = bodyParser.urlencoded
```

これでフォームの送信内容がそのまま取り出せるようにしています。古いExpressなどでは、これらの処理が用意されていない場合もあります。その場合は別途インストールが必要になるので注意して下さい。

### フォームを作成する

では、実際にフォームの送信を試してみましょう。まずはhello.ejsにフォームを設置します。「views」内のhello.ejsを開き、<body>タグを以下のように修正しましょう。

リスト4-13

```
<body class="container">
  <header>
    <h1>
```

```
        <%= title %></h1>
    </header>
    <div role="main">
        <p class="h6"><%- content %></p>
        <form method="post" action="/hello/post">
            <div class="form-group">
                <label for="msg">Message:</label>
                <input type="text" name="message" id="msg"
                    class="form-control">
            </div>
            <input type="submit" value="送信"
                class="btn btn-primary">
        </form>
    </div>
</body>
```

name="message"という入力フィールドを1つ用意しただけのシンプルなフォームです。送信先は、/hello/postにしてあります。ということは、hello.js内に、/postにPOST送信したときの処理を用意すればいいわけですね。

## hello.jsを修正する

では、スクリプトを記述しましょう。「routes」フォルダー内のhello.jsを開き、以下のようにソースコードを修正して下さい。

リスト4-14

```
const express = require('express');
const router = express.Router();

router.get('/', (req, res, next) => {
  var data = {
    title: 'Hello!',
    content: '※何か書いて送信して下さい。'
  };
  res.render('hello', data);
});

router.post('/post', (req, res, next) => {
  var msg = req.body['message'];
  var data = {
    title: 'Hello!',
    content: 'あなたは、「' + msg + '」と送信しました。'
```

```
    };
    res.render('hello', data);
});

module.exports = router;
```

図4-25 メッセージを書いて送信すると、その内容が表示される。

修正したら、npm startを実行して/helloにアクセスしましょう。入力フィールドが表示されるので、何か書いて送信してみて下さい。送ったテキストを使ってメッセージが表示されます。

## req.bodyから値を取り出す

ここでは、フォームを送信した先の処理を、router.post('/post',……);というメソッドを用意して処理しています。「post」メソッドは、POSTアクセスの処理を行うためのものになります。ここで、以下のようにフォームの内容を取り出しています。

```
var msg = req.body['message'];
```

POST送信された値は、req.body内にまとめられています。ここから値を取り出して処理を行えばいいわけですね。

この「req.bodyに送信データが全部まとめられている」というのが、Body Parserによって実現される機能です。ずいぶんと簡単にフォーム利用できるようになりますね！

## セッションについて

値の利用というのは、クライアントとサーバーの間でのやり取りにだけ考えなければいけないものではありません。「クライアントの中で使い続けられる値」というものもあります。

例えば、オンラインショップのようなものを想像してみて下さい。商品のページで購入のボタンを押すと、それがショッピングカードに保存される、というようなものですね。これは、考えてみると「購入した商品の情報を常に保持し続けている」ことに気がつくでしょう。購入ボタンを押し、次の商品ページに移動したら、前の商品のことは忘れちゃった、というのではオンラインショッピングのサイトは作れませんから。

つまり、こうしたサイトでは、アクセスするクライアントを特定し、それぞれのクライアントごとに、購入した商品の情報をずっと保管し続けているのです。これは、先にNode.jsのところでやった「クッキー」だけではかなり難しいでしょう。クッキーはそれほど大きなデータを保管できません。またブラウザに保管しているので、利用者などが内容を改変できてしまいます。

クライアントごとに情報を保管し続けるには、「セッション」と呼ばれる機能を使うのが一般的です。

### セッションとは？

セッションは、クライアントごとに値を保管するための仕組みです。これは、クッキーの機能とサーバー側のプログラムを組み合わせたものです。サーバーにアクセスしたクライアントには、それぞれ固有のセッションIDがクッキーに保存されます。そして、各セッションIDごとに、サーバー側でデータを保管しておきます。こうすると、データそのものはサーバー側で保管しているので、どんなデータでも入れておくことができます。

この仕組みそのものを自分で作るとなると大変ですが、Expressにはセッション機能のパッケージが用意されているので、それを利用すれば簡単にセッションを使えるようになります。

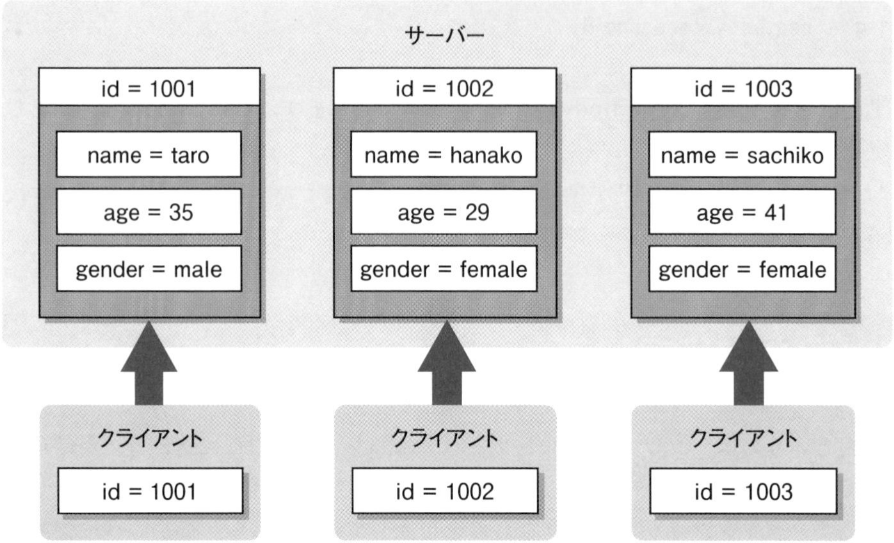

図4-26　セッションは、IDでクライアントを特定し、各クライアントごとに値を保持し続けることができる。

## Express Sessionを利用する

　では、セッション機能を使ってみましょう。これには、「Express Session」というパッケージを用意します。これは、Expressジェネレーターのアプリにも標準では用意されていません。npmを使ってインストールする必要があります。

　コマンドプロンプトまたはターミナルを起動し、カレントディレクトリをアプリケーションのフォルダー（ここでは「ex-gen-app」フォルダー）に移動します。そして以下のようにコマンドを実行して下さい。

```
npm install express-session
```

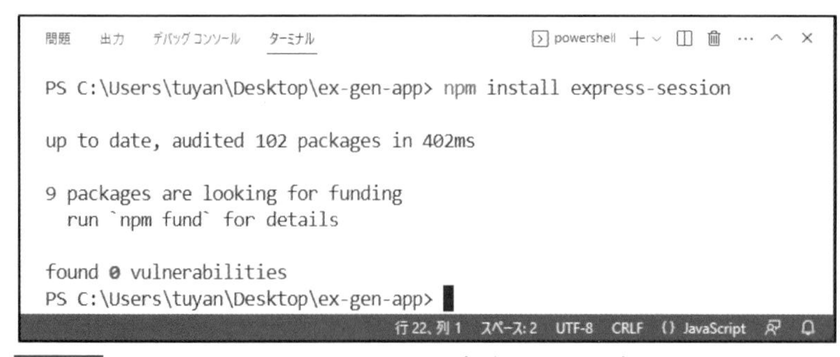
問題　出力　デバッグ コンソール　ターミナル
powershell
PS C:\Users\tuyan\Desktop\ex-gen-app> npm install express-session
up to date, audited 102 packages in 402ms
9 packages are looking for funding
run `npm fund` for details
found 0 vulnerabilities
PS C:\Users\tuyan\Desktop\ex-gen-app>
行 22、列 1　スペース: 2　UTF-8　CRLF　{} JavaScript

図4-27　npm installでexpress-sessionをインストールする。

## hello.jsでセッションを利用する

では、Express Sessionの機能を使ってみましょう。先ほどのフォーム送信のテンプレートをそのまま利用して簡単な動作確認を行ってみましょう。

まず、Express Sessionを利用するための準備をします。app.jsを開き、以下の文を追記しましょう。

リスト4-15

```
const session = require('express-session'); //☆

var session_opt = {
  secret: 'keyboard cat',
  resave: false,
  saveUninitialized: false,
  cookie: { maxAge: 60 * 60 * 1000 }
};
app.use(session(session_opt));
```

最初の☆マークのrequire文は、その他のrequire文が書かれているところの最後尾に追記しておけばいいでしょう。問題は、それ以降のvar session_opt = {～app.use(session(session_opt));の部分です。

この部分は、var app = express(); の後、app.useが記述されているところに追加します。app.useは何行か書かれているはずですが、必ず「routes」フォルダーのスクリプトをルーティングするためのapp.useより前に記述します。つまり、こういうことです。

```
var app = express();
↑
この間に記述
↓
app.use('/', indexRouter);
app.use('/users', usersRouter);
app.use('/hello', helloRouter);
```

Expressでは、さまざまなモジュールをロードして使いますが、こうしたモジュールをapp.useで利用するための文は、上記の範囲(var app = express();より後、「routes」フォルダーのスクリプトをルーティングするapp.useより前)に用意するように注意して下さい。これは、今回利用するexpress-sessionに限らず、モジュール全般にいえることです。

## セッション利用のための処理

ここでは、まず require('express-session'); でExpress Sessionのモジュールをロードしています。そして、セッションのオプション設定の値を変数session_optに用意しています。ここでは以下のような値を用意します。

| | |
|---|---|
| secret: 'keyboard cat' | 秘密キーとなるテキストです。セッションIDなどで「ハッシュ」と呼ばれる計算をするときのキーとなるものです。デフォルトで'keyboard cat'となっていますが、これはそれぞれで書き換えて下さい。 |
| resave: false | セッションストアと呼ばれるところに強制的に値を保存するためのものです。 |
| saveUninitialized: false, | 初期化されていない値を強制的に保存するためのものです。 |
| cookie: { maxAge: 60 * 60 * 1000 } | セッションIDを保管するクッキーに関する設定です。ここでは、maxAgeという値で、クッキーの保管時間を1時間に設定しています。つまり、最後のアクセスから1時間はセッションが保たれるというわけです。 |

値が用意できたら、app.useでsession関数を設定します。これで、session関数が機能するようになり、セッションが使えるようになります。

### コラム モジュール？ パッケージ？ Column

「require('express-session'); でExpress Sessionのモジュールをロードしている」という文を読んで、あれ？ と思った人はいませんか。その前に、「Express Session」というパッケージを用意する、と説明していました。パッケージ？ モジュール？ 一体、どっちなの？

「パッケージ」というのは、プログラムの配布形態のことです。npmでは、さまざまなプログラムを「パッケージ」という形にまとめて配布しているのです。ですから、npm installでインストールするのは「パッケージ」です。

モジュールは、Node.jsの中でロードされる「スクリプトのかたまり」です。Express Sessionパッケージには、express-sessionというモジュールが用意されていて、それをrequireでロードして使っている、ということなのです。

## セッションに値を保存する

後は、実際にそれぞれのページにアクセスしたときにセッションを使って値を読み書きするだけです。では、「routes」フォルダー内のhello.jsを以下のように書き換えて下さい。

リスト4-16

```
const express = require('express');
const router = express.Router();

router.get('/', (req, res, next) => {
  var msg = '※何か書いて送信して下さい。';
  if (req.session.message != undefined) {
    msg = "Last Message: " + req.session.message;
  }
  var data = {
    title: 'Hello!',
    content: msg
  };
  res.render('hello', data);
});

router.post('/post', (req, res, next) => {
  var msg = req.body['message'];
  req.session.message = msg;
  var data = {
    title: 'Hello!',
    content: "Last Message: " + req.session.message
  };
  res.render('hello', data);
});

module.exports = router;
```

修正したら、アプリを再実行して動作を確かめてみましょう。/helloにアクセスし、フォームからテキストを送信すると、そのテキストがセッションに保管されます。他のサイトにアクセスしたりして、しばらく時間が経過してから、再度/helloにアクセスしてみましょう。最後に送信したメッセージが保管されていて、ちゃんと表示されるのがわかるでしょう。

図4-28 フォームからテキストを送信すると、それがセッションに保管される。しばらくしてから/helloにアクセスしても、値が保たれていて、表示されるのがわかる。

Chapter 1
Chapter 2
Chapter 3
Chapter 4
Chapter 5
Chapter 6
Chapter 7

## req.sessionへの値の読み書き

では、作成したソースコードを見てみましょう。ここでは、POST送信した処理(router.post)で、セッションに値を保存しています。

```
var msg = req.body['message'];
req.session.message = msg;
```

セッションは、reqオブジェクトの「session」というプロパティにオブジェクトが保管されています。ここに、保存したい名前のプロパティを指定して値を入れれば、そのまま保管されてしまいます。

ここでは、messageというプロパティに値を保管していますね。では、/helloのGET処理で値を取り出している部分を見てみましょう。

```
if (req.session.message != undefined){
    msg ="Last Message: " + req.session.message;
}
```

req.session.messageがundefinedかどうかをチェックしています。まだセッションにmessageを保管していない場合は、req.session.messageはundefinedになりますから、値が保管されているときだけ、その値を取り出してメッセージを作成するようにしているのです。

セッションの利用は、たったこれだけ。「req.sessionに適当にプロパティを指定して値を保管し、それを取り出す」というだけなのです。

このセッションに保管された値は、自分だけに割り当てられているものです。他のクライアントに値の情報が漏れることはありません。また他のクライアントが保管している値を取り出すこともできません。完全に、それぞれのクライアントごとに分けられていて、自分だけの値として保管されます。

## 外部サイトにアクセスする

データの取得を考えるとき、サーバーとクライアントの間だけでなく、外部からデータを受け取るようなこともよくあるでしょう。こうした処理はどうすればいいのか、考えてみましょう。

外部のWebサイトなどからデータを取得する場合、注意したいのは「Webページから、いきなり外部サイトにアクセスすることはできない」という点です。JavaScriptなどを使えば、ネットワークアクセスの処理はできますが、外部のサイトへのアクセスには制限がかかっています。したがって、サーバー側で外部サイトにアクセスしてデータを取得し、それを必要に応じて加工するなどしてクライアントに表示する、ということになります。

また、外部のサイトのデータを利用する場合、アクセスの方法だけでなく、「取り出したデータをどう利用するか」も考えないといけません。普通のWebページはHTMLですから、アクセスしてもただHTMLのソースコードが得られるだけです。そこから必要な情報を取り出すのはかなり大変ですね。

外部サイトの中には、「データを配信しているサービス」を提供しているところもあります。例えば、ニュースや各種コンテンツを提供するWebサイトでは、「RSS」と呼ばれるものを使って更新情報などを公開しているところがあります。RSSは、XMLを使ってデータを配信するフォーマットです。決まった形式でデータが作られていますので、XMLのデータの扱い方さえわかれば、アクセスして必要なデータを取り出し利用することができます。

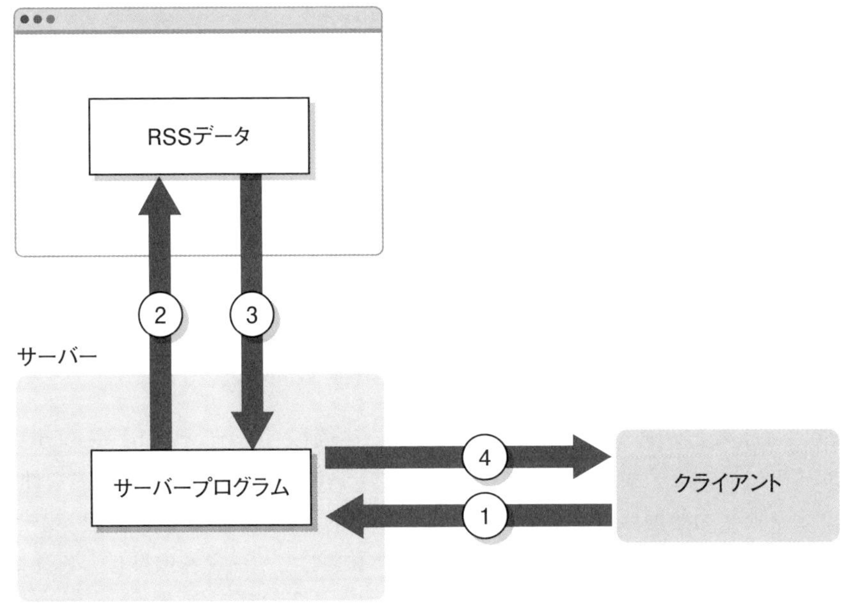


図4-29 クライアントからサーバーにアクセスし、サーバー内から別のサイトにアクセスしてRSSデータを受け取り、それをクライアントに返す。こうすることで、外部サイトのデータを利用できるようになる。



## XML2JSモジュールを用意する

では、外部サイトのRSSデータを利用するにはどのようなものが必要となるでしょうか。これは、以下の2つがあれば可能です。

- 指定のWebサイトにアクセスしデータを取り出すネットワークアクセス機能。これは、http、httpsといったモジュールがExpressには用意されているので、これらを利用します。
- XMLデータをパースしてJavaScriptのオブジェクトにする機能。これは、「xml2js」というパッケージがあるので、これをインストールして使えばいいでしょう。

HTTP、HTTPSは既に組み込まれているので、残るxml2jsだけインストールをしましょう。これももちろんnpmでインストールできます。VS Codeのターミナルから、以下のように実行して下さい。

```
npm install xml2js
```

これで、xml2jsがプロジェクトに追加されます。後は、これを利用したスクリプトを作成するだけですね。

```
問題　出力　デバッグ コンソール　ターミナル　　powershell

PS C:\Users\tuyan\Desktop\ex-gen-app> npm install xml2js

added 3 packages, and audited 105 packages in 531ms

9 packages are looking for funding
  run `npm fund` for details

found 0 vulnerabilities
PS C:\Users\tuyan\Desktop\ex-gen-app> 

行 27、列 1　スペース: 2　UTF-8　CRLF　{} JavaScript
```

図4-30　npm installでxml2jsをインストールする。

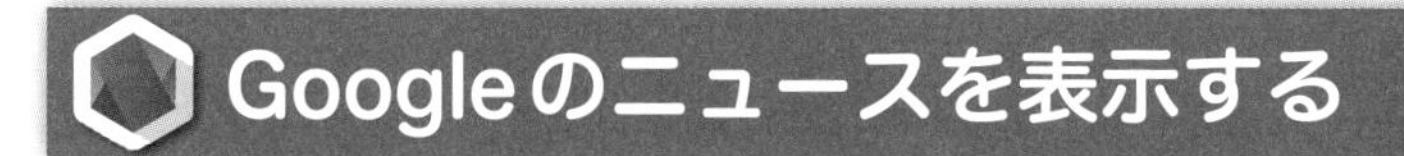

## Googleのニュースを表示する

では、実際に外部サイトのRSSにアクセスしてみましょう。今回は、GoogleニュースのRSSを取得して、ニュースの一覧を表示させてみることにします。Googleニュースでは、以下のようなアドレスにアクセスすることでRSSデータが得られるようになっています。

```
https://news.google.com/rss?hl=ja&gl=JP&ceid=JP:ja
```

では、このアドレスにアクセスしてGoogleニュースのRSSデータを取得し、ここから必要な情報を取り出して表示するサンプルを作ってみましょう。

では、スクリプトから作成します。「routers」フォルダー内のhello.jsを開き、以下のように内容を書き換えて下さい。

リスト4-17

```
const express = require('express');
const router = express.Router();
const http = require('https');
const parseString = require('xml2js').parseString;

router.get('/', (req, res, next) => {
  var opt = {
    host: 'news.google.com',
    port: 443,
    path: '/rss?hl=ja&ie=UTF-8&oe=UTF-8&gl=JP&ceid=JP:ja'
  };
```

```
    http.get(opt, (res2) => {
      var body = '';
      res2.on('data', (data) => {
        body += data;
      });
      res2.on('end', () => {
        parseString(body.trim(), (err, result) => {
          console.log(result);
          var data = {
            title: 'Google News',
            content: result.rss.channel[0].item
          };
          res.render('hello', data);
        });
      })
    });
  });

  module.exports = router;
```

## テンプレートの修正

スクリプトの説明は後にして、テンプレートも完成させてしまいましょう。hello.ejsを開いて、以下のように書き換えて下さい。

リスト4-18

```
<!DOCTYPE html>
<html lang="ja">

<head>
  <meta http-equiv="content-type"
    content="text/html; charset=UTF-8">
  <title><%= title %></title>
  <link href="https://cdn.jsdelivr.net/npm/bootstrap@5.0.2/dist/css/ ↵
    bootstrap.css"
  rel="stylesheet" crossorigin="anonymous">
  <link rel='stylesheet'
    href='/stylesheets/style.css' />
</head>

<body class="container">
  <header>
```

```
      <h1 class="display-4">
        <%= title %></h1>
    </header>
    <div role="main">
      <% if (content != null) { %>
      <ol>
        <% for(var i in content) { %>
        <% var obj = content[i]; %>
        <li><a href="<%=obj.link %>">
          <%= obj.title %></a></li>
        <% } %>
      </ol>
      <% } %>
    </div>
  </body>

  </html>
```

図4-31 アクセスすると、Googleニュースの一覧リストが表示される。

修正ができたら、http://localhost:3000/helloにアクセスをしてみましょう。Googleニュースのニュースのタイトルがリスト表示されます。

# RSS取得の流れを整理する

では、スクリプトの流れを整理していきましょう。今回は、GoogleニュースのRSSページへのアクセスと、取得したデータのXMLパース処理の2つの重要な処理を中心に見ていきます。

まず最初に、必要なモジュールのロードを行います。

```
const http = require('https');
const parseString = require('xml2js').parseString
```

今まで、モジュールは基本的にapp.jsでロードしていました。ですから、「モジュールのロードは、app.jsで行うのが基本じゃないか」と思っていた人も多いことでしょう。

これまでのモジュールは、セッションのようにアプリケーション全体で利用するものでしたから、app.jsに用意しておくのが自然です。今回は、この/hello内でのみ使うものなので、hello.jsに用意しておきます。

ここでは、「https」「xml2js」とモジュールを指定しています。Webサイトへのアクセスは、HTTPとHTTPSという2つのものが用意されています。今回は、HTTPSを使ってアクセスするので、httpsモジュールをロードします。普通にHTTPアクセスをする場合は、httpモジュールを使います。



## サイトへのアクセス

サイトへのアクセスは、httpの「get」メソッドで行います。これは、以下のような形で呼び出します。

```
http.get( オプション設定 , コールバック関数 );
```

第1引数にはアクセスに関するオプション設定をまとめたオブジェクト、第2引数にはコールバック関数を引数に指定して実行します。getは、第1引数の情報を元にアクセスを開始し、GET終了時に第2引数のコールバック関数を呼び出します。

実際のコードを見ると、このようになっていることがわかるでしょう。

```
var opt = {
  host: 'news.google.com',
  port: 443,
  path: '/rss?hl=ja&ie=UTF-8&oe=UTF-8&gl=JP&ceid=JP:ja'
};
http.get(opt, (res2) => {……略……}
```

オプション設定には、「host」「port」「path」と3つの値が用意されています。これらはそれぞれ「アクセスするホスト(ドメイン)」「ポート番号」「パス(ドメイン以降の部分)」を指定します。

ポート番号は、普通のHTTPアクセスならば80番ですが、HTTPSの場合は443番になります。これを間違えるとアクセスに失敗するので注意しましょう。

ここでは、以下のアドレスにアクセスするようにhostとpathを設定してあります。

```
https://news.google.com/rss?hl=ja&ie=UTF-8&oe=UTF-8&gl=JP&ceid=JP:ja
```

これが、GoogleニュースのRSSページのURLです。HTTPではなく、HTTPSでアクセスしないとデータを得られないようになっているので注意しましょう。HTTPSでアクセスする場合、port: 443を指定しておくようにします。

## responseのイベント処理

http.getのコールバック関数では、responseオブジェクトが引数に渡されます。このresponseに、データを取得した際のイベントを設定して、送られてきたデータを受け取れるようにします。それを行っているのが以下の部分です。

```
var body = '';
res2.on('data',(data) => {
  body += data;
});
res2.on('end',() => {……略……})
```

このやり方、何か見覚えがありませんか？ そう、以前、Node.jsでPOST送信をしたとき、送信されたデータを取得するのにonを使いましたね。あれとまったく同じです。onを使い、'data'イベントでデータを受け取って変数bodyに蓄えていき、'end'イベントでデータ受信完了後の処理を用意しておく、というわけです。

## XMLのパース処理

'end'イベントで実行しているのは、XMLデータをパースする(XMLのテキストをもとにXMLのオブジェクトを作る)処理です。これは、require('xml2js').parseStringでロードしたparseStringを使って行います。このparseStringは、以下のように呼び出します。

```
parseString( XMLのテキスト , コールバック関数 );
```

このparseStringも非同期で実行される関数です。第1引数にXMLのテキストデータを指定し、第2引数にはすべてのパース処理が完了した後で呼び出すコールバック関数を用意しておきます。コールバック関数では、第1引数にエラーに関するオブジェクトが、第2引数にはパースして作成されたオブジェクトがそれぞれ渡されます。

このコールバック関数の中で、res.renderを使ってWebページのレンダリングを実行しています。このときに、parseStringで生成されたオブジェクトから必要な値を取り出してテンプレート側に渡しています。この値ですね。

```
content: result.rss.channel[0].item
```



RSSのデータは、非常に複雑な形をしているので、必要なデータを適格に取り出すためにはRSSの構造をよく理解しておかないといけません。とりあえずここでは、「result.rss.channel[0].itemというところに、各記事の情報が配列にまとめられて入っている」ということだけ覚えておけばいいでしょう。

## XMLとJSONがわかれば完璧！

今回、XMLデータをパース処理してJavaScriptのオブジェクトとして取り出し処理しました。Webのサービスなどで配信される情報は、そのほとんどがXMLかJSONです。この2つのデータの処理方法がわかれば、たいていの配信データは利用できるようになります。

JSONはJavaScriptのオブジェクトに簡単に変換できますが、XMLは専用のパース用モジュールを用意しないといけないのでわかりにくいでしょう。自分でさまざまなRSSをロードして処理の手順をよく頭に入れておきましょう。

# この章のまとめ

この章では、Expressアプリケーションの基本について説明しました。いよいよフレームワークを使って、本格的なアプリケーションの開発に進むことになります。

Expressは、Node.jsによる開発のもっとも重要なフレームワークといえます。Node.js開発者の間でもっとも広く使われているものですし、なにより「Node.jsの素の状態とそれほど大きく変わっていない」ため、他のフレームワークのように「まるでNode.jsの知識が役に立たず、全部覚え直し」ということもありません。

ごく簡単なアプリを作ってみて、「これぐらいなら何とかなりそうだ」と思ったのではないでしょうか。ベースにNode.jsっぽい部分を残しているので、割とスムーズに移行できたはずです。

とはいえ、Express特有の機能ももちろんあり、いろいろ覚えないといけないこともあります。まずは、Expressの基本として、以下の4点についてしっかり理解しておきましょう。

### ●1. Expressの基本手順をしっかり理解する

Expressでは、基本的な処理の流れは、4つの手続きに整理することができました。覚えていますか？ こういうものです。

1. expressオブジェクトの用意
2. appオブジェクトの作成
3. ルーティングの設定
4. 待ち受け開始

requireでexpressオブジェクトをロードし、appオブジェクトを作り、app.getなどでルートを設定し、listenで待ち受け開始する。この基本手順をしっかり覚えておきましょう。

### ●2. app.jsと「routes」の役割

Expressを使うならば、「Expressジェネレーターで生成したコードが基本」と考えて下さい。Expressジェネレーターのコードがわかりにくいのは、スクリプトが2つの部分に分かれているからでしょう。

もっとも重要なのは、app.jsと、「routes」内に用意したスクリプトファイルがどのように役割を分けて連携し動いているか、という「Expressの基本的な仕組み」を理解することです。この部分さえしっかり理解できれば、Expressジェネレーターのコードはそれほど難しいということはありません。

### ●3. 「routes」スクリプトの書き方と追加の方法

最後に、/helloというページを作成しましたね。「routes」内にhello.jsを作成し、そこでrouterオブジェクトを使った処理を用意する。そして、app.jsで、hello.jsをロードし、/helloに割り当てる。この基本的な流れをよく頭に入れておいて下さい。

### ●4. セッションは重要！

セッションは、サーバーとクライアントの間で値を共有するのに必須の機能です。これは、今はまだ使い方がよくわからないでしょうが、これから先、もう少しまともなプログラムを作るようになると必要になります。今のうちに基本的な使い方は覚えておきましょう。

ざっとポイントを見ればわかるように、Expressを使いこなすには、1つ1つの細かなメソッドの使い方などよりも、「全体の仕組みや考え方」をまずはしっかりと理解することが大切です。メソッドの使い方などは、これから何度もコードを書いて編集していけば、自然と覚えるものです。が、「考え方」は、きちんと理解していなければ、これから先の学習の理解度に影響します。

フォーム送信やクエリーパラメーターなどは、覚えておいたほうがいいのは確かですが、req.bodyやreq.queryから値を取り出すだけですから、何度か使っていれば自然と身につくでしょう。また、外部サイトへのアクセスは、応用のようなものなので、いつかExpressの開発に慣れてきたら挑戦してみる、ぐらいに考えておけば十分です。

Expressは、基本的なルーティングなどの考え方はNode.js本体とそれほど大きく変わっているわけではありません。何回か読み返していけば、「だいたいこういうことなんだな」ということはきっとわかってきます。焦らず、着実に理解してから次に進みましょう。

Chapter

# 5

# データベースを使おう

Webアプリケーションで多量のデータを扱う際には、データベースの利用が必須となります。ここではSQLite3というデータベースを使い、基本的なアクセスの仕方、そして値のチェック(バリデーション)の方法などについて学びましょう。

# Section 5-1 データベースを使おう！

**ポイント**
- ▶ SQLと非SQLの働きと役割の違いを考えましょう。
- ▶ DB Browserでデータベースとテーブルを作成しましょう。
- ▶ sqlite3.Databaseの使い方を学びましょう。



## SQLデータベースとは？

データの扱いを考えたとき、外すことのできないものが「データベース」です。特に多量のデータを扱うときには、それらをデータベースに保存し利用するのが一番です。データベースを使うことで、必要に応じてデータを的確に取り出せるようになります。

このデータベースにはさまざまな種類があります。これらはざっと以下のようなポイントで分類されるでしょう。

### SQL言語対応か否か

データベースの多くは「SQL」というものに対応しています。これは「データアクセス言語」と呼ばれるもので、プログラミングで記述するソースコードと同じように、外部のデータベースに命令を送り、必要なデータを送ってもらうことができます。非常に柔軟なデータアクセスが可能になります。

これに対し、最近注目されているのが「非SQLデータベース」です。こちらは、SQLのように複雑な検索には向いていませんが、「圧倒的なスピード」を持っています。多量のデータから必要なものを検索するような場合には非SQLのほうが高速で簡単に行えるでしょう。

この2つは「どちらが優れているか」というものではなく、「それぞれに向いた用途がある」と考えてください。多量のデータを単純に処理するには非SQLが、高度なデータベース処理を行うにはSQLが向いているのです。

## サーバー型とローカル型

もう1つ、重要なのが「サーバー型か、ローカル保存型か」という点です。サーバー型というのは、データベースサーバーを起動し、そこに(Webサーバーにアクセスするのと同じように)アクセスして情報を得るものです。

これに対し、ローカル保存型は、ファイルにデータベースの内容を保存します。これはサーバーを用意する必要がないのでいつでも気軽に利用できます。ただし、常に「Webアプリケーションと同じ場所にデータベースファイルを保存していないといけない(他のサーバー内とかはダメ)」という点が面倒かもしれません。

## ローカル型SQLを使おう

ここでは、データベースの入門として「ローカル保存型のSQL データベース」を使うことにします。SQL は、データベースの基本といってよいものなので、最初にデータベースを使うならばSQL データベースにすべきです。

SQLデータベースであれば、サーバー型でもローカル型でも、だいたい同じようなやり方でデータベースアクセスの基本を学ぶことができるでしょう。以前であれば、「実際のWebアプリで広く使われているのはサーバー型だから、これで学んだほうがいい」といえました。が、ビギナーにとっては、データベースのセットアップや運用などを一から自分で行わないといけないのはけっこう負担でしょう。そこで、本書ではより扱いの簡単なローカル保存型のSQLデータベースを使って説明を行うことにします。

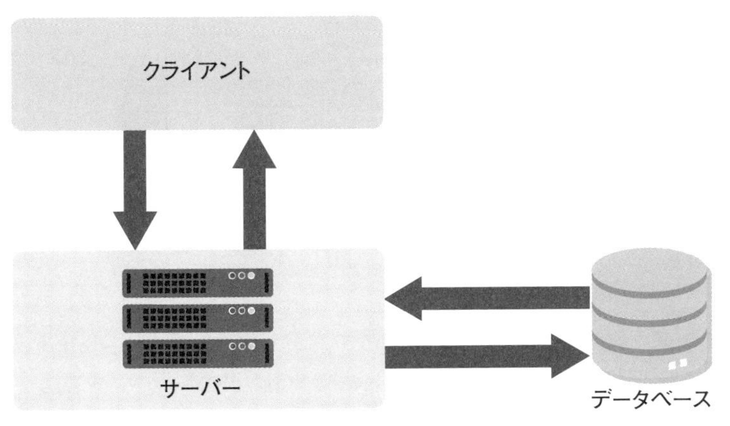


図5-1 データベースは、サーバーからデータベースにアクセスして利用する。そうして取得したデータを元に、クライアントへの表示を作成する。

# SQLite3を用意する

では、データベースの準備をしましょう。ここでは、「SQLite3」というデータベースを使うことにします。

SQLite3は、オープンソースのデータベースプログラムです。比較的小さくて使い方も簡単。また非常に広範囲のOSやプラットフォームに対応しています。このSQLiteは、パソコンはもちろんですが、AndroidやiPhoneなどでも採用されています。AndroidやiPhoneでの住所録などのデータ管理は、内蔵のSQLiteを利用しているのです。

このSQLiteは、以下のアドレスで公開されています。

```
https://www.sqlite.org/
```

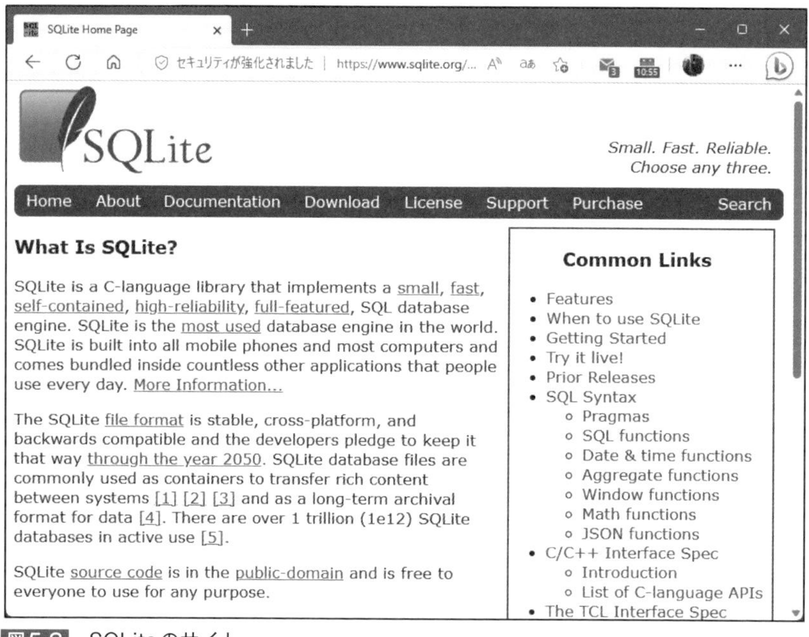


図5-2 SQLiteのサイト。

ここからSQLite3のプログラムをダウンロードできます。が、実をいえばSQLite3のプログラムはインストールする必要はありません。Node.jsにはSQLite3データベースファイルにアクセスするパッケージが用意されているので、それを利用します。

# DB Browser for SQLite

このSQLiteは、データベースの機能だけしかありません。つまり、私たちがデータを作成したり編集したりするようなツールはついていないのです。別途、コマンドツールは用意されていますが、データベースをよく知らないビギナーがすべてSQLコマンドで作業するのはかなり大変でしょう。

データベースを使う以上は、データベースを管理するための道具も用意しておきたいところですね。ここでは「DB Browser for SQLite」(以後、DB Browserと略)というフリーウェアを紹介しておきましょう。これは以下のアドレスで公開されています。

http://sqlitebrowser.org

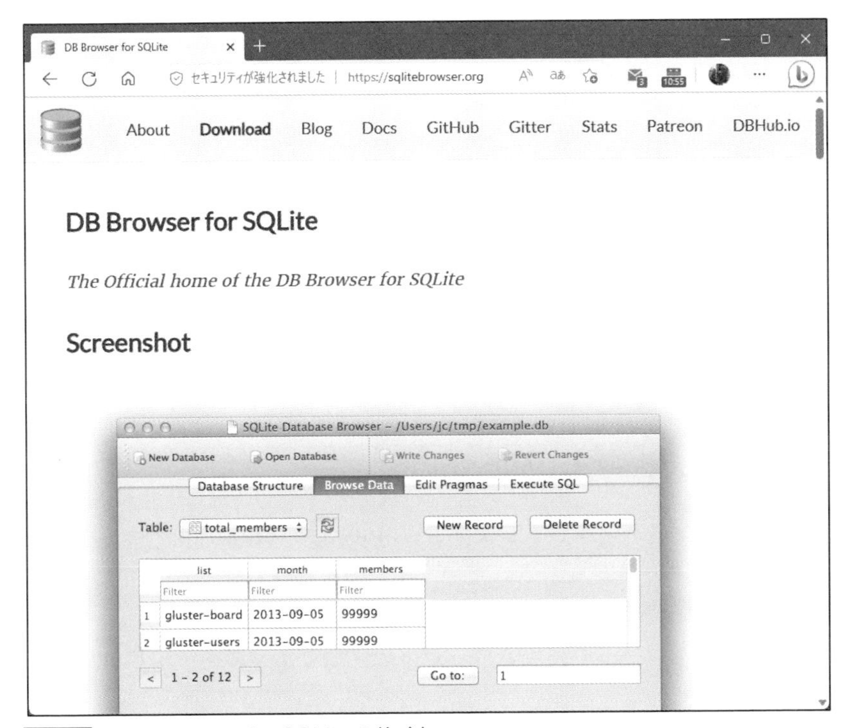


図5-3　DB Browser for SQLiteのサイト。

上にある「Download」リンクをクリックすると、ダウンロードページに移動します。ここか自分のプラットフォーム(OSのこと)用のものをダウンロードしてください。Windowsの場合は、多数のファイルが用意されています。よくわからなければ「DB Browser for SQLite - Standard installer for 64-bit Windows」というものをクリックしてダウンロードしましょう。

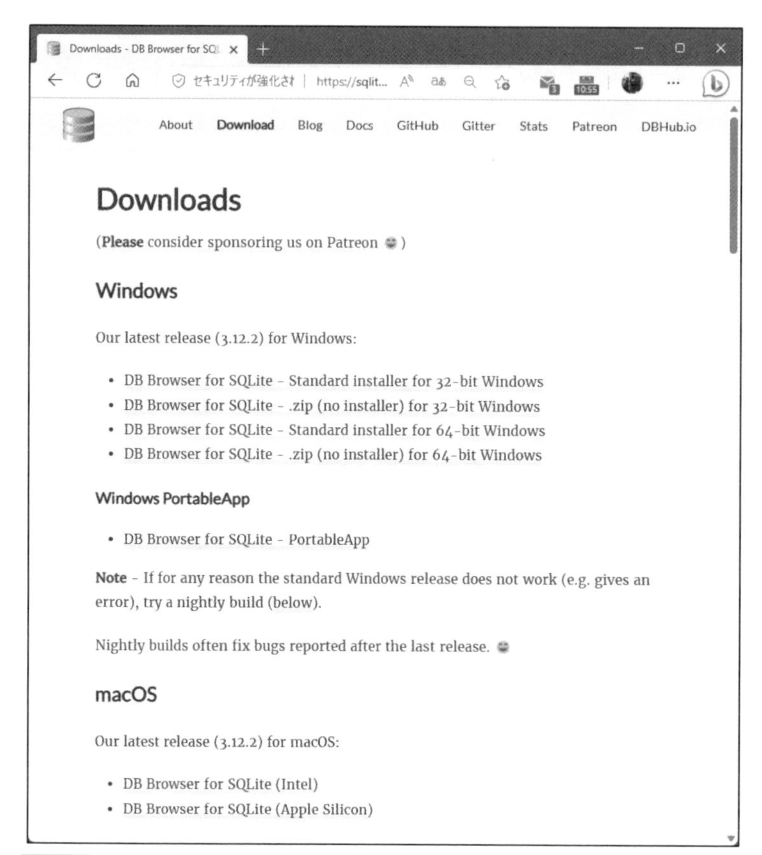


**図5-4** ダウンロードページ。ここから使いたいOS用のボタンをクリックしてダウンロードする。

## DB Browserのインストール(Windows)

では、DB Browserをインストールしましょう。Windowsの場合、Zipファイルで圧縮されたものと、専用のインストーラが用意されています。Zipファイルをダウンロードした場合は、ファイルを展開し、適当な場所に配置するだけです。

専用インストーラをダウンロードした場合は、以下の手順でインストールしましょう。

### ● 1. Welcome to the DB Browser for SQLite Setup Wizard

起動すると、いわゆるウェルカムウィンドウが現れます。そのまま次に進んでください。

図5-5 起動したインストーラのウィンドウ。そのまま次に進む。

## ●2. End-User License Agreement

ライセンス契約書の表示になります。下にある「I accept ……」チェックボックスをONにし、次に進みます。

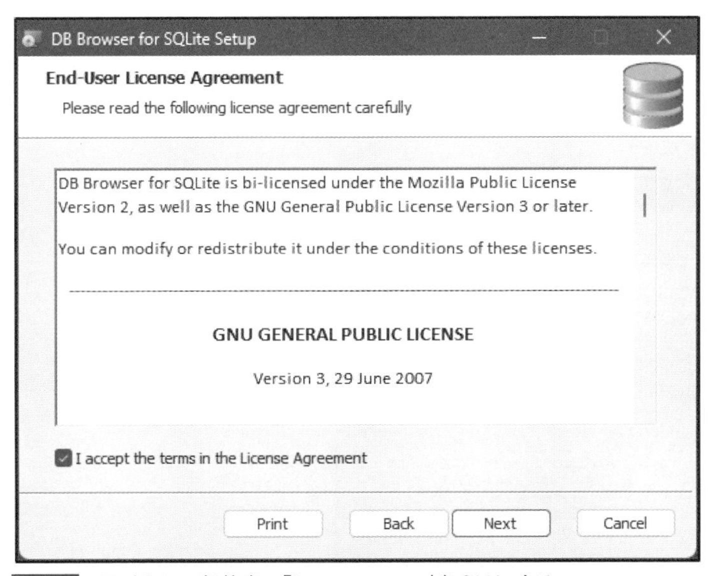


図5-6 ライセンス契約書。「I accept ……」をONにする。

### ●3. Shortcuts

ショートカットの作成を設定します。デスクトップとStartメニューそれぞれにショートカットを作成できます。DB Browser(SQLite)のProgram menuだけONにしておくとよいでしょう。これでStartメニューにのみショートカットが用意されます。

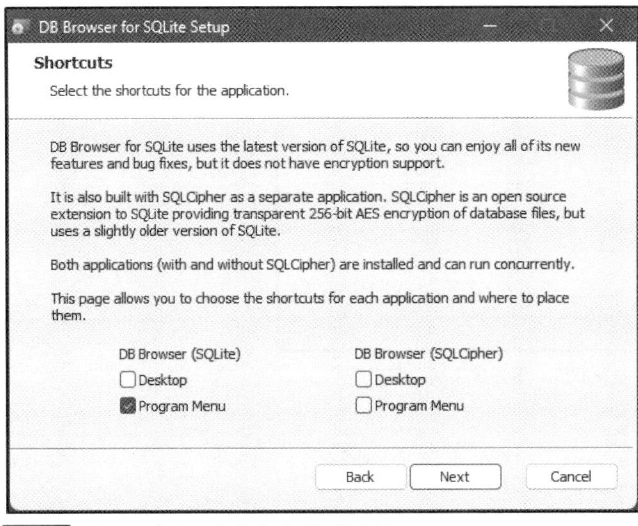


図5-7 ショートカットの作成を設定する。

### ●4. Custom Setup

インストールするプログラムとインストール場所を指定します。これは、特に必要がないならデフォルトのままでかまいません。

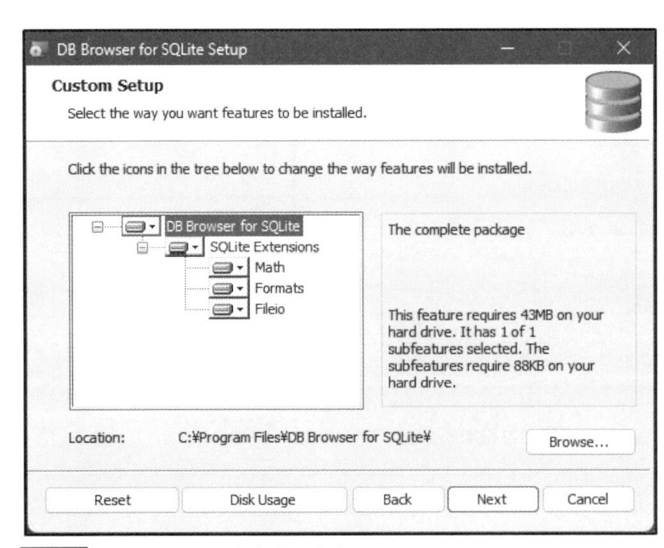


図5-8 インストール内容を設定する。

### ●5. Ready to Install DB Browser for SQLite

インストール準備が整いました。「Install」ボタンをクリックしてインストールを行います。完了したらインストーラを終了しておきましょう。

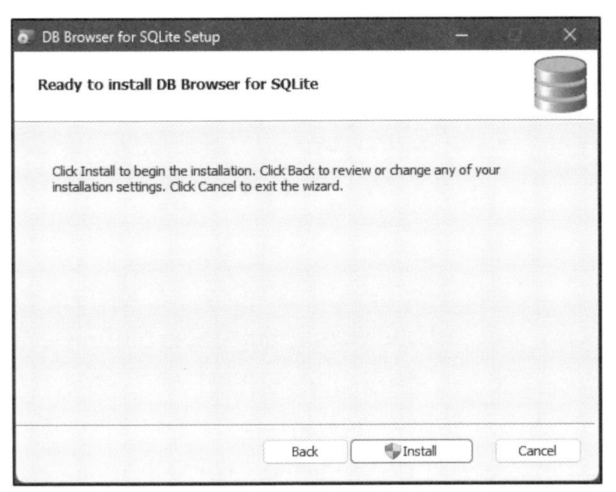


図5-9 「Install」ボタンを押してインストールを開始する。

## macOSの場合

macOSの場合、ディスクイメージファイルで配布されています。これをマウントすると、DB Browserのアプリケーションが現れます。これをそのまま「アプリケーション」フォルダーにドラッグ＆ドロップしてコピーすればインストール完了です。

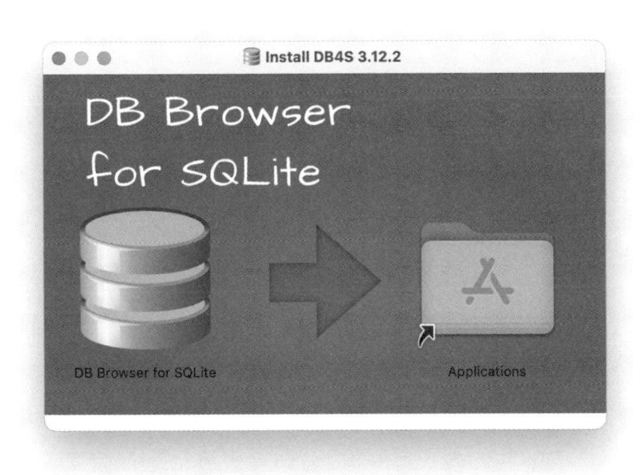


図5-10 マウントされたボリュームにあるDB Browserアイコンを「アプリケーション」フォルダーにドラッグ＆ドロップする。

# データベースの構造

データベースを設計していくためには、データベースがどういう構造になっているかをまず理解しておく必要があります。これは、SQLiteに限らず、SQLデータベース全般で共通する「基本の構造」です。これが頭に入っていないとデータベースをうまく使えませんから、ここでしっかり理解しておきましょう。

データベースは、「データベース」「テーブル」「カラム」「レコード」といったもので構成されています。これらは具体的にどういうものなのか、簡単に説明しましょう。



## データベース

これが、データを保管する場所になります。データベースを利用する場合は、まず新しいデータベースを用意します。この中に、具体的なデータの内容を作成していくのです。

このデータベースは、サーバー型のSQLデータベースの場合は、サーバー内にその場所を確保します。SQLite3の場合は、データベースのファイルとして作成します。

## テーブル

テーブルは、保管するデータの内容を定義したものです。データというのは、ただ1つの値だけがぽつんとあるわけではありません。例えば住所録を作成しようと思ったら、氏名・住所・電話番号・メールアドレスといった値を保管しておくことになるでしょう。こうした「どういうデータを保管するのか」を定義したものがテーブルなのです。

データベースにデータを保管するためには、まず「どういう値を保管するか」を考え、それに基づいてテーブルを定義していきます。

## カラム

テーブルには、そこに保管される項目が定義されます。これが「カラム」と呼ばれるものです。例えば、「住所録」テーブルには、「氏名」「住所」「電話番号」「メールアドレス」といったカラムが用意されることになるでしょう。

## レコード

定義されたテーブルの中に、実際に保存されるデータが「レコード」です。例えば住所録テーブルならば、「山田さんのレコード」「田中さんのレコード」というように、保管する一人ひとりのデータがレコードとして記録されていくわけですね。

「データベースを使う」というのは、このレコードを新たに追加したり、検索して必要なレコードを取り出したりすることだ、と考えてください。

## フィールド

　レコードには、テーブルに用意されている各カラムごとに値が用意されています。この値は「フィールド」と呼ばれます。例えば、あるレコードには、テーブルの「氏名」に保管する値として「山田」という値が用意されていたとしましょう。すると、この「山田」が「氏名フィールドの値」となります。

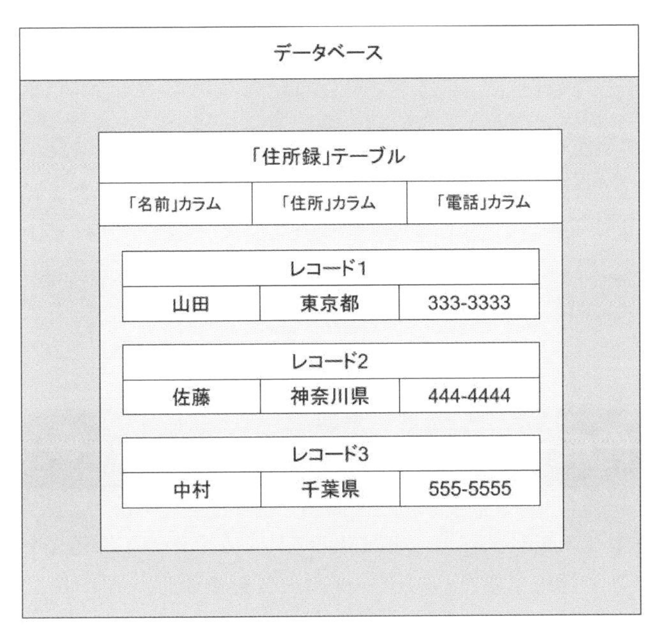


図5-11　データベースの構造。データベースでは、テーブルを設計し、そこに必要な値のフィールドを用意しておく。データの保存は、レコードとしてテーブルに必要なデータを記録する。

コラム **カラム? フィールド?** Column

データベース関係の情報を調べると、テーブルの項目を「カラム」と呼ぶものや、「フィールド」と呼ぶものもあります。「これって何がどう違う? 同じものなの?」と混乱していた人も多かったかもしれません。

両者は正確には「テーブルの項目」か、「レコードの項目」かの違いがありますが、そこまで厳密に分けて考えないこともよくあります。

カラムとフィールドは、厳密にいえば違いますが、「だいたい同じもの」といえば、確かにそうです。以前は両者をきっちり分けずに説明していることも多かったのです。ですから、慣れないうちは「カラムもフィールドも同じものだ」と考えても問題ありません。

本書では、DB Browserを使ってテーブル設計をしますが、このDB Browserではカラムは全部「field」として表記されています。「Add fieldでカラムを作ります」ではかえって混乱してしまいますから、ここでは「Add fieldでフィールドを作ります」と記述します。



## データベースを作成する

全体の構造がわかれば、どうやってデータベースを設計していくかわかってくるでしょう。まずは、自分が作るWebアプリで利用するためのデータベースを作成し、その中に、テーブルを定義していけばいいんですね。

では、データベースを作成しましょう。

では、DB Browserを使ってデータベースを作ってみましょう。Windowsの場合、インストーラを終了するとそのままDB Browserが起動するはずです。もし起動しない場合は、スタートメニューから「DB Browser for SQLite」を探して起動しましょう。macOSの場合は「アプリケーション」フォルダーにコピーしたものを起動してください。

起動すると、ウィンドウが1枚現れます。これがDB Browserの画面です。

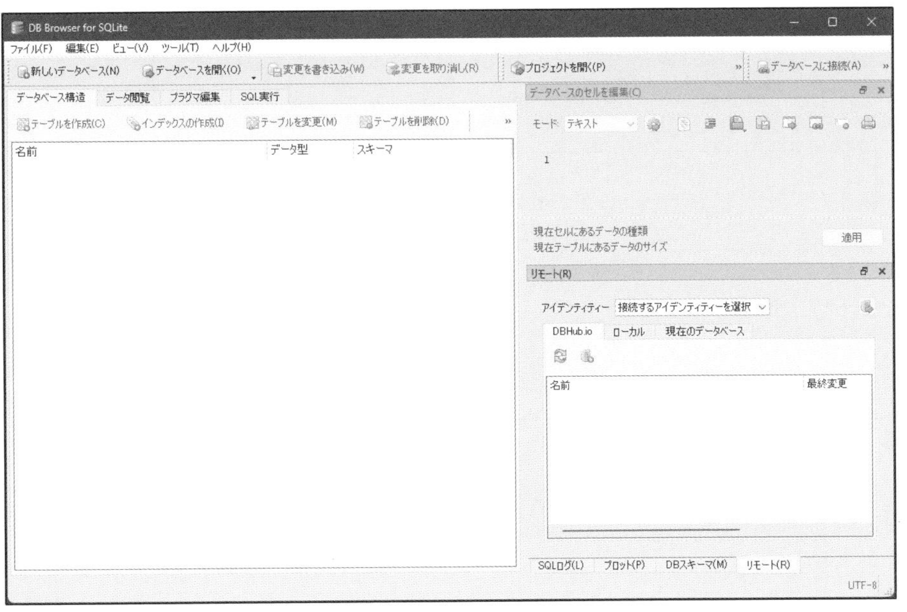


図5-12　DB Browserのウィンドウ。

## 新しいデータベースファイルを作る

データベースを使うには、まずデータベースファイルを作成します。ウィンドウの左上にある「新しいデータベース」というボタンをクリックしてください。

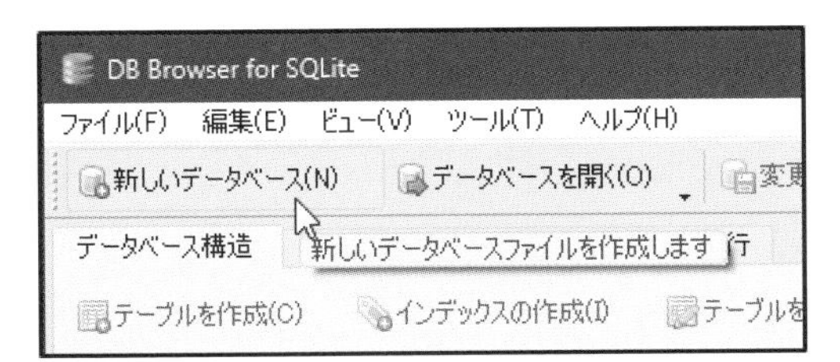


図5-13　「新しいデータベース」ボタンをクリックする。

## ファイル名を入力

保存ダイアログが現れます。アプリケーションのフォルダー（「ex-gen-app」フォルダー）を選択し、その中に「mydb」という名前でファイルを保存します。

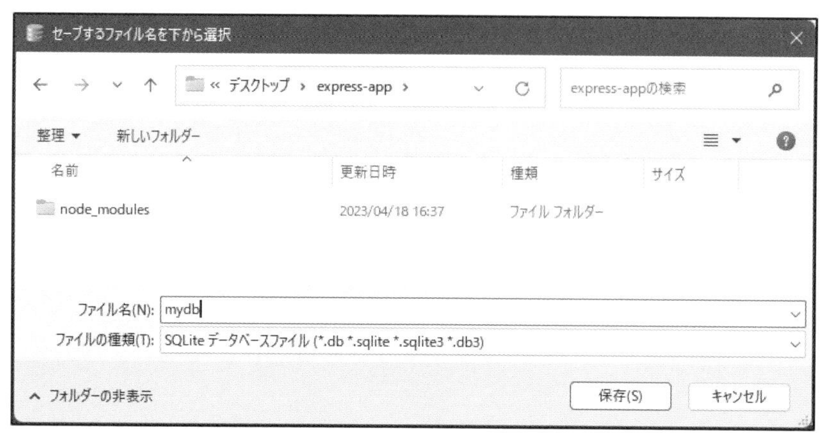


図5-14 名前を「mydb」としておく。

## テーブル名の入力

新たにテーブルを作成するダイアログウィンドウが現れます。テーブルというのは、データベースの中に用意するもので、保管するデータの内容などを定義したものです。

ウィンドウの上部に「テーブル」という項目があるので、ここに「mydata」と名前を記入しておきましょう。

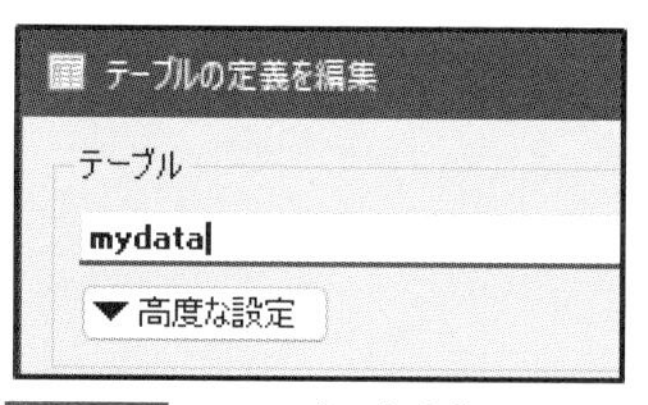


図5-15 テーブル名を「mydata」としておく。

## 新しいフィールド(カラム)を作る

テーブルにフィールドを作成します。「フィールド」といってますが、厳密には「カラム」のことですね。「フィールド」というところに「追加」というボタンがあるので、これをクリックしてください。その下に、新しいフィールドが作成されます。

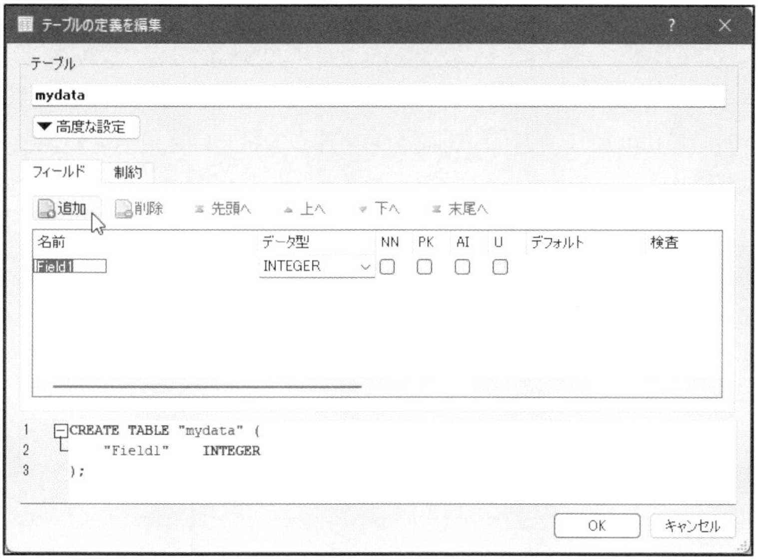

テーブルの定義を編集

図5-16 「追加」をクリックして新しいフィールドを作る。

## フィールドを設定する

作成されたフィールドの設定をしましょう。左端の名前の部分を「id」と変更してください。そしてTypeを「INTEGER」にします（デフォルトでそうなっているはずです）。その右側に見える4つのチェックボックスをすべてONにします。

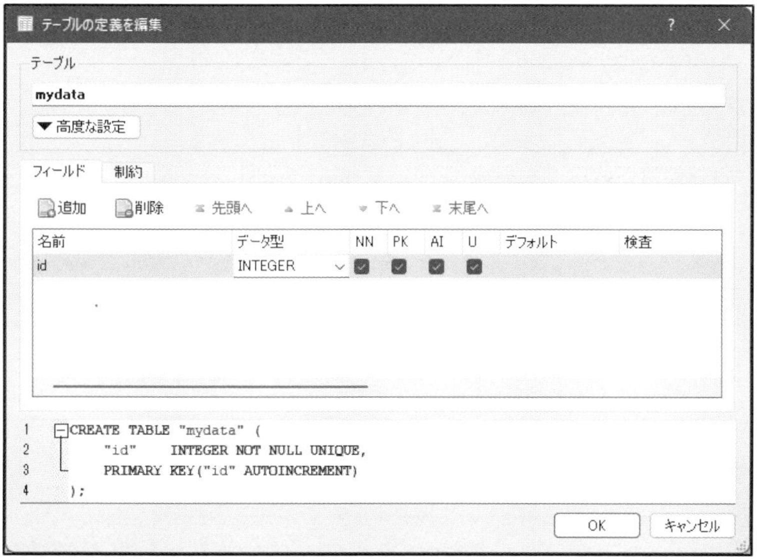

テーブルの定義を編集

図5-17 作成したフィールドの設定を行う。

## nameフィールドを作る

これでidというフィールドができました。手順がわかったら、次々とフィールドを作っていきましょう。2つ目は「name」です。「追加」ボタンを押して新しいフィールドを追加し、以下のように設定しましょう。

| 名前 | name |
|---|---|
| Type | TEXT |
| チェックボックス | Not Null（一番左側のもの）だけONにする |

図5-18 nameフィールドを追加する。

## mailフィールドを作る

3つ目のフィールドです。これはmailという名前で作ります。「追加」ボタンでフィールドを追加し、以下のように設定してください。

| 名前 | mail |
|---|---|
| Type | TEXT |
| チェックボックス | すべてOFF |

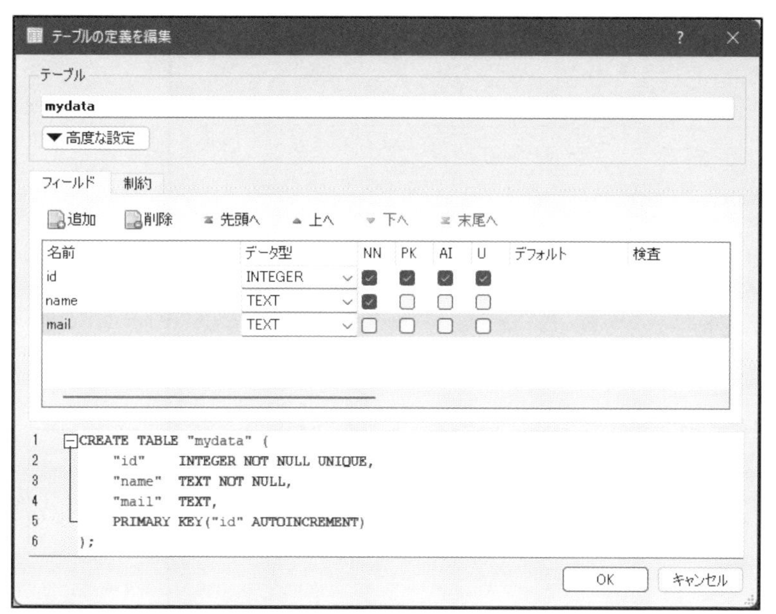


図5-19　mailフィールドを追加する。

## ageフィールドを作る

4つ目のフィールドです。これはageという名前にします。「追加」ボタンでフィールドを追加し、以下のように設定します。

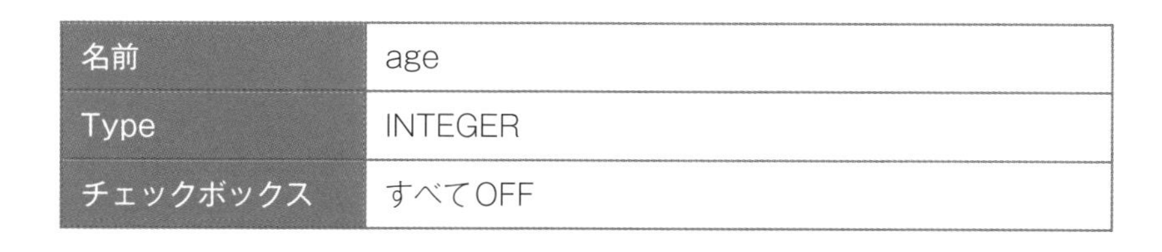

| 名前 | age |
|---|---|
| Type | INTEGER |
| チェックボックス | すべてOFF |

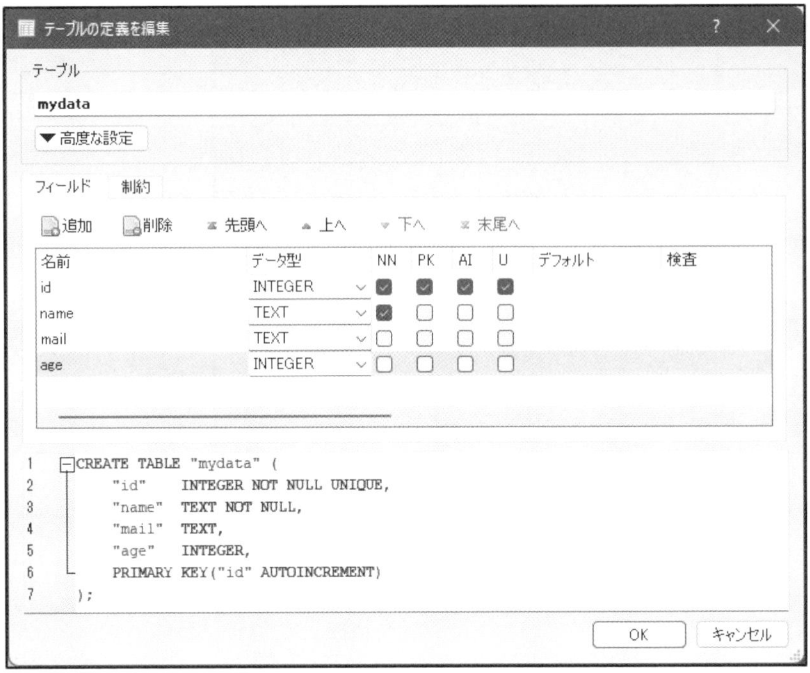

```
CREATE TABLE "mydata" (
    "id"    INTEGER NOT NULL UNIQUE,
    "name"  TEXT NOT NULL,
    "mail"  TEXT,
    "age"   INTEGER,
    PRIMARY KEY("id" AUTOINCREMENT)
);
```

図5-20　ageフィールドを追加する。

## テーブルを保存する

フィールドができたら、ダイアログの「OK」ボタンを押してダイアログを閉じましょう。これでテーブルの定義ができました。ただし、まだ保存されてはいません。DB BrowserのWindowに戻ったら、「変更を書き込み」ボタンをクリックしてください。これで変更内容が保存され、「mydata.db」という名前でファイルが作成されます。

図5-21　「変更を書き込み」ボタンで変更内容を保存する。

# テーブルにデータを追加する

では、サンプルのデータをいくつか保存しておきましょう。ウィンドウにある「データ閲覧」というタブをクリックして表示を切り替えてください。

図5-22　「データ閲覧」タブに切り替える。

## 「新しいレコード」ボタンをクリック

画面に「新しいレコードを現在のテーブルに挿入」というアイコンが見えます。これをクリックして、新しいレコード(テーブルに保存するデータ)を作成しましょう。ボタンをクリックすると、未入力の状態のレコードが追加されます。

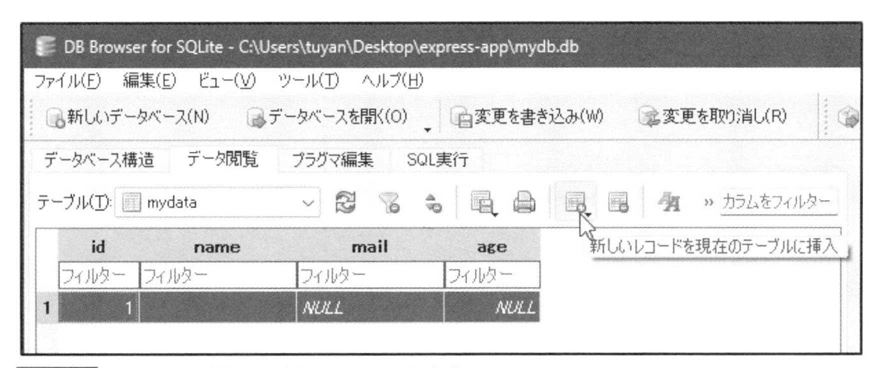


図5-23　アイコンを押して新しいレコードを作る。

## データを記入する

作成されたレコードの各フィールドに適当に値を記入してください。記入するのは、name, mail, ageの各項目です。最初のidには自動的に値が入るのでそのままにしておきましょう。

図5-24　フィールドに値を入力する。

## ダミーのレコードをいくつか作る

レコードの作り方がわかったら、いくつかのレコードをダミーとして作っておきましょう。内容などは自由に記入してかまいません。

データベース構造　データ閲覧　プラグマ編集　SQL実行

テーブル(T): mydata

| | id | name | mail | age |
|---|---|---|---|---|
| | フィルター | フィルター | フィルター | フィルター |
| 1 | 1 | taro | taro@yamada | 39 |
| 2 | 2 | hanako | hanako@flower | 28 |
| 3 | 3 | sachiko | sachiko@happy | 17 |
| 4 | 4 | jiro | jiro@change | 6 |

図5-25　いくつかのレコードを作っていく。

## 変更を保存する

レコードを作成したら、それらの変更内容をデータベースファイルに保存します。ウィンドウの上部に見える「変更を書き込み」ボタンをクリックしてください。これで内容がファイルに保存されます。

保存したら、DB Browserを終了しましょう。

図5-26 「変更を書き込み」ボタンで保存する。

# sqlite3パッケージについて

これでデータベースの準備はできました。後は、Express側でデータベース利用のためのプログラムを作成するだけです。

が、説明に入る前に、あらかじめ断っておきます。この部分は、はっきりいって、難しいです。単に「データベースアクセスの使い方」だけでなく、データベースのアクセスがどういう仕組みになっているのか、また使われるSQLはどういう役割を果たしているか、といったことが総合的に理解できないとわからないからです。

ですから、読んで「全然わからない！という人も、気にしないでください。みんな、たいていはわからないので。心配しなくても、次の章では、もう少しわかりやすいデータベースの使い方について説明します。ここでの説明は「SQLデータベースの基本はこうなってるらしい」という程度に理解しておけば十分、と考えておきましょう。

## sqlite3パッケージをインストールする

さて、ExpressからSQLiteにアクセスするためには、「sqlite3」というパッケージを使います。これは標準では組み込まれていないので、別途インストールする必要があります。

VS Codeで「ex-gen-app」フォルダーは開いていますか？ VS Codeのターミナルから以下のコマンドを実行してください。

```
npm install sqlite3
```

これでsqlite3パッケージがインストールされます。これは他にも多数のパッケージを利用しているため、けっこうインストールに時間がかかります。慌てず完了するまで待ちましょう。

```
問題　出力　デバッグ コンソール　ターミナル　　　　　　　powershell
PS C:\Users\tuyan\Desktop\ex-gen-app> npm install sqlite3
npm WARN deprecated @npmcli/move-file@1.1.2: This functionality has been moved to @npmcli/fs

added 95 packages, and audited 200 packages in 8s

13 packages are looking for funding
  run `npm fund` for details

found 0 vulnerabilities
PS C:\Users\tuyan\Desktop\ex-gen-app>
行 16、列 27　スペース: 2　UTF-8　CRLF　HTML
```

図5-27　npm installでsqlite3パッケージをインストールする。



## データベースのデータを表示する

では、データベースはどのように利用するのか、考えていきましょう。

データベースの利用といっても、データを取り出したり作成したり編集したり削除したりとさまざまな操作が考えられます。まずは「データを取り出して表示する」ということから説明しましょう。

これは実際にサンプルを動かしながら説明したほうがいいですね。ここでは、例によって/helloにアクセスしたらmydataテーブルのレコードを一覧表示するようなサンプルを作成してみましょう。

まずは、テンプレートの準備です。「views」フォルダー内のhello.ejsを以下のように修正してください。ここでは<body>タグの部分だけ掲載しておきます。

リスト5-1

```
<body class="container">
  <header>
    <h1 class="display-4">
      <%= title %></h1>
  </header>
  <div role="main">
    <table class="table">
      <% for(var i in content) { %>
      <tr>
        <% var obj = content[i]; %>
        <th><%= obj.id %></th>
        <td><%= obj.name %></td>
        <td><%= obj.mail %></td>
        <td><%= obj.age %></td>
```

```
        </tr>
        <% } %>
      </table>
    </div>
  </body>
```

ここでは、テーブルを使ってデータを一覧表示しています。このテーブル部分で実行している処理を見てみると、こういう構造になっていることがわかるでしょう。

```
for(var i in content) {
    var obj = content[i];
    ……objの値を出力……
}
```

contentに、データベースから取り出したレコードがまとめられている、と考えてください。ここからforで順にレコードのオブジェクトを変数objに取り出し、後はその中から各フィールドの値を取り出して処理をしていけばいいわけです。

テンプレート側は、このように「オブジェクト配列を処理する」という形で考えればいいのです。データベース利用というと難しそうですが、テンプレートに渡されたところでは、ただのオブジェクト配列になっているのです。

## データベースアクセスの処理を作る

では、スクリプトを作成しましょう。「routes」フォルダーのhello.jsを以下のように書き換えてください。

リスト5-2

```
const express = require('express');
const router = express.Router();

const sqlite3 = require('sqlite3'); // 追加

// データベースオブジェクトの取得
const db = new sqlite3.Database('mydb.db);

// GETアクセスの処理
router.get('/',(req, res, next) => {
  // データベースのシリアライズ
  db.serialize(() => {
```

```
        //レコードをすべて取り出す
        db.all("select * from mydata",(err, rows) => {
          // データベースアクセス完了時の処理
          if (!err) {
            var data = {
              title: 'Hello!',
              content: rows // 取得したレコードデータ
            };
            res.render('hello', data);
          }
        });
      });
    });

    module.exports = router;
```

図5-28 /helloにアクセスすると、mydataのレコードが一覧表示される。

完成したら、実際にアクセスして表示を確認しましょう。/helloにアクセスをすると、mydataに追加してあったダミーのレコードが一覧表示されます。データベースからデータを取り出し利用しているのがわかるでしょう。

# sqlite3利用の処理を整理する

では、作成したスクリプトがどのように処理を行っていたのか、順に見ていきましょう。

## sqlite3モジュールの取得

まず最初に行うのは、sqlite3モジュールのロードです。これは以下のrequire文で行います。requireは既におなじみですから説明の要はありませんね。

```
const sqlite3 = require('sqlite3');
```

## Databaseオブジェクトの取得

データベースを扱うDatabaseオブジェクトを作成します。これは、sqlite3.Databaseというオブジェクトとして用意されています。

```
const db = new sqlite3.Database('mydb.db);
```

引数には、データベースファイル名を指定してあります。このmydb.dbファイルは、このアプリケーションのフォルダー内に作成してありましたね。アプリ内にあるファイルは、このように名前だけ指定すればOKです。

## Databaseオブジェクトのシリアライズ

次に行うのは、Databaseオブジェクトの「シリアライズ(直列化)」です。シリアライズというのは、用意された処理を順番に実行する(複数の処理が重なって実行されたりしない)ためのもので、データベース特有の機能です。まぁ、今のところは、「データベースを利用する処理は、serializeの引数に用意した関数の中に書いておけばいい」」とだけ理解しておけばいいでしょう。

このシリアライズは、以下のように行います。

```
db.serialize( 関数 );
```

引数には関数が設定されています。この関数の中で、データベースを利用する処理を用意すればいいのですね。この関数は、引数などを持たないシンプルなものです。

## レコードをすべて取り出す

レコードをまとめて取得するには、Databaseオブジェクトの「all」というメソッドを利用します。これは以下のように記述します。

```
db.all( クエリー文 , 関数 );
```

第1引数に、実行するSQLクエリーを指定します。SQLクエリーというのは、「SQLの命令文」です。SQLというのは、データベースにアクセスするための専用言語なのです。このSQLという言語を使ってデータベースにアクセスするのが「SQLデータベース」なのですね。このSQLの命令文(クエリー)を第1引数に指定をします。

では、第2引数の関数というのは？ これは、「データベースから結果が返ってきたら実行する処理」をまとめたもの(コールバック処理)です。

allなどのデータベースアクセスは、実行して結果が返ってくるのに少し時間がかかります。その間、処理が止まっていては困ります。そこで、「終わったら教えてね」といってそのまま先に処理を進めていくようになっているのです。そう、「非同期処理」というものでしたね。

非同期処理では、処理が完了した後処理(コールバック処理)をどこかに用意しておく必要がありました。db.allの第2引数にある関数が、このコールバックの処理なのです。

ここで実行しているスクリプトを見てみましょう。こんな形になっていますね。

```
db.all("select * from mydata",(err, rows) => {
	……実行後に呼び出される処理……
});
```

第1引数の"select * from mydata"というテキストが、実行するSQLクエリーです。このSQLクエリーをallで実行します。この処理が完了したら、第2引数の関数がコールバックとして呼び出されます。

このコールバック関数では、errとrowsという2つの引数が用意されていますね。「err」はエラーが発生したときにエラー情報を渡すためのものです。

そして第2引数の「rows」が、データベースから返されたレコードデータをまとめたものになります。このrowsは、各レコードのデータをJavaScriptオブジェクトにしたものを配列にまとめたものです。

ここで、ようやくrowsでデータベースのデータが取り出せました。後は、Webページの表示(レンダリング)を行って作業完了！ というわけです。

## シリアライズは必要？

データベースアクセスの処理の中で、わかりにくいのが「シリアライズ」というやつです。これは「データベースへのアクセス処理を順に実行していくためのもの」と説明しました。ということは、これ自体は何かを実行するわけではない、ということになります。

だったら、「db.allを1回呼び出すだけなら、シリアライズなんて必要ないんじゃない？」と思った人もいるでしょう。実際、やってみましょう。

リスト5-3

```
router.get('/',(req, res, next) => {
  db.all("select * from mydata",(err, rows) => {
    if (!err) {
      var data = {
        title: 'Hello!',
        content: rows
      };
      res.render('hello', data);
    }
  });
});
```

router.get('/',……の部分をこのように修正して試してみましょう。やってみればわかりますが、これでも全く問題なくデータベースの内容が表示されます。つまり、シリアライズはしなくても問題ない、ということですね。

が、これは「データを1回読み込むだけ」の処理だからです。例えばデータを変更するような処理をいくつも実行するような場合、処理を順番に実行しなければ正しくデータを扱えなくなる危険があるでしょう。例えば、「データを取り出す」だけなら、順番が問題になることはありません。けれど、「データを書き換える」操作の場合、実行する順番が変わると結果も変わることもあるのです。

シリアライズは、「1つデータを読み込むだけならなくても問題ない」ということであり、「してはいけない」というわけでは全くありません。となると、「こういうときはシリアライズして、こういうときはしなくていい」と個々の操作ごとに覚えるより、「データベースにアクセスするときは全部シリアライズする！」と覚えてしまったほうがはるかに簡単です。

というわけで、データベースに慣れて使いこなせるようになるまでは、「すべてシリアライズするのが基本」と考えましょう。

# db.eachで各レコードを処理する

db.allは、レコードすべてをまとめて取り出せます。後は、テンプレート側で順に処理をしていけばいいわけですね。

が、「Node.jsの側で各レコードを処理したい」という場合もあるでしょう。こういうときは、db.allではなく、「db.each」というメソッドが用意されています。これは、こんな形で記述します。

```
db.each( SQLクエリー , 関数1 , 関数2 );
```

第1引数には、実行するSQLクエリーを用意します。その後に、関数が2つ用意されていますね。

1つ目の関数1は、レコードが取り出されるごとに呼び出されます。eachは、レコードを1つずつ順に取り出していきます。これでレコードが取り出されるごとに、この関数1が実行されるのです。

そして、すべてのレコードを取り出し終わったら、2つ目の関数2が実行されます。つまり関数2は「後始末」の処理というわけです。

Chapter 1
Chapter 2
Chapter 3
Chapter 4
Chapter 5
Chapter 6
Chapter 7

## eachでレコードを順に取り出す

では、実際に試してみましょう。hello.jsを開いて、以下のように書き換えてみましょう。

リスト5-4

```
const express = require('express');
const router = express.Router();

const sqlite3 = require('sqlite3');

// データベースオブジェクトの取得
const db = new sqlite3.Database('mydb.db');

// GETアクセスの処理
router.get('/',(req, res, next) => {
   db.serialize(() => {
      var rows = "";
      db.each("select * from mydata",(err, row) => {
         if (!err) {
            rows += "<tr><th>" + row.id + "</th><td>"
               + row.name + "</td></tr>";
         }
```

```
    }, (err, count) => {
      if (!err){
        var data = {
          title: 'Hello!',
          content: rows
        };
        res.render('hello', data);
      }
    });
  });
});

module.exports = router;
```

実行している処理の内容は後で説明するとして、テンプレート側の修正もやってしまいましょう。hello.ejsの<body>部分を以下のように修正しておきます。

リスト5-5

```
<body class="container">
  <header>
    <h1 class="display-4">
      <%= title %></h1>
  </header>
  <div role="main">
    <table class="table">
      <%- content %>
    </table>
  </div>
</body>
```

図5-29　/helloにアクセスすると、ID番号と名前だけがテーブル表示される。

/helloにアクセスをすると、各レコードのID番号とnameがテーブルにまとめられて表示されます。が、テンプレートの表示部分を見ると、こうなっていますね。

```
<table class="table">
  <%- content %>
</table>
```

<table>タグ内には、<%- content %>があるだけです。つまり、テーブルの中身はすべて変数contentに用意されているわけですね。それを踏まえて、hello.js側の処理を見てみましょう。

## db.eachの処理

では、db.eachがどのように実行しているのか見てみましょう。関数の内部を省略すると、こういう形になっているのがわかりますね。

```
db.each("select * from mydata", (err, row) => {
  ……略……
}, (err, count) => {
  ……略……
});
```

"select * from mydata"が、実行するSQLクエリーです。これは、先ほどのdb.allで実行したのと全く同じものですね。そして1つ目の関数には、以下のようなものが用意されています。

```
(err, row) => {
  if (!err) {
    rows += "<tr><th>" + row.id + "</th><td>"
      + row.name + "</td></tr>";
  }
}
```

引数にerrとrowがありますね。errは、エラーが発生したときにその内容が渡されます。そしてrowには、SQLクエリーで取り出したレコードがJavaScriptのオブジェクトとして渡されます。これは、レコードが取り出される度に、レコード1つずつオブジェクトとしてrowに渡されていきます。

ここでは、変数rowsにrow.idとrow.nameの値をテーブル関係のタグでまとめたものを追加しています。レコードが取り出される度にこの関数が実行されるわけですから、この変数rowsには、すべてのレコードのidとnameを表示する内容が追加されることになります。

そして、2つ目の関数で、すべてのレコードを取り出し終わった後の処理を用意します。

```
(err, count) => {
  if (!err){
    var data = {
      title: 'Hello!',
      content: rows
    };
    res.render('hello', data);
  }
}
```

ここでも2つの引数が用意されていますが、その内容は1つ目の関数と少し違います。errにエラー発生時の内容が渡される点は同じですが、その後のcountには取り出したレコード数が渡されます。

ここでは、変数dataに値を用意してres.renderでhello.ejsをレンダリングして表示する処理を用意しています。db.eachを使う場合には、この2つ目の関数(後処理の関数)でレンダリングを行うのですね。

## Databaseオブジェクトの使いこなしがポイント

ざっと流れを見ればわかるように、dbオブジェクト(Database)を作成し、serializeの関数内でdb.allやdb.eachを呼び出し処理をしていますね。今回はレコードを取り出していますが、その他の処理にしても、「Databaseオブジェクトを用意し、その中のメソッドを呼び出して処理を行う」という基本は変わりません。

データベースアクセスは時間がかかる処理が多いため、大半が非同期で実行されます。このため、コールバック関数だらけになりがちです。「関数の中に関数、その中にまた関数」といった構造になってしまうとわけがわからなくなってしまいますので、全体の構造がどうなっているのか常に把握しながらソースコードを読むように心がけましょう。

Chapter 1
Chapter 2
Chapter 3
Chapter 4
Chapter 5
Chapter 6
Chapter 7

# Section 5-2 データベースの基本をマスターする

ポイント
- レコードを新たに作成する方法を学びましょう。
- 既にあるレコードを更新や削除する方法を理解しましょう。
- whereを使い、さまざまな検索方法を考えましょう。



## データベースの基本「CRUD」とは？

データベースを使ったアプリケーションを作成するには、データベースに関するさまざまな処理の方法を理解していなければいけません。データベースの基本的な機能は、一般に「CRUD」と呼ばれています。これは以下の4つの機能のことです。

| | |
|---|---|
| Create（新規保存） | 新しいレコードを作成保存します。 |
| Read（読み込み） | レコードをデータベースから取り出します。 |
| Update（更新） | レコードの内容（フィールドの値）を書き換えます。 |
| Delete（削除） | レコードを削除します。 |

これらは、データベースを管理する上で必要となる機能です。まずは、これらの基本的な作り方を説明していきましょう。

### 「hello」フォルダーの用意

今回は、/helloにプログラムを追加していくことにします。テンプレートなどが増えるとわかりにくいので、フォルダーを用意してまとめておくことにしましょう。

Visual Studio Codeのエクスプローラーで、「views」フォルダーを選択し、「EX-GEN-APP」の右側の「新しいフォルダー」アイコンをクリックしてください。これで「views」フォルダーの中に新しいフォルダーが作成されます。名前は「hello」としておきましょう。

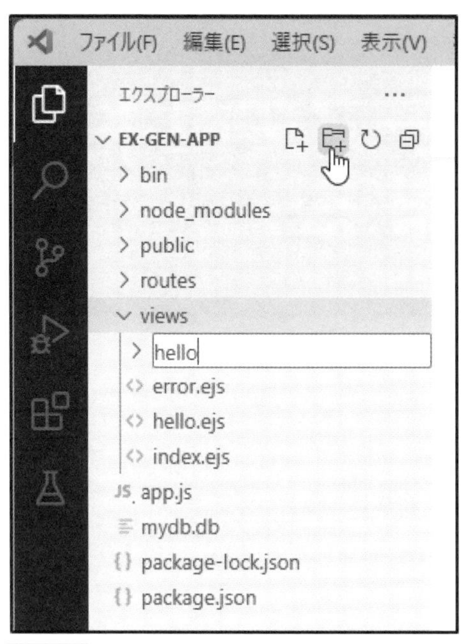


図5-30 「views」フォルダーの中に「hello」というフォルダーを作成する。

## hello.ejsの移動

/helloで使っているテンプレート「hello.ejs」を、作成した「hello」フォルダーに移動しておきましょう。hello.ejsのアイコンを「hello」フォルダーにドラッグ&ドロップすると、フォルダー内に移動できます。

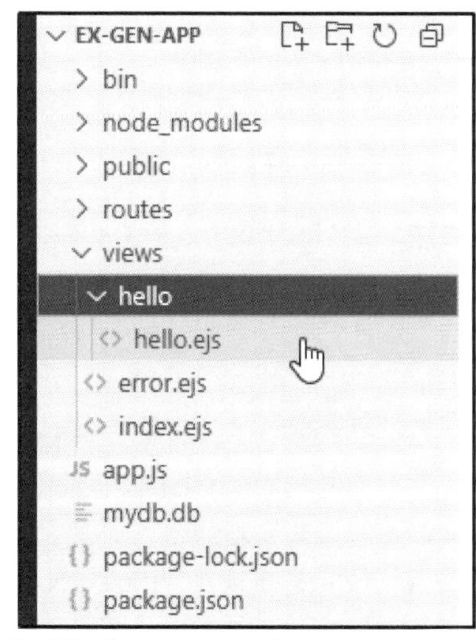


図5-31 hello.ejsを「hello」内に移動する。

## hello.ejsをindex.ejsに

このhello.ejsは、/helloにアクセスしたときのものです。今回は、/hello内に更にいくつかページを作っていきます。となると、このhello.ejsは、/hello/indexに相当するもの(/helloのデフォルトページ)と考えていいでしょう。わかりやすいように、ファイル名をindex.ejsに変更しておきましょう。

hello.ejsを右クリックし、「名前変更」メニューを選びます。これでファイル名を編集できるようになるので、「index.ejs」と書き換えてください。

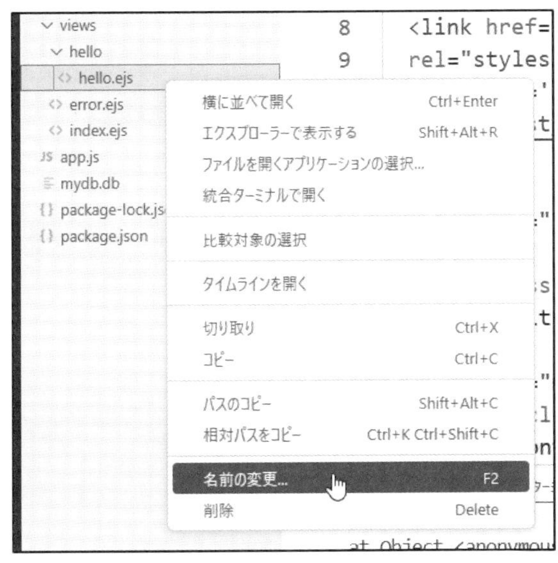


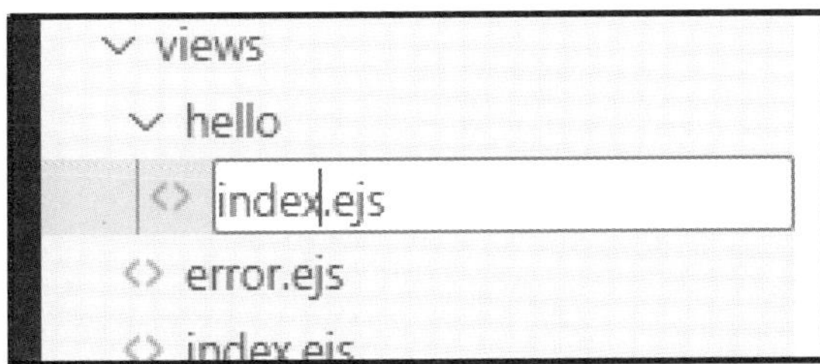


図5-32 hello.ejsを選択し、「名前変更」メニューを選んでファイル名を「index.ejs」にしておく。

## hello.jsのrouter.get('/')を修正する

hello.ejsを移動しファイル名を変更したので、hello.jsのプログラムを修正する必要があります。router.get('/'……);から、

```
res.render('hello', data);
```

この文を探して、以下のように書き換えておいてください。

```
res.render('hello/index', data);
```

これで、「views」テンプレートフォルダーの中から、「hello」フォルダー内の「index.ejs」を読み込んでレンダリングするようになります。

## レコードの新規作成

まずは、レコードを新規作成する処理から作成しましょう。最初にサンプルを作成しておきます。ここでは、/hello/addというアドレスに処理を用意することにします。

ではテンプレートファイルから作成していきましょう。「views」フォルダー内の「hello」フォルダーを選択し、「EX-GEN-APP」アイコンの右側の「新しいファイル」アイコンをクリックして、「add.ejs」という名前でファイルを作成してください。

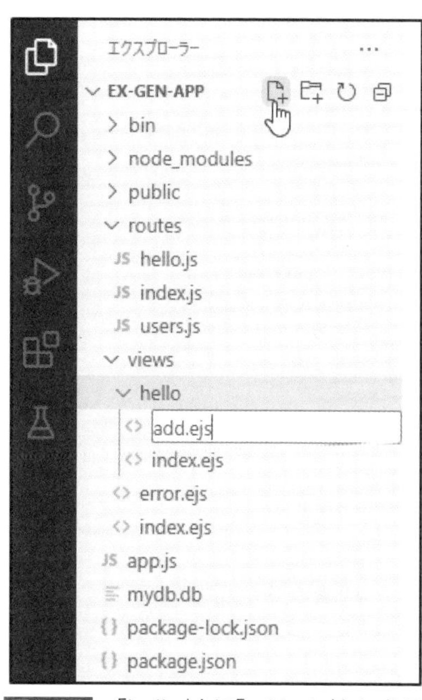


図5-33 「hello」内に「add.ejs」というファイルを作成する。

### ソースコードを記述する

作成したadd.ejsのソースコードを記述しましょう。今回はmydataのレコードを作成するためのフォームを用意しておきます。といっても、IDはデータベース側で自動的に割り当てるので、name, mail, ageの3つの項目があればいいでしょう。

リスト5-6

```
<!DOCTYPE html>
<html lang="ja">

<head>
  <meta http-equiv="content-type"
    content="text/html; charset=UTF-8">
  <title><%= title %></title>
  <link href="https://cdn.jsdelivr.net/npm/bootstrap@5.0.2/dist/css/ ↵
    bootstrap.css"
    rel="stylesheet" crossorigin="anonymous">
  <link rel='stylesheet'
    href='/stylesheets/style.css' />
</head>

<body class="container">

  <header>
    <h1 class="display-4">
      <%= title %></h1>
  </header>
  <div role="main">
    <p><%- content %></p>
    <form method="post" action="/hello/add">
      <div class="form-group">
        <label for="name">NAME</label>
        <input type="text" name="name" id="name"
          class="form-control">
      </div>
      <div class="form-group">
        <label for="mail">MAIL</label>
        <input type="text" name="mail" id="mail"
          class="form-control">
      </div>
      <div class="form-group">
        <label for="age">AGE</label>
        <input type="number" name="age" id="age"
          class="form-control">
      </div>
      <input type="submit" value="作成"
      class="btn btn-primary">
    </form>
```

```
    </div>
</body>

</html>
```

ここでは、<form method="post" action="/hello/add">というようにフォームを用意しています。hello.jsでは、router.postメソッドで'/add'への処理を割り当てるメソッドで、送信されたフォームの処理を用意すればいいわけですね。

## /addの処理を作成する

続いて、スクリプトを作成しましょう。今回は、/hello/addというアドレスにアクセスした場合の処理です。hello.js内に、/addへのGETとPOSTの処理を用意して作成すればいいでしょう。

では、「routes」フォルダー内のhello.jsを開き、下のリスト(2つのrouter.get)を追加しましょう。記述する場所は、module.exports = router; の手前に書くようにしてください。

リスト5-7

```
router.get('/add', (req, res, next) => {
  var data = {
    title: 'Hello/Add',
    content: '新しいレコードを入力：'
  }
  res.render('hello/add', data);
});

router.post('/add', (req, res, next) => {
  const nm = req.body.name;
  const ml = req.body.mail;
  const ag = req.body.age;
  db.serialize(() => {
    db.run('insert into mydata (name, mail, age) values (?, ?, ?)',
      nm, ml, ag);
  });
  res.redirect('/hello');
});
```

修正したら、動作を確認しておきましょう。/hello/addにアクセスし、現れたフォームに名前・メールアドレス・年齢を記入し送信してください。送信した内容でそのまま新しいレコードが作成されているのがわかります。

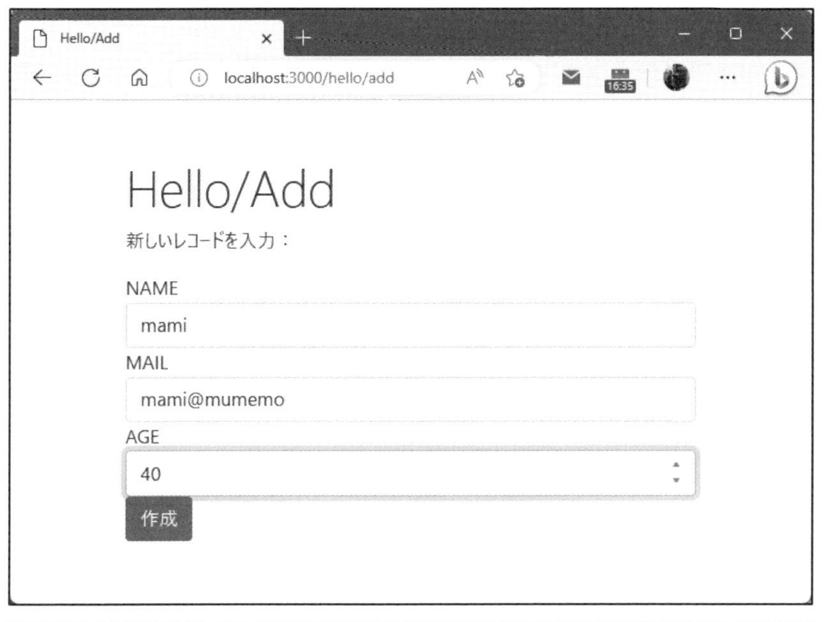




図5-34 /hello/addにアクセスし、フォームに名前、メールアドレス、年齢を記入し送信すると、その内容が新しいレコードとして追加保存される。

## レコードの作成について

では、実際に実行している処理を見てみましょう。フォームを送信したときの処理は、req.bodyから送られてきた値を取り出して行います。まずは、各入力フィールドの値をまとめておきましょう。

```
const nm = req.body.name;
const ml = req.body.mail;
const ag = req.body.age;
```

これで、送信されたフォームの値がそれぞれ変数に取り出せました。後は、これらの値を元に、serializeの中でレコード作成のSQLをデータベースに送ります。

```
db.run('insert into mydata (name, mail, age) values (?, ?, ?)', nm, ml, ag);
```

ここでは、dbオブジェクトの「run」というメソッドを使っています。これは、引数のSQL文を実行する役目を果たすものです。ただしdb.runでは、実行後コールバックが呼ばれるのを待って続きの処理を……といった面倒くさいところはありません。

## db.runメソッドの処理

この「run」というのは、「データベース側からレコードを取り出す必要のない処理」を実行する場合に用いるものです。

例えば、ここでは新たにレコードを作成しデータベースに保存をしていますね。これは、別に結果としてレコード情報を受け取る必要がありません。そういう処理にはrunを使います。結果を受け取る必要がないので、コールバック関数も用意する必要はありません。

ここでは、以下のような形で引数を書いています。

```
db.run('……?, ?, ? ……', nm, ml, ag);
```

第1引数には、実行するSQL文のテキストを用意します。このテキストの中には3つの「?」があることに注目してください。これは「プレースホルダ」といって、値の場所を予約しておくものです。

その後にある3つの値(nm, ml, agの3つの変数)の値が、このプレースホルダである?のところにはめ込まれ、実行するSQL文が作成されるようになっているのです。

### insert文について

ここで実行しているSQL文は、「insert」というものです。これが、レコードを新規追加するためのSQL文です。これは以下のように記述します。

```
insert into テーブル ( フィールド1, フィールド2, ……) values ( 値1, 値2, …… );
```

ここでは、テーブル名、フィールド名、値といったものを用意します。最初の()にフィールド名を記述し、valuesの後の()に、値を記述します。フィールドと値は並び順が同じになるようにしておきます。つまり、1つ目のフィールドに1つ目の値、2つ目のフィールドに2つ目の値……というようにフィールドと値を並べるわけですね。

こうしてinsert文のテキストを用意し、db.runで実行すれば、レコードがデータベースに追加保存されます。SQLクエリーの書き方さえわかれば、意外と簡単なのです。

### リダイレクトについて

最後に、「/helloにリダイレクトする」という処理を行っています。この文です。

```
res.redirect('/hello');
```

res内の「redirect」は、引数に指定したアドレスにリダイレクトします。このpostは、ただ処理を実行するだけで表示などは必要ありません。こういうものは、処理を実行した後、indexページなどにリダイレクトするようにしておきます。

## レコードの表示

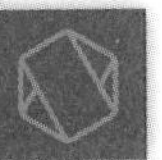

続いて、レコードの表示(Read)についてです。既に「全レコードを取り出す」というのはやりましたが、特定のレコードだけを取り出して表示するというのはまた少しやり方が違ってきます。

では、IDを指定してレコードの内容を表示する処理を作ってみましょう。今回は、/hello/showに処理を割り当てます。

まずは、テンプレートファイルを用意しましょう。Visual Studio Codeのエクスプローラーで「views」フォルダー内の「hello」を選択し、「EX-GEN-APP」の右側にある「新しいファイル」アイコンをクリックして「show.ejs」というファイルを作成してください。

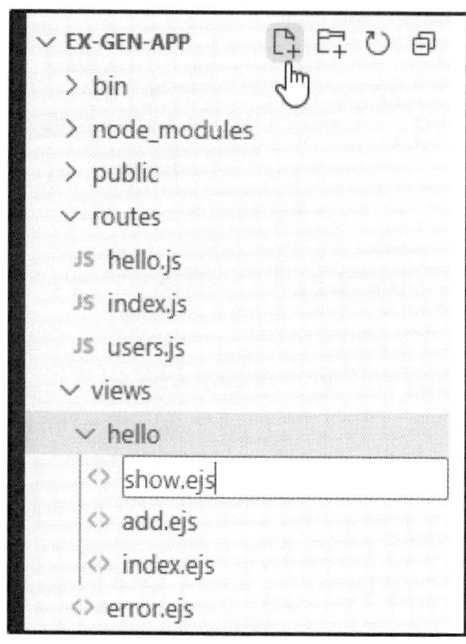


図5-35 「hello」フォルダー内に「show.ejs」というファイルを作る。

## show.ejsを記述する

作成したshow.ejsのソースコードを記述しましょう。今回は、レコードの内容をテーブルにまとめて表示することにします。

リスト5-8

```
<!DOCTYPE html>
<html lang="ja">

<head>
  <meta http-equiv="content-type"
    content="text/html; charset=UTF-8">
  <title><%= title %></title>
  <link href="https://cdn.jsdelivr.net/npm/bootstrap@5.0.2/dist/css/ ↵
    bootstrap.css"
    rel="stylesheet" crossorigin="anonymous">
  <link rel='stylesheet'
    href='/stylesheets/style.css' />
</head>

<body class="container">

  <header>
    <h1 class="display-4">
      <%= title %></h1>
  </header>
```

```
    <div role="main">
      <p><%= content %></p>
      <table class="table">
        <tr>
          <th>ID</th>
          <td><%= mydata.id %></td>
        </tr>
        <tr>
          <th>NAME</th>
          <td><%= mydata.name %></td>
        </tr>
        <tr>
          <th>MAIL</th>
          <td><%= mydata.mail %></td>
        </tr>
        <tr>
          <th>AGE</th>
          <td><%= mydata.age %></td>
        </tr>
      </table>
    </div>
  </body>

  </html>
```

レコード内容の表示は、<%= mydata.id %>というように、mydataという変数から値を取り出しています。プログラム側で、取り出したレコードをmydataという変数に渡しておけばいいことがわかりますね。

## /showの処理を作成する

では、プログラムを用意しましょう。hello.jsを開き、module.exports = router; より前に以下のリストの内容を追記してください。

リスト5-9

```
router.get('/show', (req, res, next) => {
  const id = req.query.id;
  db.serialize(() => {
    const q = "select * from mydata where id = ?";
    db.get(q, [id], (err, row) => {
```

```
        if (!err) {
          var data = {
            title: 'Hello/show',
            content: 'id = ' + id + ' のレコード:',
            mydata: row
          }
          res.render('hello/show', data);
        }
      });
    });
  });
```



作成したら実際にアクセスしてみましょう。ブラウザから、/hello/show?id=番号 というようにクエリーパラメーターを使ってIDの値を指定してアクセスしてください。これで、そのIDのレコード内容が表示されます。

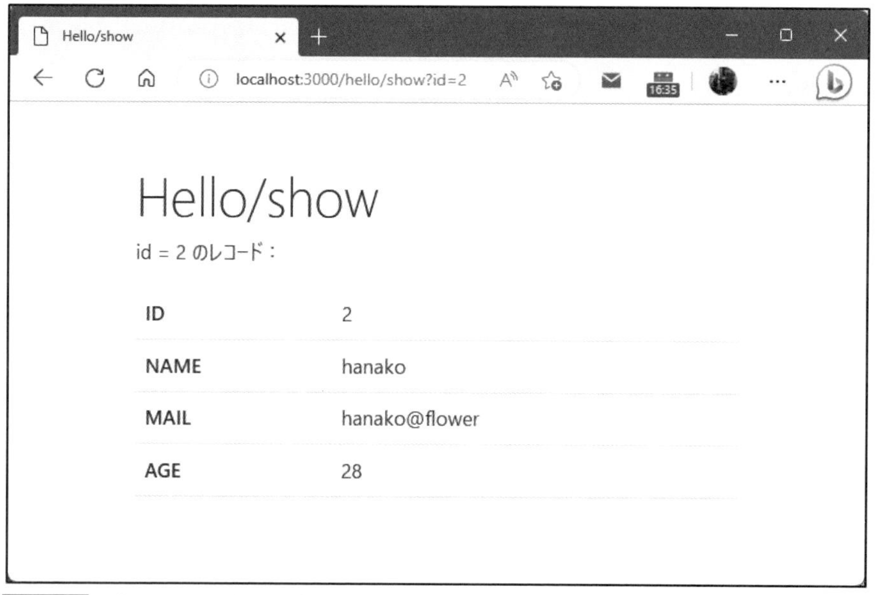


図5-36　/hello/show?id=2というようにクエリーパラメーターでIDの値を指定してアクセスすると、そのレコード内容が表示される。

## whereによる条件設定

ここでは、req.query.idの値を取り出してID値を用意し、それを元にデータベースからレコードを取り出しています。レコード取得は、まず以下のような形でSQL文を作成します。

```
const q = "select * from mydata where id = ?";
```

全レコードを取り出したときと同じくselectという文を使っていますが、ここでは「where」というものがつけられています。これは、条件を設定するのに使うものです。

```
select * from テーブル where 条件
```

こんな形で記述をします。whereの後に用意する「条件」というのは、if文などの条件と同じものをイメージするとよいでしょう。ここでは、「id = ?」という条件を用意していますね。?にはreq.query.idの値がはめ込まれますから、「id = 番号」という形で条件が設定されることになります。

## getによるレコード取得

クエリー文ができたら、それを実行します。先に、全レコードを取り出したときは、db.allというものを使いましたが、今回はdbの「get」を使います。これは、こんな形で呼び出しています。

```
db.get(q, [id], (err, row) => {
    ……略……
});
```

第1引数にはSQLクエリーのテキスト、第2引数には?に渡す値を配列にまとめたもの、そして第3引数にはコールバック関数が用意されています。基本的な使い方はdb.allと同じです。違いは、「得られるのはレコード1つだけ」という点です。

db.allは、レコードのオブジェクトを配列にまとめたものがコールバック関数の引数に渡されました。が、db.getの場合は、コールバック関数の引数に渡されるのはレコードのオブジェクト1つだけです。もし条件で複数のレコードが見つかった場合は、最初のものだけが渡されます。

IDを指定した場合は、複数のレコードが得られることはありませんから、getで取り出すのが一番です。このように「結果を1つだけ」というときにgetは役立ちます。

# レコードの編集

次は、既にあるレコードを編集する処理を作りましょう。これは、編集のSQLをどうするか? というだけでなく、もう少し考えないといけない問題があります。レコードの編集は、まず「どのレコードを編集するか」を指定し、その内容を表示するなどして編集できる状態を用意しないといけません。その上で、内容を変更して更新する処理をするわけです。このあたりをスムーズに行えるようなやり方を考える必要があります。

ここでは、「/hello/editに、クエリーパラメーターでIDを指定してアクセスする」という方法を採りましょう。アクセスすると、そのIDのレコードの内容がフォームに表示されるようにするのです。そして、そのままフォームの内容を書き換えて送信すれば、そのレコードが更新される、というわけです。

では、テンプレートから作成しましょう。Visual Studio Codeのエクスプローラーで「hello」フォルダーを選択し、「EX-GEN-APP」の右側にある「新しいファイル」アイコンをクリックしてファイルを作成します。名前は「edit.ejs」としておきましょう。

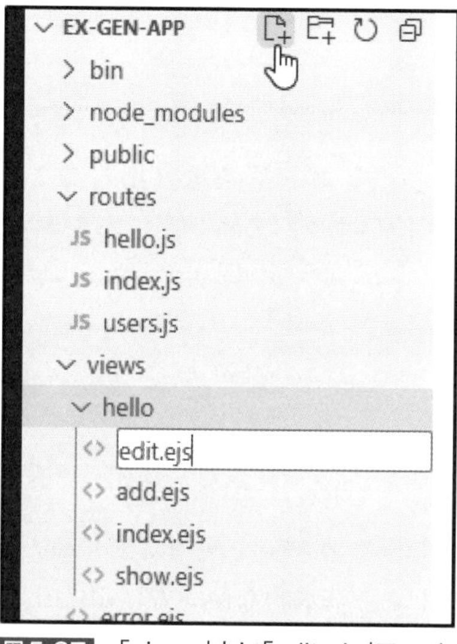


図5-37 「views」内に「edit.ejs」ファイルを作成する。

## edit.ejsを記述する

ファイルを作成したら、edit.ejsのソースコードを記述しましょう。今回はレコードの内容を編集するためのフィールドを用意しておきます。

リスト5-10

```
<!DOCTYPE html>
<html lang="ja">

<head>
  <meta http-equiv="content-type"
    content="text/html; charset=UTF-8">
```

```
    <title><%= title %></title>
    <link href="https://cdn.jsdelivr.net/npm/bootstrap@5.0.2/dist/css/ ↵
      bootstrap.css"
      rel="stylesheet" crossorigin="anonymous">
    <link rel='stylesheet'
      href='/stylesheets/style.css' />
</head>

<body class="container">

    <header>
      <h1 class="display-4">
        <%= title %></h1>
    </header>
    <div role="main">
      <p><%= content %></p>
      <form method="post" action="/hello/edit">
        <input type="hidden" name="id"
          value="<%= mydata.id %>">
        <div class="form-group">
          <label for="name">NAME</label>
          <input type="text" name="name" id="name"
            class="form-control" value="<%= mydata.name %>">
        </div>
        <div class="form-group">
          <label for="mail">MAIL</label>
          <td><input type="text" name="mail" id="mail"
            class="form-control" value="<%= mydata.mail %>">
        </div>
        <div class="form-group">
          <label for="age">AGE</label>
          <td><input type="number" name="age" id="age"
            class="form-control" value="<%= mydata.age %>">
        </div>
        <input type="submit" value="更新"
          class="btn btn-primary">
      </form>
    </div>
</body>

</html>
```

# /editの処理を作成する

後は、プログラムを用意するだけですね。hello.jsのmodule.exports = router;より前に、下のリストを追記しましょう。

リスト5-11

```
router.get('/edit', (req, res, next) => {
  const id = req.query.id;
  db.serialize(() => {
    const q = "select * from mydata where id = ?";
    db.get(q, [id], (err, row) => {
      if (!err) {
        var data = {
          title: 'hello/edit',
          content: 'id = ' + id + ' のレコードを編集：',
          mydata: row
        }
        res.render('hello/edit', data);
      }
    });
  });
});

router.post('/edit', (req, res, next) => {
  const id = req.body.id;
  const nm = req.body.name;
  const ml = req.body.mail;
  const ag = req.body.age;
  const q = "update mydata set name = ?, mail = ?, age = ? where id = ?";
  db.serialize(() => {
    db.run(q, nm, ml, ag, id);
  });
  res.redirect('/hello');
});
```

これでプログラムは完成です。/showのときと同じように、/hello/edit?id=番号 というようにID番号をクエリーパラメーターで指定してアクセスをしてみてください。そのIDのレコードがフォームに設定されて表示されます。そのまま内容を書き換えて送信すれば、レコードの内容が変更されます。

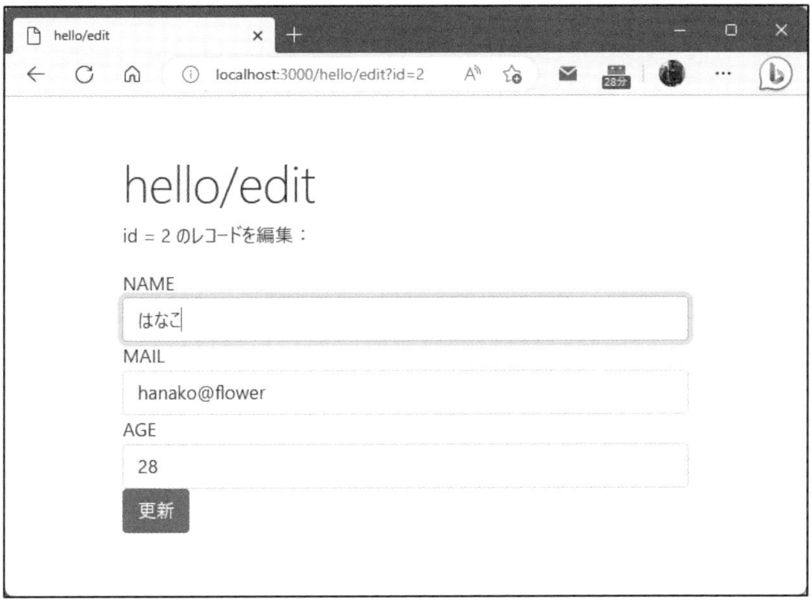

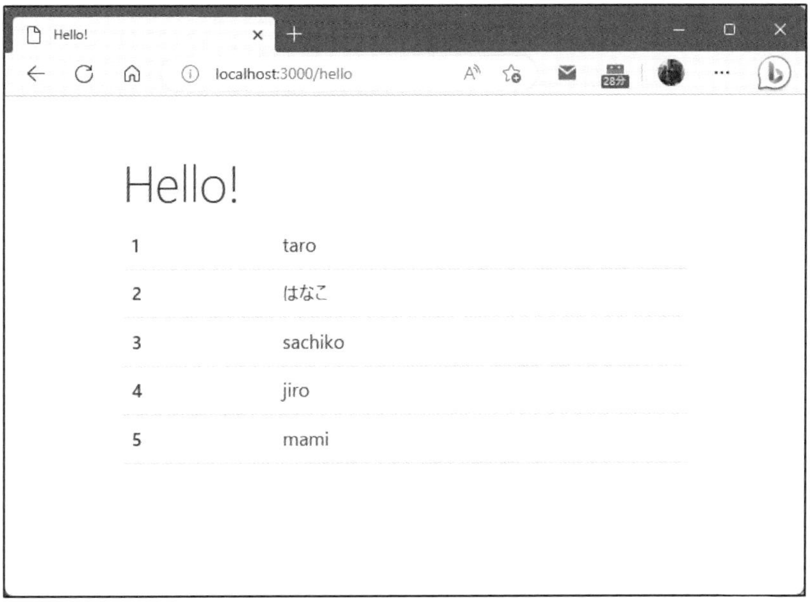

図5-38 /hello/edit?id=2でアクセスすると、ID = 2のレコードがフォームに表示される。このまま書き換えて送信すれば内容が変更される。

## updateでデータを更新する

では、行っている処理の内容を見てみましょう。まず、router.getです。ここでは、クエリーパラメーターのIDを元にレコードを取得しています。これは、/showのrouter.getの処理と同じですから説明は無用ですね。

router.postでは、送信されたレコードの内容を元に更新の処理を行っています。これは、まず送信されたフォームの値を変数に保管しておいてから、実行するクエリー文のテキストを作成しておきます。

```
const q = "update mydata set name = ?, mail = ?, age = ? where id = ?";
```

レコードの更新は、「update」というものを使います。これは以下のような書き方をします。

```
update テーブル set フィールド1 = 値1, フィールド2 = 値2, …… where 条件 ;
```

これは大きく3つの部分に分けて考えることができるでしょう。ざっと以下のように整理するとわかりやすくなります。

```
update テーブル
```

更新するレコードのあるテーブルを指定します。ここでは「update mydata」と指定しています。

```
set フィールド1 = 値1, フィールド2 = 値2, ……
```

更新する内容を指定します。setの後に、フィールド名とそれに設定する値を「フィールド = 値」というようにイコールで繋いで記述します。複数のフィールドの値を変更する場合は、カンマで区切って続けて書きます。

これは、すべてのフィールドを用意する必要はありません。値を変更するものだけ記述すればOKです。

```
where 条件 ;
```

最後に、更新するレコードを設定するための条件を用意します。この条件に合うレコードの内容が、その前のset ～で指定した値に書き換えられます。もし、条件に合うレコードが複数あった場合は、それの内容がすべて変更されるので注意してください。

ここでは、idの値を指定しています。idはすべてのレコードに異なる値が設定されていますから、常に1つのレコードだけを選択できます。

こうしてクエリーテキストができたら、db.runで実行します。そう、新規作成のinsertのときに使ったdb.runです。結果のレコードを返さない処理は、全部db.runで実行すれば

OKなのです。

　更新処理で絶対に忘れてはならないのが「whereによる条件の設定」です。これを忘れてupdateを実行してしまうと、テーブルのすべてのレコードを書き換えてしまいます。whereを使い、「このレコードを更新する」ということをきっちり指定して実行するようにしてください。

## レコードの削除

　残るは、レコードの削除です。これも、編集と同じようなインターフェイスで考えましょう。まず最初にIDを指定してアクセスするとそのレコードの内容が表示される。その内容を確認して削除のボタンを押すと、そのレコードが削除される、というやり方ですね。

　ここでは、/deleteというアドレスに処理を用意することにします。まずは、テンプレートの作成ですね。Visual Studio Codeのエクスプローラーで「hello」フォルダーを選択し、「EX-GEN-APP」の右側にある「新しいファイル」アイコンをクリックして新しいファイルを作成します。名前は「delete.ejs」としておきましょう。

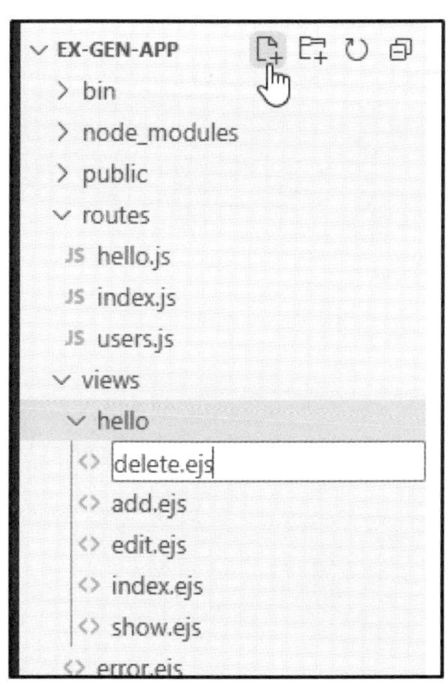


図5-39　「hello」フォルダーに「delete.ejs」ファイルを作成する。

### delete.ejsのソースコードを作成する

　作成した「delete.ejs」のソースコードを記述しましょう。ここでは、レコードの内容をテーブルにして表示するようにします。それとは別に、削除するレコードのID番号を送信する、ボタンだけのフォームも用意しておきます。

リスト5-12

```
<!DOCTYPE html>
<html lang="ja">

<head>
  <meta http-equiv="content-type"
    content="text/html; charset=UTF-8">
  <title><%= title %></title>
  <link href="https://cdn.jsdelivr.net/npm/bootstrap@5.0.2/dist/css/ ↵
    bootstrap.css"
    rel="stylesheet" crossorigin="anonymous">
  <link rel='stylesheet'
    href='/stylesheets/style.css' />
</head>

<body class="container">

  <header>
    <h1 class="display-4">
      <%= title %></h1>
  </header>
  <div role="main">
    <p><%= content %></p>
    <table class="table">
      <tr>
        <th>NAME</th>
        <td><%= mydata.name %></td>
      </tr>
      <tr>
        <th>MAIL</th>
        <td><%= mydata.mail %></td>
      </tr>
      <tr>
        <th>AGE</th>
        <td><%= mydata.age %></td>
      </tr>
      <tr>
        <th></th>
        <td></td>
      </tr>
    </table>
    <form method="post" action="/hello/delete">
```

```
      <input type="hidden" name="id"
        value="<%= mydata.id %>">
      <input type="submit" value="削除"
        class="btn btn-primary">
    </form>
  </div>
</body>

</html>
```

## /deleteの処理を作成する

テンプレートができたら、プログラムを作りましょう。hello.jsを開き、module.exports = router;より手前に以下のリストを追記してください。

リスト5-13

```
router.get('/delete', (req, res, next) => {
  const id = req.query.id;
  db.serialize(() => {
    const q = "select * from mydata where id = ?";
    db.get(q, [id], (err, row) => {
      if (!err) {
        var data = {
          title: 'Hello/Delete',
          content: 'id = ' + id + ' のレコードを削除:',
          mydata: row
        }
        res.render('hello/delete', data);
      }
    });
  });
});

router.post('/delete', (req, res, next) => {
  const id = req.body.id;
  db.serialize(() => {
    const q = "delete from mydata where id = ?";
    db.run(q, id);
  });
  res.redirect('/hello');
});
```

修正したら、/hello/delete?id=番号 というようにID番号をクエリーパラメーターで指定してアクセスしてみましょう。そのID番号のレコードが表示されます。そのまま「削除」ボタンを押せば、そのレコードがデータベースから削除されます。

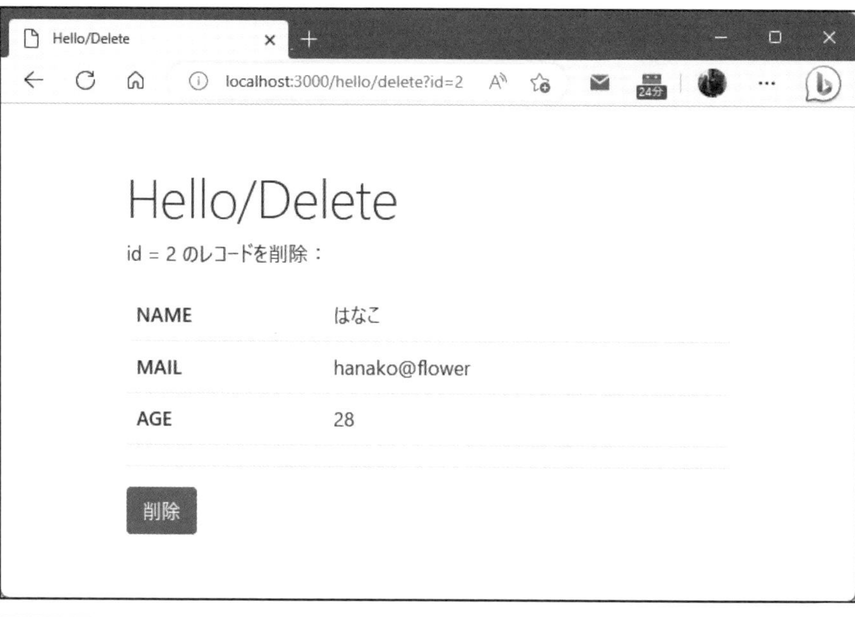


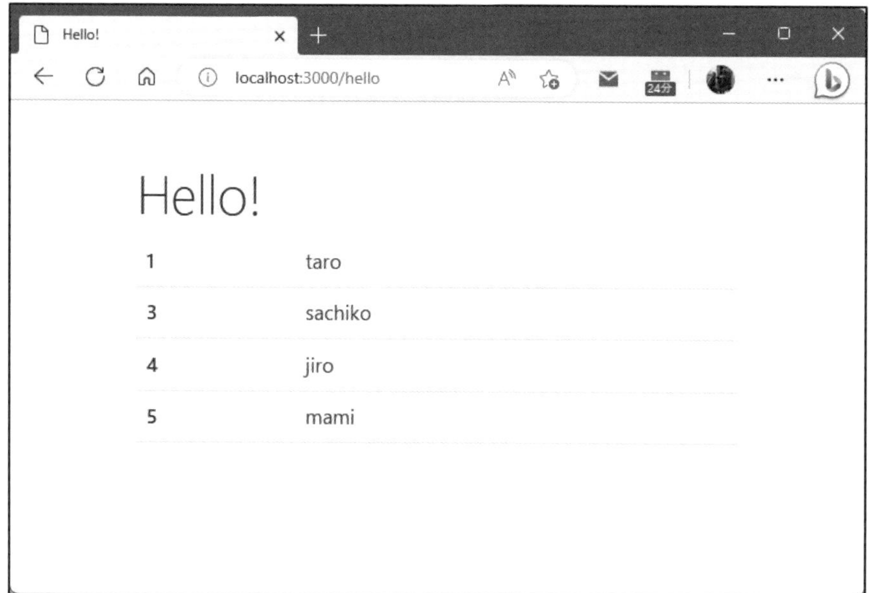


図5-40 idの値をパラメーターで指定してアクセスし、「削除」ボタンを押すと、そのレコードが削除される。

### deleteによるレコード削除

これも、router.getの処理は、/showや/editと同じですね。IDを指定してselect文を実行し、その結果を変数mydataに設定して表示をします。

削除を行っているのは、router.postのコールバック関数です。ここでは「delete」というSQL文を使っています。このdeleteは以下のような形で実行します。

```
delete from テーブル where 条件
```

これで、whereに指定した条件に合うレコードがすべて削除されます。条件に合うものが複数あった場合は、それらすべて削除されてしまうので注意してください。

SQL文ができたら、後はdb.runで実行するだけです。SQL文さえわかれば、後の処理はみんな同じなんですね。

## レコードの検索

これで、CRUDの基本がほぼできました。これでデータベースは完璧！ と思った人もいるかもしれません。が、それは違います。CRUDは、データベースアクセスの「もっとも基本的なもの」に過ぎません。「データベースを利用するなら最低限これぐらいはできるようにしておきたいよね」というものなのです。

CRUDは確かに大切ですが、実際の開発においてはそれ以上に重要なものがあります。それは「検索」です。

検索については、既に簡単なものはやりました。例えば、レコードの更新や削除は、処理をする対象となるレコードをこんな具合に取り出していました。

```
const q = "select * from mydata where id = ?";
db.get(q, [id], (err, row) => {……});
```

特定のIDのレコードを取り出すのに「where」というものを使っていました。これは、取り出す対象となるレコードを絞り込むためのものです。whereの後に条件となるものを指定することで、その条件に合致するレコードだけが取り出されるようにしてくれます。

## find.ejsを作成

では、これもサンプルを動かしながら説明していきましょう。まずはテンプレートの用意です。

Visual Studio Codeのエクスプローラーで「hello」フォルダーを選択し、「EX-GEN-APP」の右側にある「新しいファイル」アイコンをクリックして新しいファイルを作成します。名前は「find.ejs」としておきましょう。そして、以下のソースコードを記述しておきます。

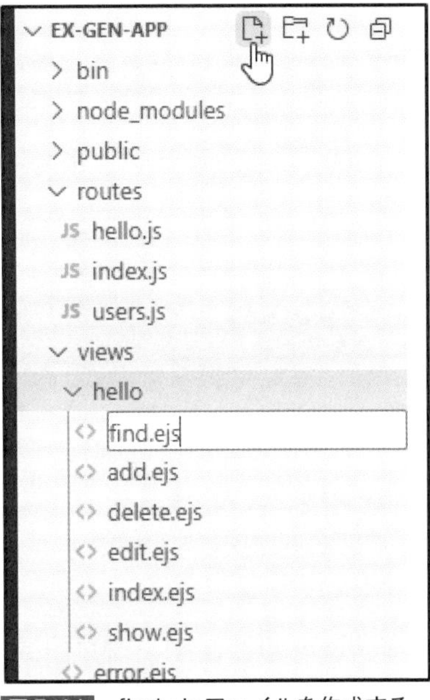


図5-41 find.ejsファイルを作成する。

リスト5-14

```
<!DOCTYPE html>
<html lang="ja">

<head>
  <meta http-equiv="content-type"
    content="text/html; charset=UTF-8">
  <title><%= title %></title>
  <link href="https://cdn.jsdelivr.net/npm/bootstrap@5.0.2/dist/css/ ↵
    bootstrap.css"
    rel="stylesheet" crossorigin="anonymous">
  <link rel='stylesheet'
    href='/stylesheets/style.css' />
</head>
```

```
<body class="container">

  <header>
    <h1 class="display-4">
      <%= title %></h1>
  </header>
  <div role="main">
    <p><%= content %></p>
    <form method="post" action="/hello/find">
      <div class="form-group">
        <label for="find">FIND</label>
        <input type="text" name="find" id="find"
          class="form-control" value="<%=find %>">
      </div>
      <input type="submit" value="更新"
        class="btn btn-primary">
    </form>

    <table class="table mt-4">
      <% for(var i in mydata) { %>
      <tr>
        <% var obj = mydata[i]; %>
        <th><%= obj.id %></th>
        <td><%= obj.name %></td>
        <td><%= obj.mail %></td>
        <td><%= obj.age %></td>
      </tr>
      <% } %>
    </table>
  </div>
</body>

</html>
```

ここでは、フォームとテーブルが用意されています。フォームには、name="find"という入力フィールドを用意し、/hello/findに送信をするようにしてあります。またテーブルでは、mydataの値を順に表示していくようにしてあります。Node.js側で/hello/findにアクセスした際の処理を用意し、フォームの値を使って検索した結果をmydataとして渡すようにすればいいわけですね。

## /findの処理を作成する

では、hello.jsに/findの処理を記述しましょう。例によって、module.exports = router;の手前に以下のスクリプトを追記してください。

リスト5-15

```
router.get('/find',(req, res, next) => {
  db.serialize(() => {
    db.all("select * from mydata",(err, rows) => {
      if (!err) {
        var data = {
          title: 'Hello/find',
          find:'',
          content:'検索条件を入力してください。',
          mydata: rows
        };
        res.render('hello/find', data);
      }
    });
  });
});

router.post('/find', (req, res, next) => {
  var find = req.body.find;
  db.serialize(() => {
    var q = "select * from mydata where ";
    db.all(q + find, [], (err, rows) => {
      if (!err) {
        var data = {
          title: 'Hello/find',
          find:find,
          content: '検索条件 ' + find,
          mydata: rows
        }
        res.render('hello/find', data);
      }
    });
  });
});
```

Chapter 1 Chapter 2 Chapter 3 Chapter 4 Chapter 5 Chapter 6 Chapter 7

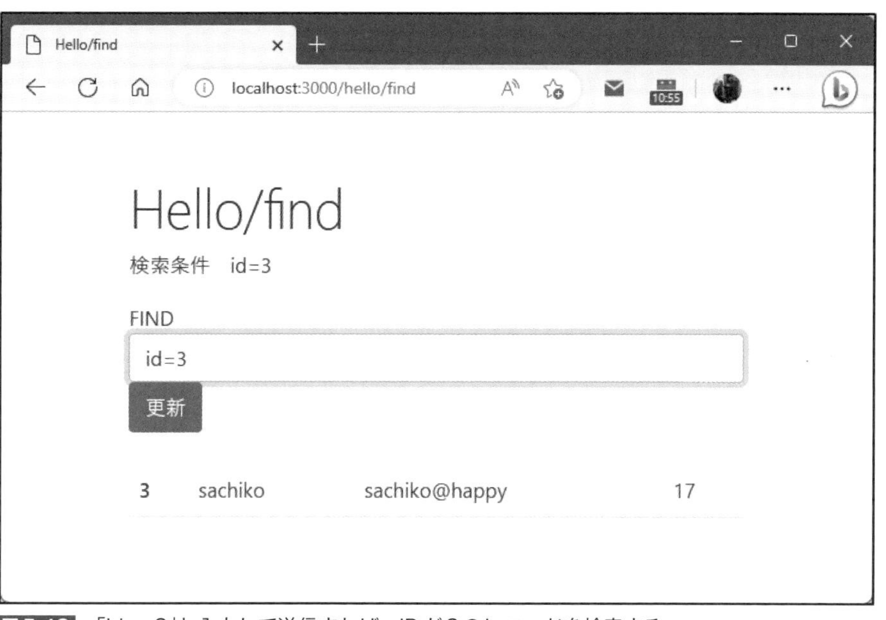


図5-42 「id = 3」と入力して送信すれば、IDが3のレコードを検索する。

では、実際に/hello/findにアクセスしてみましょう。入力フィールドに、検索の条件を記述します。例として、「id = 3」と入力して送信してみてください、IDが3のレコードを表示します。

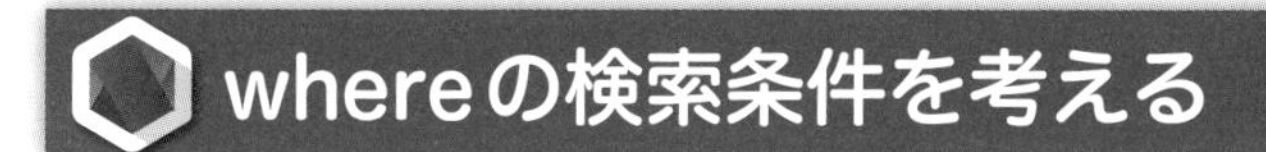

## whereの検索条件を考える

では、送信されたフォームの処理をしている部分を見てみましょう。ここでは、以下のように検索を行っています。

```
var q = "select * from mydata where ";
db.all(q + find, [], (err, rows) => {……略……
```

q + findのテキストをSQLクエリーとして設定しています。「id = 1」と入力したなら、実行されるSQLクエリーは「select * from mydata where id = 1」となるわけですね。検索の条件は、こんな具合に設定されます。

```
where 条件の式
```

whereの後に用意される式は、基本的に「フィールド名と値を比較する式」と考えていいでしょう。つまり、「このフィールドの値が○○なもの」というようにして条件を指定するのです。データベースは、その条件に合致するレコードだけを検索して送り返すのです。

この「値を比較する式」は、以下のような記号を使います。

```
フィールド = 値
フィールド != 値
フィールド < 値
フィールド <= 値
フィールド > 値
フィールド >= 値
```

フィールドの値が右辺の値と等しいか等しくないか、大きいか小さいか、といったことを調べてレコードを検索するわけですね。これがwhereの条件の基本です。

## LIKE検索

が、これは数字などの値を扱うときは便利ですが、テキストの値を扱うときはちょっと不便です。例えば、「太郎さんを探したい」と思ったとき、「name = "太郎"」とするでしょう。このとき、nameの値が「太郎」ならば探せますが、「山田太郎」とフルネームで設定されていたりすると、もう探すことができません。これは困りますね。

こんなときに使われるのが「LIKE検索(あいまい検索)」と呼ばれるものです。これは、以下のように式を用意します。

```
where フィールド like 値
```

このlikeは、フィールドと値を比較するとき、値に「ワイルドカード」と呼ばれる記号を使うことができます。「%」という記号で、これは「どんな値も当てはめることができる特別な値」を示します。

例えば、/hello/findのフィールドにこのように記述して実行してみましょう。

```
mail like "%.com"
```

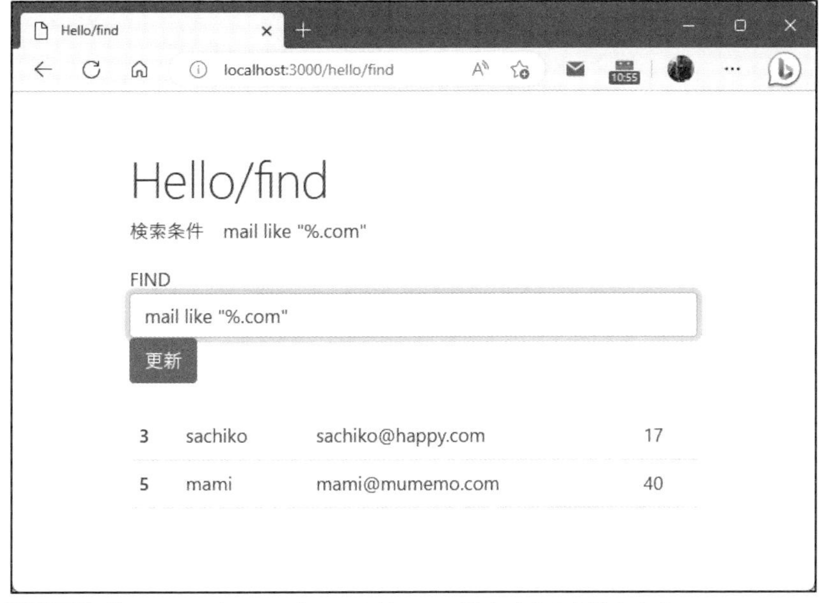


図5-43　「mail like "%.com"」でmailが.comで終わるものを検索する。

　すると、mailの値が.comで終わるものをすべて検索します。こんな具合に、%をつけることで、以下のような検索が可能になるのです。

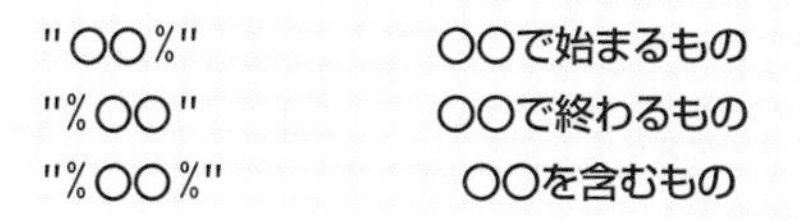

"○○%"　○○で始まるもの
"%○○"　○○で終わるもの
"%○○%"　○○を含むもの


　これらが使えるようになれば、テキストの検索もかなり実用的なものになりますね！
　この%によるワイルドカードは、likeでしか使えません。=や<>などの演算子では認識できないので注意してください。

## 複数条件の指定

　検索の条件というのは、1つだけしか使わないわけではありません。例えば、「年齢が20代の人」を検索したい、としましょう。すると、2つの条件を使わないといけないことがわかりますか？　つまり、「年齢が20以上」「年齢が30未満」の両方の条件をチェックしないと、20代の人は見つけられないのです。
　こんなときに用いられるのが「and」と「or」です。

### ●AND検索

```
条件1 and 条件2
```

andは、2つの条件の両方に合致するものだけを検索するのに使います。例えば、こんな具合ですね。

```
age >= 20 and age < 30
```

このように入力すれば、20代の人(ageが20以上30未満)だけを検索することができます。

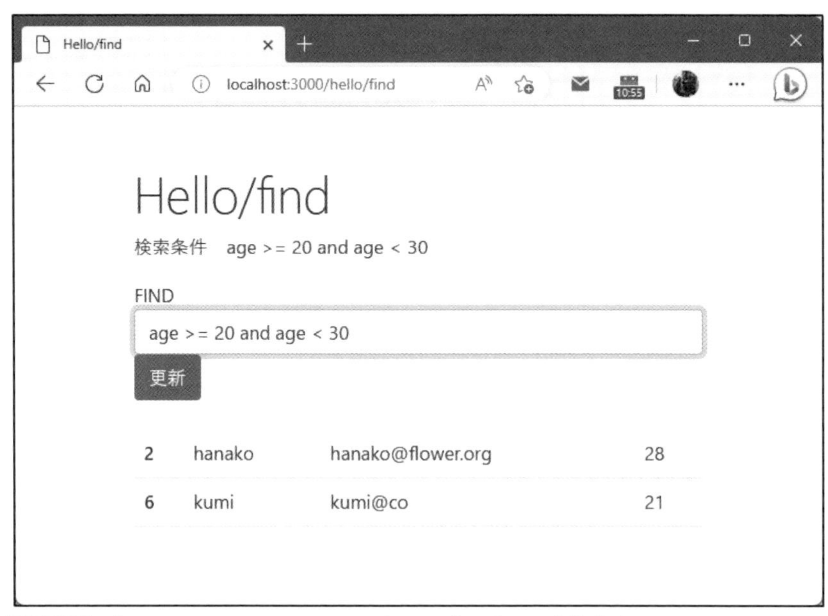


図5-44 「age >= 20 and age < 30」で20代の人だけを検索する。

### ●OR検索

```
条件1 or 条件2
```

orは、2つの条件のどちらかに合致するものをすべて検索します。例えば、こんな具合です。

```
age < 20 or age > 50
```

このようにすると、未成年(20歳未満)と50歳以上の人をまとめて検索できます。

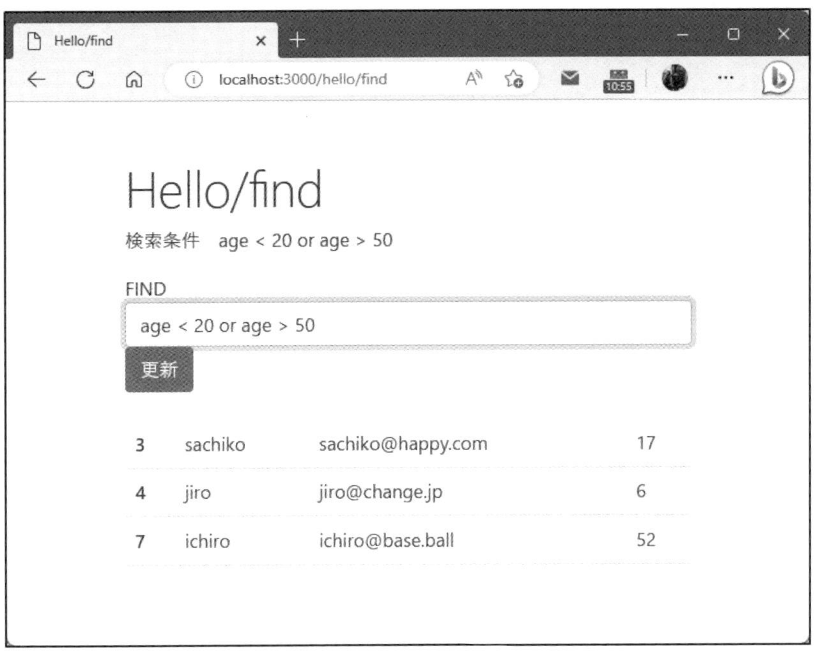


図5-45　「age < 20 or age > 50」とすると未成年者と70歳以上の人を検索する。

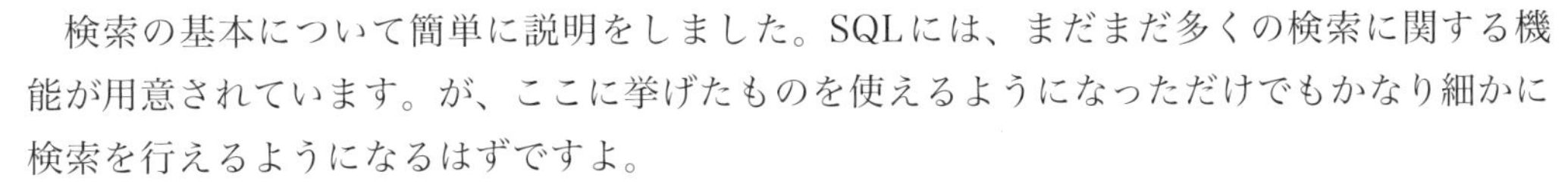

## いかに条件を作成するかが検索のポイント

　検索の基本について簡単に説明をしました。SQLには、まだまだ多くの検索に関する機能が用意されています。が、ここに挙げたものを使えるようになっただけでもかなり細かに検索を行えるようになるはずですよ。

　検索は、つまるところ「いかにうまく条件を用意できるか」にかかっています。条件をうまく作ることができれば的確に必要なレコードを取り出すことができます。/hello/findの検索ページを使って、いろいろな式を入力し、検索を試してみましょう。

# Section 5-3 バリデーション

ポイント

- Express Validatorの基本的な使い方を理解しましょう。
- 実際にフォーム送信したデータをチェックしてみましょう。
- どのようなバリデーターが用意されているのかチェックしましょう。

Chapter 1
Chapter 2
Chapter 3
Chapter 4
Chapter 5
Chapter 6
Chapter 7

## バリデーションとは？

データベースを利用するようになると、データの入力にもこれまで以上に注意を払う必要が出てきます。例えばフォームを送信しそれをデータベースに保管する場合、フォームに問題のある値が入力されていたりすると、そのままデータベースに問題あるデータが保存されてしまうことになります。

こうした「きちんとしたデータ」を確認するための機能として、「バリデーション」という仕組みが用いられます。これについて説明しましょう。

### バリデーションは、入力チェック

バリデーションというのは、入力された値をチェックする機能のことです。例えば、フォームから値を送信してその値をデータベースに保存するようなとき、入力された値がデータベースに保管してもいい形式になっているかを調べるものです。

Webアプリを自分だけしか使わないのならいいのですが、誰でもそのWebサイトを使える状態になってる場合、どんな値が送信されるかわかりません。数字の値のところにテキストが書いてあったり、必ず値を入れておかないといけないところが空のままだったり。そうした「正しくない値」をそのままデータベースに保管しようとすると、うまく保存できずにエラーになってしまうかもしれません。

そこで、入力された値をチェックし、正しい形で入力されていることを確認した上でデータベースに保存するのです。こうすれば、どんな値が入力されても大丈夫です。そのために用いられるのが「バリデーション」なのです。

バリデーションは、フォームがサーバーへ送信されたとき、その送られてきた値の内容をチェックします。そしてそれが正常ならばそのままデータを保存すればいいのです。もし問題があれば、エラーメッセージなどをつけてフォームを再表示し、再度入力してもらうようにします。

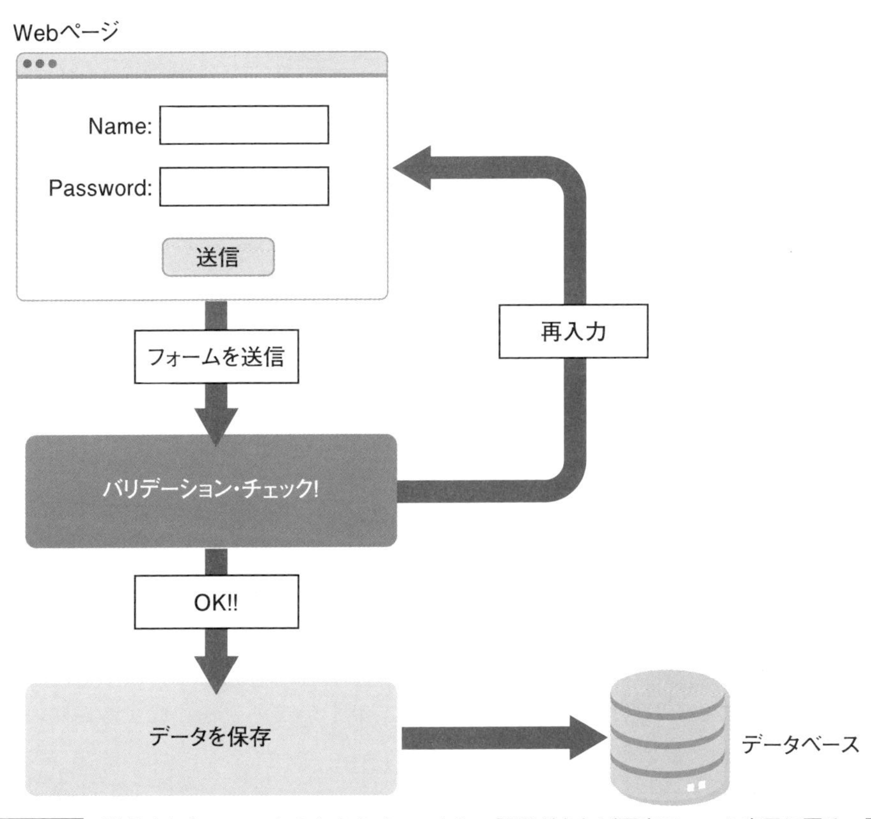


図5-46　送信されたフォームの内容をチェックし、問題があれば再度フォーム表示に戻る。問題がなかったらデータベースに保存をする。



## Express Validatorについて

このバリデーションの機能も、パッケージとして用意されています。これはいくつか種類がありますが、Expressで利用するもっともスタンダードなバリデーション機能は「Express Validator」というものでしょう。

では、早速使ってみることにしましょう。VS Codeのターミナルから以下のようにコマンドを実行をしてください。なお、Webアプリを実行中の場合はCtrlキー＋Cキーで一度終了してから実行しましょう。

```
npm install express-validator
```

これで、そのアプリにExpress Validatorがインストールされ、使えるようになります。

```
問題　出力　デバッグ コンソール　ターミナル　　　powershell
PS C:\Users\tuyan\Desktop\ex-gen-app> npm install express-validator

added 3 packages, and audited 203 packages in 2s

13 packages are looking for funding
  run `npm fund` for details

found 0 vulnerabilities
PS C:\Users\tuyan\Desktop\ex-gen-app>

行 154、列 1　スペース: 2　UTF-8　CRLF　{} JavaScript
```

図5-47　コマンドプロンプトからnpm installでExpress-Validatorをインストールする。

## Express Validatorを使ってみる

では、実際にExpress Validatorを使ってみることにしましょう。前項で、SQLiteを使ったサンプルを作成しましたね(/hello)。そこで作った、新しいデータを作成する処理の部分(/hello/add)にバリデーションを追加してみましょう。

### add.ejsの修正

まずは、テンプレートファイルの修正です。「views」フォルダーの「hello」フォルダー内にある「add.ejs」を開き、<body>タグの部分を以下のように書き換えましょう。

リスト5-16

```
<body class="container">
  <header>
    <h1 class="display-4">
      <%= title %></h1>
  </header>
  <div role="main">
    <p><%- content %></p>
```

```
    <form method="post" action="/hello/add">
      <div class="form-group">
        <label for="name">NAME</label>
        <input type="text" name="name" id="name"
          value="<%= form.name %>"
          class="form-control">
      </div>
      <div class="form-group">
        <label for="mail">MAIL</label>
        <td><input type="text" name="mail" id="mail"
            value="<%= form.mail %>"
            class="form-control">
      </div>
      <div class="form-group">
        <label for="age">AGE</label>
        <td><input type="text" name="age" id="age"
          value="<%= form.age %>"
          class="form-control">
      </div>
      <input type="submit" value="作成"
        class="btn btn-primary">
    </form>
  </div>
</body>
```



## value属性の追加

何を修正したのか？ というと、フォームに用意している<input>タグにvalue属性を追加しているのです。例えば、こんな具合にタグが修正されているのがわかるでしょう。

```
<input type="text" name="name" id="name"
    value="<%= form.name %>" class="form-control">
```

valueには、「form.○○」といった値が設定されています。サーバー側でformという変数に、フォームの値を用意しておいて、それをvalueに設定して表示させよう、というわけです。なぜ、こんなことをしているのか？ というと、それは「フォームの再入力」への対応です。

バリデーションを行う場合、入力された値が正しくなければ再度フォームに戻ってもう一度入力してもらうようにします。が、このとき、フォームがまたすべて空っぽになっていると、全部やり直しになってしまいます。

前回、記入した値を覚えておいて、再入力時にはその値が自動的に設定されるようになっていれば、間違っていたところだけを修正するだけですみます。そのための措置なのです。

この他、name="age"のタグが、type="number"からtype="text"に変えてありますが、これは「バリデーションがちゃんと働いているかどうかをチェックするため、数字以外も入力できるようにしてあるのです。動作を確認したら、type="number"に戻しておくとよいでしょう。

## プログラムを用意する

では、/hello/addのプログラムを用意しましょう。「routes」フォルダー内の「hello.js」を修正します。ここには、既に/helloにアクセスした際のルーティング処理がたくさん書いてありました。それらの中から、/hello/addのGETとPOSTの処理部分を探して書き換えましょう。



リスト5-17

```
const { check, validationResult } = require('express-validator');

router.get('/add', (req, res, next) => {
  var data = {
      title: 'Hello/Add',
      content: '新しいレコードを入力：',
      form: {name:'', mail:'', age:0}
  }
  res.render('hello/add', data);
});

router.post('/add', [
    check('name','NAME は必ず入力してください。').notEmpty(),
    check('mail','MAIL はメールアドレスを記入してください。').isEmail(),
    check('age', 'AGE は年齢(整数)を入力ください。').isInt()
  ], (req, res, next) => {
    const errors = validationResult(req);

    if (!errors.isEmpty()) {
        var result = '<ul class="text-danger">';
        var result_arr = errors.array();
        for(var n in result_arr) {
          result += '<li>' + result_arr[n].msg + '</li>'
        }
        result += '</ul>';
        var data = {
            title: 'Hello/Add',
            content: result,
            form: req.body
        }
```

```
        res.render('hello/add', data);
    } else {
        var nm = req.body.name;
        var ml = req.body.mail;
        var ag = req.body.age;
        db.serialize(() => {
          db.run('insert into mydata (name, mail, age) values
            (?, ?, ?)', nm, ml, ag);
        });
        res.redirect('/hello');
    }
});
```

修正したら、Node.jsを再実行し、/hello/addにアクセスしてください。そしてフォームに適当に入力して送信しましょう。ここでは、以下の点をチェックしています。

- nameが空でないかどうか
- mailがメールアドレスの値かどうか
- ageが整数の値かどうか

これらが正しく入力されていれば、データが追加されます。が、どれかが正しくないと、再びフォームが現れ、エラーメッセージが表示されます。

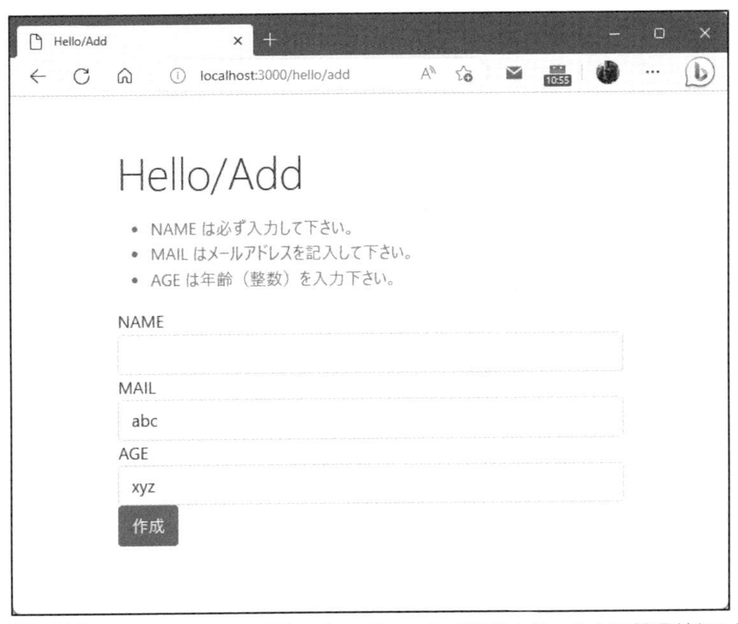


図5-48 /hello/addにアクセスし、フォームを送信する。入力に問題があると、このようにエラーメッセージが表示され再入力となる。

# Express Validatorの基本

では、Express Validator利用の流れを整理していきましょう。まず、ルーティングの処理を行う前に、以下のような形でrequire文が書かれているのがわかりますね。

```
const { check, validationResult } = require('express-validator');
```

これが、Express Validatorを読み込んでいる文です。Express Validatorは、app.jsにrequire文を用意するのでなく、このように各ルーティングのスクリプト内で必要に応じて呼び出します。

ここでは、checkとvalidationResultにExpress Validatorの機能が割り当てられます。checkは、バリデーションのチェックを行うための関数です。そしてvalidationResultは、バリデーションの実行結果に関する情報などを管理するResultFactoryというオブジェクトを生成する関数が割り当てられます。

こうして得られた2つの関数を使ってバリデーションを行うのです。

## バリデーション設定の用意

では、ルーティングの処理を行っているrouter.postの部分を見てみましょう。ここでは、以下のような形になっていますね。

```
router.post('/add', [……設定……], (req, res, next) => {……
```

割り当てるアドレスの'/add'と、呼び出される関数(req, res, next) => {……}の間に、配列が追加されていますね。これが、実はExpress Validatorによるバリデーションの設定をまとめたものなのです。

この設定は、以下のような形になっています。

```
[
    check('name','NAME は必ず入力してください。').notEmpty(),
    check('mail','MAIL はメールアドレスを記入してください。').isEmail(),
    check('age', 'AGE は年齢(整数)を入力ください。').isInt()
]
```

いずれも、check関数を呼び出した結果を配列にまとめていることがわかるでしょう。このcheck関数は、「ValidationChain」というオブジェクトを返します。

このcheck関数は以下のように呼び出します。

```
check( 項目名 , エラーメッセージ ).メソッド()
```

checkでは、バリデーションのチェックを行う項目名を第1引数に指定します。これは、<input>のname属性の値と考えればいいでしょう。そして第2引数には、エラーメッセージを指定します。これは省略してもかまいません。その場合はデフォルトで用意されているエラーメッセージが表示されます。

これでValidationChainオブジェクトが得られます。このオブジェクトから、実行するバリデーションの内容となるメソッドを呼び出します。ValidationChainオブジェクトには、「バリデータ(Validator)」と呼ばれる、バリデーションのチェック内容となるメソッドが多数用意されています。これらを呼び出すことで、指定の項目にそのチェック内容を設定することができます。

例えば、ここでは以下のようなメソッドが呼び出されています。

| | |
|---|---|
| notEmpty() | 値が空かどうか |
| isEmail() | 値がメールアドレスかどうか |
| isInt() | 値が整数値かどうか |

このようにして、checkの戻り値から更にチェック内容のメソッドを呼び出してその戻り値(これもValidationChainです)を配列にしてまとめることで、バリデーションの内容が設定されるのです。

## バリデーションの結果を処理する

postメソッドの内容を見てみましょう。まず最初に、バリデーションの実行結果を以下のようにして取り出します。

```
const errors = validationResult(req);
```

validationResultは、引数に関数のリクエストを扱うreqオブジェクトを指定して呼び出します。これにより、バリデーションのチェックを実行した結果をResultというオブジェクトとして返します。

このResultには、エラー情報を管理するErrorオブジェクトが保管されています。このResultにErrorがあるかどうかは、「isEmpty」メソッドでチェックできます。スクリプトを見ると、エラーの処理部分は、このようになっていることがわかるでしょう。

```
if (!errors.isEmpty()) {
  ……エラー発生時の処理……
}
```

エラーが全くなければ、isEmptyの戻り値はtrueになります。何かのエラーが発生してErrorが追加されていればfalseになります。ここではisEmptyがfalseの場合のみ、エラーの処理を行っています。

エラー情報であるErrorは、以下のようにして取り出せます。

```
var result_arr = errors.array();
```

errorsの「array」は、エラー情報をErrorオブジェクトの配列として取り出します。これでError配列が用意できたら、それを繰り返し処理で対応していきます。

```
for(var n in result_arr) {
  result += '<li>' + result_arr[n].msg + '</li>'
}
```

result_arr[n]でErrorオブジェクトが得られます。そのmsgの値をresultにまとめています。msgは、check関数の第2引数で指定したエラーメッセージが設定されているプロパティです。これにより、発生したエラーのメッセージをresultにまとめていたのですね。

## フォームへの値の設定

renderする際、忘れてはいけないのが「form」にフォームの値を設定しておく、ということです。これは以下のようにしています。

```
form: req.body
```

req.bodyというのは、Body Parserモジュールでフォームの内容が保存されているところでした。これをそのままformに設定しておけば、そのままそれぞれのフォームの値がテンプレート側でvalueに設定できるようになります。

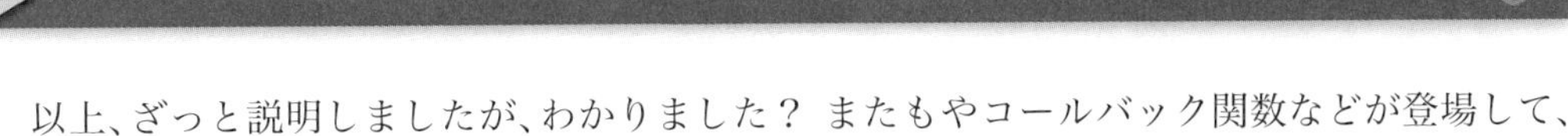

## バリデーションの使い方を整理！

以上、ざっと説明しましたが、わかりました？ またもやコールバック関数などが登場して、全体の流れがよくわからなくなっちゃった、という人も多かったかもしれませんね。ここでもう一度、処理の流れを整理しておきましょう。

### ●チェック項目を追加する

```
check( 項目名 , エラーメッセージ ). バリデーション用メソッド ( )
```

### ●チェックの実行

```
const errors = validationResult(req);
```

### ●エラーのチェック

```
if (!errors.isEmpty()) {
  ……エラー発生時の処理……
}
```

### ●エラーの処理

```
var result_arr = errors.array();
for(var n in result_arr) {
  ……result_arr[n]を利用……
}
```

この基本形を元に必要な処理を追記すれば、とりあえずバリデーションを自分のフォームなどに追加することはできるようになるでしょう。そしてそれができれば、バリデーションの内部の仕組みなどわからなくても十分使いこなせるようになります。

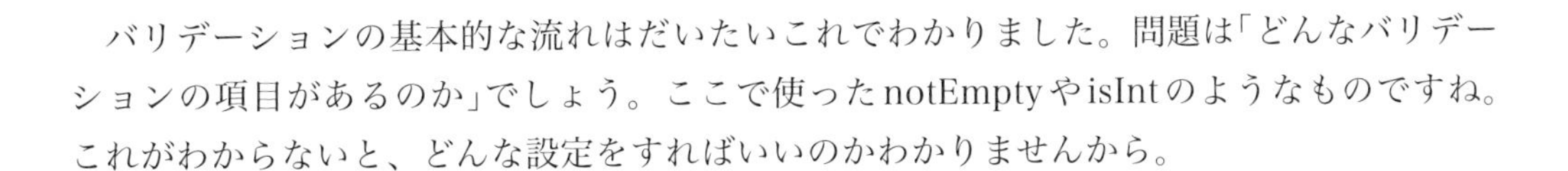

## 用意されているバリデーション用メソッド

バリデーションの基本的な流れはだいたいこれでわかりました。問題は「どんなバリデーションの項目があるのか」でしょう。ここで使ったnotEmptyやisIntのようなものですね。これがわからないと、どんな設定をすればいいのかわかりませんから。

**●主なバリデーション用メソッド**

| | |
|---|---|
| isEmail() | メールアドレスかどうか。 |
| isInt() | 整数の値かどうか。 |
| isString() | テキストの値かどうか。 |
| isArray() | 配列かどうか。 |
| notEmpty() | 空でないかどうか。 |
| contains() | 引数のテキストの中に含まれているかどうか。 |
| exists() | その項目が存在するかどうか。 |



## サニタイズ用メソッド

この他、「サニタイズ」のためのメソッドも用意されています。サニタイズというのは「データの無効化」のための処理です。

例えば、フォームから入力された値を保管し、画面に表示するような場合、HTMLタグやJavaScriptのコードが送信されると、それがそのまま実行され画面に表示されてしまう危険があります。こうした場合に使われるのが「サニタイズ」です。

Express Validatorでは、ValidationChainにサニタイズのためのメソッドが用意されています。これを利用することで簡単にサニタイズ処理を追加できます。

```
《ValidationChain》.escape()
```

このように、ValidationChainオブジェクトから「escape」を呼び出すことで、その値が自動的にエスケープ処理されるようになります。実際に試してみましょう。

/addのPOST送信処理を行うrouter.postメソッドの始めのところを以下のように修正してみてください。

リスト5-18

```
router.post('/add', [
    check('name','NAME は必ず入力してください。').notEmpty().escape(),
    check('mail','MAIL はメールアドレスを記入してください。').isEmail().escape(),
    check('age', 'AGE は年齢(整数)を入力ください。').isInt()
  ], (req, res, next) => {
  ……以下略……
```

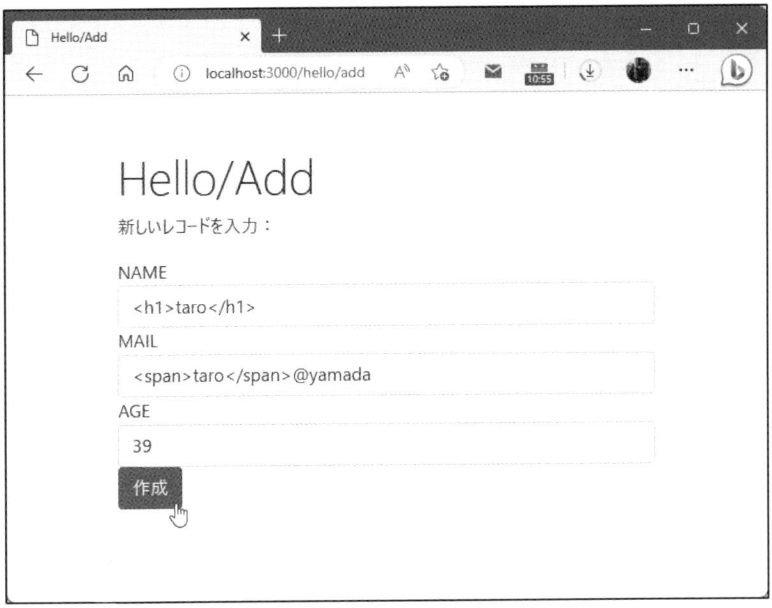

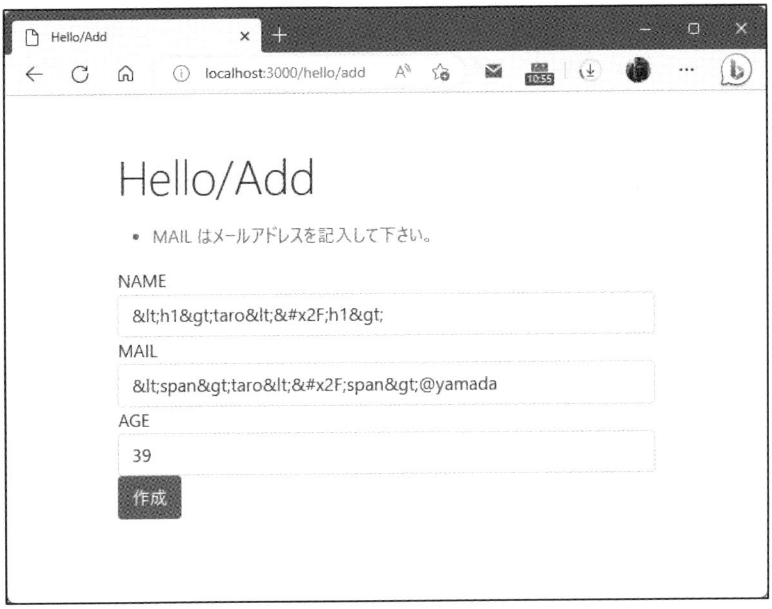

図5-49 HTMLタグを書いて送信すると、それがエスケープ処理された状態になっているのがわかる。

ここでは、nameとmailにサニタイズを行っています。これらにHTMLタグを含んだ値を入力し送信してみましょう。それらがすべてエスケープ処理されるのがわかるでしょう。

ここでは、以下のような形でバリデーションとサニタイズを設定しています。

```
check('name','NAME は必ず入力してください。').notEmpty().escape(),
check('mail','MAIL はメールアドレスを記入してください。').isEmail().escape(),
```

notEmptyやisEmailを呼び出した後、更にescapeを呼び出すだけです。これだけで入力した値をサニタイズしてくれます。

## カスタムバリデーション

Express Validatorでは標準でいくつかのバリデーションが用意されています。が、その種類を見て「思ったよりも少ないな」と感じた人もいることでしょう。デフォルトで用意されているのは、必要最小限のチェック内容だけです。それ以上のものは、必要に応じて自分でチェック内容を追加できるようになっているのです。

独自に定義したバリデーションを追加する場合は、「custom」というメソッドを使います。この基本的な使い方を整理すると以下のようになります。

```
check(……).custom(value =>{……処理……})
```

customは、引数に関数を指定します。この関数は、チェックする値を引数に持つシンプルな関数です。戻り値は真偽値であり、trueを返せば問題なし、falseを返すと問題あり、と判断されます。

このようにcustomを使って独自のバリデーション内容を追加することで、より本格的なバリデーションチェックを行えるようになるのです。



### 年齢の入力範囲を指定する

では、実際にカスタムバリデーションを使ってみましょう。/addへのrouter.postの開始部分を以下のような形に修正してみてください。

リスト5-19

```
router.post('/add', [
    check('name','NAME は必ず入力してください。').notEmpty(),
    check('mail','MAIL はメールアドレスを記入してください。').isEmail(),
    check('age', 'AGE は年齢(整数)を入力ください。').isInt(),
    check('age', 'AGE はゼロ以上120以下で入力ください。').custom(value =>{
      return value >= 0 && value <= 120;
    })
  ], (req, res, next) => {
  ……以下略……
```

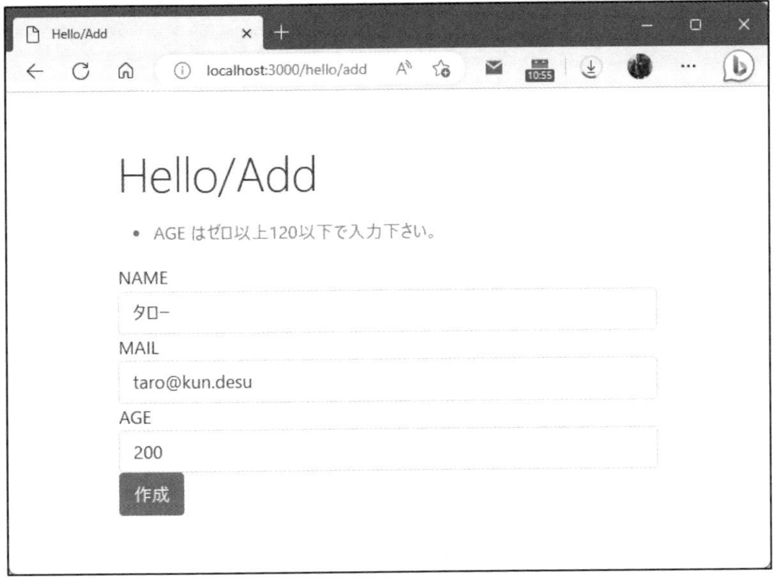


図5-50　ageの値がゼロ～120の範囲を超えるとエラーになる。

ここではageに「ゼロ以上120以下」という値の範囲を設定してあります。この範囲を超えた値を入力するとエラーになります。実際にさまざまな値を入力して動作を確認しましょう。

## customの内容を確認しよう

では、バリデーションの内容を見てみましょう。ここでは、postのcheckをまとめた配列部分に、以下の項目を新たに追加してあります。

```
check('age', 'AGE はゼロ以上120以下で入力ください。').custom(value =>{
  return value >= 0 & value <= 120;
})
```

customに用意した関数では、return value >= 0 & value <= 120;というようにチェックを実行しています。value >= 0とvalue <= 120をチェックし、両方の条件が成立するなら問題なし、と判断するようにしているのですね。

こんな具合に、必要に応じて独自のバリデーション処理を追加していけるようになれば、バリデーションを十分使いこなせるようになりますね！

# この章のまとめ

今回は、値とデータの利用についてかなり幅広く説明をしました。内容も盛り沢山なので、とても覚えきれなかったことでしょう。

この章のポイントは、正直、絞れないほど重要な部分が多いのですが、「とりあえず今すぐ覚えなくても大丈夫」というものをすべて後回しにして、以下のポイントだけでも確実に覚えておきましょう。

### ●1. セッションの使い方

セッションは、Expressから導入した機能ですね。これは、Expressに限らず、Webアプリケーションの開発では必ずといっていいほど使うことになる機能です。基本的に「値の読み書き」さえできれば使えますから、ここで確実に利用できるようになりましょう。

### ●2. SQLite3アクセスの基本

SQLite3へのアクセスは、決まった手続きを行う必要がありましたね。シリアライズのメソッドを用意し、そこから更にdb.allやdb.get、あるいはdb.runといったメソッドを呼び出しました。この基本的な書き方はしっかりと覚えておきましょう。

### ●3. SQLクエリーの使い方

また、データベースへのアクセスは、基本的に「SQLクエリー」と呼ばれる命令文を実行して行いました。ここでは、レコードの取得、作成、更新、削除といったものの基本的なSQLクエリーを実行しました。これらをすべて覚える必要はありませんが、基本的な「select」によるレコード取得、それに「where」による条件の設定ぐらいは覚えておきたいですね！

この章の最大のポイントは、なんといっても「データベース」です。データベースは、「レコードを取り出す処理」と「取り出さない処理」で実行方法が異なります。この2つの処理方法をしっかり理解しましょう。

「でも、ややこしくてなにがなんだかわからないよ！」という人。そうですね、そういう人もいることでしょう。が、心配はいりません。Expressでは、もっと簡単にデータベースを利用する方法もちゃんと用意されています。次は、その話をしましょう。

Chapter

# 6

# PrismaでORMをマスターしよう

データベースを本格的に活用するなら、ORMはぜひ使えるようになっておきたいところです。この章では、「Prisma」というNode.jsのORMパッケージを使ったデータベースの利用について説明しましょう。

# Section 6-1 Prismaを使おう

**ポイント**

- ▶ Prismaの働きと使い方を覚えましょう。
- ▶ Prismaのモデル定義について学びましょう。
- ▶ Prisma Studioでレコードを作成しましょう。



## Prismaとは？

前章で、SQLiteを使ったデータベースの利用について簡単に説明をしました。sqlite3パッケージを使い、SQL文を実行してCRUDという基本操作を簡単に作成できました。

「……簡単？ どこが？！」

と眉間にしわを寄せて思った人。sqlite3パッケージは、SQLite3というデータベースを利用するための機能を提供してくれますが、これはお世辞にも「使いやすい」とはいえないでしょう。「最低限の機能を用意するから、後は全部SQLを書いてなんとかしてくれ」というアプローチなのですから。

これは、まぁSQLに慣れ親しんだ人にとっては便利なのは確かです。使い慣れたSQLをそのまま利用できるのですから。しかし、そうでない人にとって、データベースアクセスは苦痛以外のナニモノでもありません。

SQLなんて見たくない。もっと普通に、JavaScriptのメソッドを呼び出せばデータベースにアクセスできるようなやり方はできないのか。そう思った人もきっといたはずです。

実は、あります。それは「Prisma」というパッケージです。このPrismaを使えば、もうSQLなんてものを見ることなく、データベースを使うことができます。

Prismaは、以下のWebサイトで公開されています。といっても、ここからプログラムをダウンロードしたりする必要はありません。例によって、npmからインストールして利用します。

https://www.prisma.io

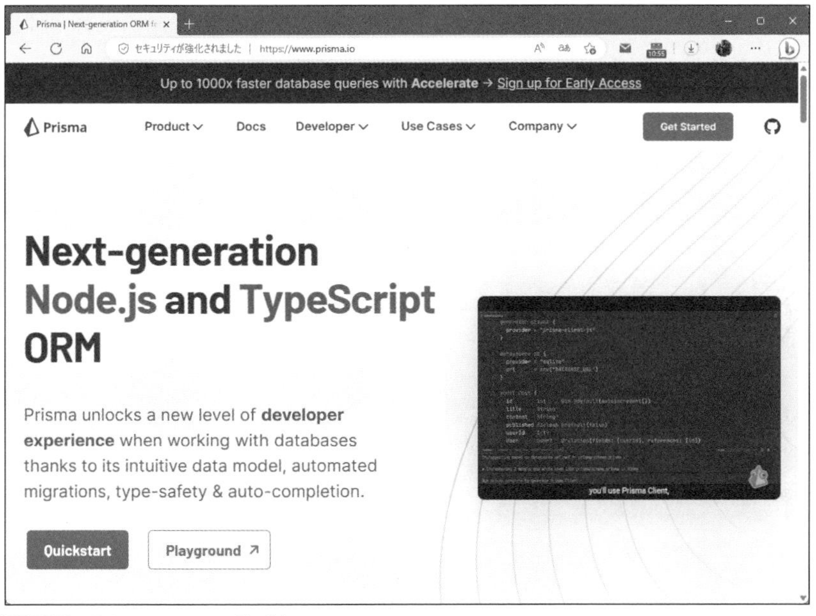


図6-1　PrismaのWebサイト。

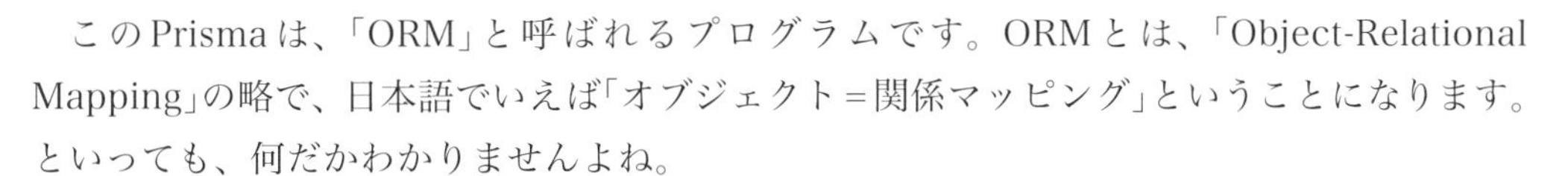

## Prisma は ORM

　このPrismaは、「ORM」と呼ばれるプログラムです。ORMとは、「Object-Relational Mapping」の略で、日本語でいえば「オブジェクト＝関係マッピング」ということになります。といっても、何だかわかりませんよね。

　Objectというのは、プログラミング言語のオブジェクトのことです。そしてRelationalというのは、SQLデータベースなどの構造のことです。つまりこれは、「プログラミング言語のオブジェクトと、データベースの構造をマッピングし、相互にやり取りできるようにするもの」なのです。

　データベースをプログラミング言語から利用する際の最大の問題点は、「データベースのSQL言語と、プログラミング言語が全然違う言語だ」ということでしょう。Node.jsは、JavaScript言語です。そしてSQLite3は、SQLというデータベースアクセスの言語です。これらはまるで違います。そこに問題があります。

　もし、データベースの利用が、「JavaScriptのオブジェクトを作ったり、メソッドを呼び出したりして行える」ようになっていたら、データベース特有のわかりにくさはだいぶ軽減されます。SQLクエリーなんてものを使わず、ただ「○○のメソッドを呼び出す」だけでテーブルのレコードがJavaScriptのオブジェクトとして取り出せるなら？ ずいぶんとすっきりしますね？

これを実現するのが、ORMです。Prismaは、Node.jsのORMプログラムなのです。

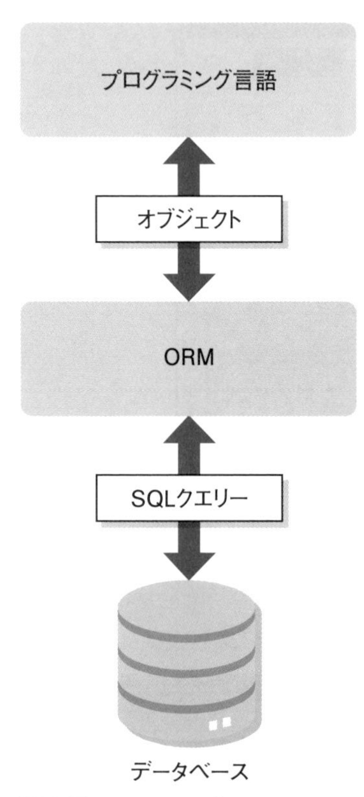


図6-2 ORMは、プログラミング言語とデータベースの間でデータを相互に変換し、やり取りを助ける。



## Prismaのインストール

では、実際にPrismaを使ってみましょう。前章まで使ってきた「ex-gen-app」をそのまま利用することにします。VS Codeで「ex-gen-app」フォルダーは開いていますか？ では、ターミナルから以下のコマンドを実行して下さい。もし前章でのWebアプリを実行したままになっている場合は、Ctrlキー＋Cキーで一度終了してコマンドを実行しましょう。-gがついていることでわかるように、これはアプリケーションではなく、Node.jsの実行環境にインストールするものです。

```
npm install prisma -g
```

```
問題　出力　デバッグ コンソール　ターミナル　　powershell
PS C:\Users\tuyan\Desktop\ex-gen-app> npm install prisma -g

changed 2 packages in 7s
PS C:\Users\tuyan\Desktop\ex-gen-app>
行 48、列 27　スペース: 2　UTF-8　CRLF　{} JavaScript
```

図6-3　Prismaをインストールする。



### Prismaのプログラムは2つある

Prismaを利用する際、注意しておきたいのは「Prismaのプログラムは2つある」という点です。1つは、只今インストールしたPrisma本体です。これによりPrismaの基本的な機能が一通り提供されるのですが、しかし実をいえばWebアプリからデータベースにアクセスする部分は、ここにはありません。

Prisma本体は、データベースをセットアップしたりテーブルなどを定義したり、Webアプリのプロジェクトにprisma利用の設定を行ったりするものです。そして実際にWebアプリからPrismaを使ってデータベースにアクセスする際には、Prismaのクライアントプログラムというものをインストールし、これを利用してアクセスを行います。

Prismaの本体は結構な大きさであり、単に機能を使ってデータベースにアクセスするだけならそれらの大半は必要ありません。そこでNode.js本体にインストールするPrisma本体と、各アプリにインストールして使うクライアント部分を切り分けて用意しているのです。

## Prismaを初期化する

では、Prismaを使っていきましょう。まず最初に行うのは、「Prismaの初期化」です。VS Codeのターミナルから以下のコマンドを実行して下さい。

```
prisma init
```

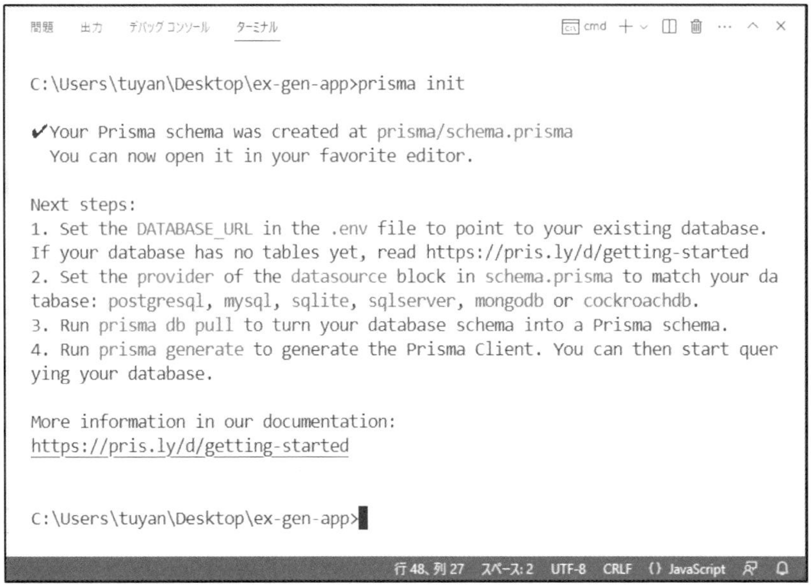

```
問題　出力　デバッグ コンソール　ターミナル

C:\Users\tuyan\Desktop\ex-gen-app>prisma init

✔Your Prisma schema was created at prisma/schema.prisma
  You can now open it in your favorite editor.

Next steps:
1. Set the DATABASE_URL in the .env file to point to your existing database.
If your database has no tables yet, read https://pris.ly/d/getting-started
2. Set the provider of the datasource block in schema.prisma to match your da
tabase: postgresql, mysql, sqlite, sqlserver, mongodb or cockroachdb.
3. Run prisma db pull to turn your database schema into a Prisma schema.
4. Run prisma generate to generate the Prisma Client. You can then start quer
ying your database.

More information in our documentation:
https://pris.ly/d/getting-started


C:\Users\tuyan\Desktop\ex-gen-app>

行 48、列 27　スペース: 2　UTF-8　CRLF　{} JavaScript
```

図6-4　Prismaを初期化する。

## 生成されるフォルダーについて

このコマンドを実行すると、プロジェクト内にPrismaで利用するフォルダーとファイルが作成されます。新たに作られるのは以下のものです。

| | |
|---|---|
| 「prisma」フォルダー | Prismaで使うファイル類がまとめられます。デフォルトでは、「schema.prisma」というファイルが1つ用意されます。 |
| 「.env」ファイル | プログラムの環境設定を記述するファイルです。 |

Prismaを使う際は、これら用意されているファイルを編集しながら作業していくことになります。

### コラム prismaコマンドでエラーが出る！ Column

Windowsを利用している場合、prisma initを実行した際に「～はデジタル署名されていません」というエラーメッセージが表示され実行できない人もいたことでしょう。これは、使用しているシェルがPowerShellであるためです。PowerShellでは、デジタル署名されていないプログラムが実行されないようになっています。

コマンドプロンプトを起動するか、VSCodeのターミナル右上にある「+」の右にある「v」をクリックして「Command Prompt」を選んでコマンドプロンプトのターミナルを開いて実行して下さい。

## データベースの設定を行う

Prismaを利用するための設定を行っていきましょう。まず最初に行うのは、データベースファイルの配置です。

プロジェクトには、既に「mydb.db」というデータベースファイルがあります。このファイルは現在、「ex-gen-app」フォルダーを開いたところに配置されています。

Prismaでは、プロジェクト内の「prisma」フォルダー内に必要なファイルをまとめて保管します。SQLite3のデータベースファイルも、このフォルダーに作成されます。従って、もし、既にあるmydb.dbファイルをそのままデータベースファイルとして利用したのであれば、データベースファイルの配置場所を移動する必要があります。

VS Codeで、エクスプローラーから「mydb.db」ファイルをドラッグし、「prisma」フォルダーにドロップして下さい。ファイルの移動を確認するアラートが表示されるので、「移動」ボタンを押すとmydb.dbファイルが「prisma」フォルダーに移動します。これで、移動したmydb.dbをPrismaでも使えるようにできます。

「これまで使っていたmydb.dbは、そのままDatabaseオブジェクトで利用できるようにしておきたい。Prisma用には新たにデータベースファイルを作って使いたい」という場合は、データベースファイルはそのままにしておいて構いません。データベースファイルが「prisma」フォルダーにない場合、Prismaは新たにデータベースファイルを作成して準備を整えます。従って、既にあるデータベースファイルを書き換えたくない場合はファイルを移動する必要はありません。

また、移動してPrismaでこれまでのデータベースファイルを利用する場合も、必ずファイルのバックアップを取っておきましょう。異なるシステムから同じデータベースファイルにアクセスすることになるので、万が一にもデータベースファイルの破損等が発生しないとは限りませんから。

（なお、本書ではデータベースファイルは移動せず、新たにデータベースファイルを作成する形で進めていきます）

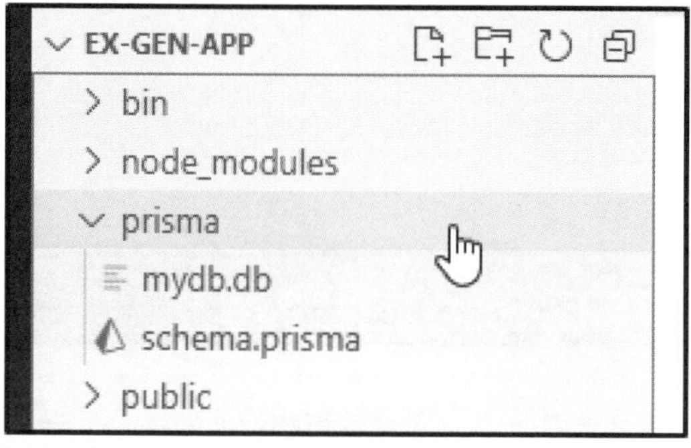


図6-5　mydb.dbを「prisma」フォルダーにドラッグ＆ドロップし、アラートで「移動」ボタンを押せばファイルを移動できる。

## .envを修正する

次に行うのは「.env」の修正です。アプリケーションフォルダー内にあるこのファイルを開いてみましょう。コメントの文の後に、以下のような文が記述されています。

リスト6-1

```
DATABASE_URL="postgresql://johndoe:randompassword@localhost:5432/ ↵
  mydb?schema=public"
```

この前に長々と英文がありますが、それらはコメントですので無視して構いません。ここにある「DATABASE_URL」という設定項目が、データベースへの接続に関する値です。デフォルトでは、PostgreSQLというデータベースを利用するためのURLが書かれています。これを、以下のように書き換えましょう。

リスト6-2

```
DATABASE_URL="file:./mydb.db"
```

これで、「prisma」フォルダー内の「mydb.db」データベースファイルを使用するようになります。

##  schima.prismaを編集する 

次に行うのは、Prismaの設定情報の作成です。これは、「prisma」フォルダー内にある「schema.prisma」ファイルに記述します。

ファイルを開くと、デフォルトでは以下のように記述がされています(コメントは省略します)。

リスト6-3

```
generator client {
  provider = "prisma-client-js"
}

datasource db {
  provider = "postgresql"
  url      = env("DATABASE_URL")
}
```

.prismaという独自の拡張子になっていますが、書かれている内容はJavaScriptなどのコードに非常に近いものです。

ここでは、generator clientとdatasource dbという2つの項目が用意されているのがわかるでしょう。これらはそれぞれ以下のような働きをします。

### ●generator client

Prismaのクライアントプログラムの設定です。providerに指定した名前のクライアントプログラムを使ってデータベースアクセスを行います。デフォルトでは、"prisma-client-js"というプログラムが指定されています。これは、Prismaの標準クライアントプログラムです。特に理由がない限り、これは変更しないで下さい。

### ●datasource db

データベースの設定です。Prismaが使用するデータベースの種類とデータソースへのアクセス情報が用意されています。

これらの内、修正するのはdatasource dbだけです。ここを書き換えて、自分が使うデータベースの設定を用意します。今回はSQLite3を利用するので、それにあわせて修正をします。datasource dbの部分を以下のように書き換えて下さい。

リスト6-4

```
datasource db {
  provider = "sqlite"
  url      = env("DATABASE_URL")
}
```

providerの値を"sqlite"に変更しただけですね。urlは、そのまま.envのDATABASE_URLを参照するようにしておきます。これでSQLite3を使うようになります。データベースの変更は、このようにdatasource dbを書き換えるだけです。その他の変更は一切必要ありません。



## モデルを作成する

次に行うのは、Prismaで使用するデータの内容を定義することです。Prismaでは、データベースで利用するテーブルは「モデル」として定義します。モデルのコードは、先ほどの「schema.prisma」ファイルに記述します。

モデルの基本的な書き方は以下のようになります。

### ●モデルの定義

```
model モデル名 {
  フィールド 型 オプション
  ……必要なだけ記述……
}
```

基本的には、保管する値の名前と型を記述していくだけです。その後にあるオプションというのは、項目に何らかの設定を用意したい場合に使うものです。これには以下のようなものがあります。

### ●主なオプション

| | |
|---|---|
| @id | プライマリキーとして使われる項目 |
| @default | デフォルトで設定される値 |
| @unique | 同じ値が複数存在しない |
| @updatedAt | 更新日時 |

これらは比較的よく利用されるものですから、最初の段階で覚えておきたいところです。その他にもオプションはありますが、それは必要になったところで覚えればいいでしょう。

## Userモデルについて

では、実際に簡単なモデルを作ってみましょう。今回は、「User」というモデルを定義して利用してみることにします。これは、これまで使ってきたmydataテーブルと似たようなもので、以下のような項目を用意します。

| | |
|---|---|
| name | 名前 |
| pass | パスワード |
| mail | メールアドレス |
| age | 年齢 |
| createdAt | 作成日時 |
| updateAt | 更新日時 |

name, pass, mail, ageといった項目が、それぞれのユーザーの個人情報を保管する項目になります。createdAtとupdatedAtは、レコードの作成や更新の日時を保管しておくのに用意しておきました。

## Userモデルを作成する

では、モデルを記述しましょう。「prisma」フォルダー内の「schema.prisma」ファイルを開いて下さい。そして、ファイルに書かれているコードの末尾(datasource db{……}の後)に以下を追記して下さい。

リスト6-5

```
model User {
  id Int @id @default(autoincrement())
  name String @unique
  pass String
  mail String?
  age Int @default(0)
  createdAt DateTime @default(now())
  updatedAt DateTime @updatedAt
}
```

ここでは、Userというモデルを定義しています。{}内に用意されている各項目の内容を簡単に説明しておきましょう。

| | |
|---|---|
| id | @idによりプライマリキーとして使われるフィールドです。<br>@default(autoincrement())により、自動的に値が生成され割り当てられます。 |
| name | 名前の項目です。@uniqueにより、同じ名前は複数作成できません。 |
| pass | パスワードの項目です。?を付けず、未入力を許可しないようにします。 |
| email | メールアドレスの項目です。email?とすることで、null（未入力)を許容します。 |
| age | 年齢の項目です。@default(0)により、デフォルトではゼロに設定されます。 |
| createdAt | 作成日時の項目です。@default(now())により、現在の日時の値が自動的にデフォルト値として割り当てられます。 |
| updateAt | 更新日時の項目です。@updatedAtにより更新された日時が自動的に記録されます。 |

モデルの定義は、このように項目名と型を記述するだけで行えます。@記号によるオプションは、よくわからなければ「idだけ、@id @default(autoincrement())を必ずつけておく」ということだけ覚えておいて下さい。これにより、idが自動的に割り当てられるようになります。

それ以外の@の値は、今すぐ覚える必要はありません。ある程度Prismaに慣れてきたら、「どんなものがあったかな？」と改めて確認してみると良いでしょう。

## マイグレーションを行う

モデルはこれで用意できましたが、これだけではまだデータベースは使えません。

この段階ではデータベース側にモデルに対応するテーブルなどが用意されていません。モデルを作成したら、続いて「マイグレーション」という作業を行います。

マイグレーションは、Prismaに用意した情報を元にデータベースを最新の状態に更新する作業です。これはコマンドプロンプトあるいはターミナルからprismaコマンドで簡単に行えます。アプリケーションフォルダーがカレントディレクトリになっていることを確認し、以下のコマンドを実行しましょう。

```
prisma migrate dev --name initial
```

```
問題　出力　デバッグ コンソール　ターミナル　　　　　　　　　　cmd ＋∨ ◫ 🗑 … ∧ ×

C:\Users\tuyan\Desktop\ex-gen-app>prisma migrate dev --name initial
Environment variables loaded from .env
Prisma schema loaded from prisma\schema.prisma
Datasource "db": SQLite database "mydb.db" at "file:./mydb.db"

SQLite database mydb.db created at file:./mydb.db

Applying migration `20230419111539_initial`

The following migration(s) have been created and applied from new schema changes:

migrations/
  └─ 20230419111539_initial/
    └─ migration.sql

Your database is now in sync with your schema.

✔Generated Prisma Client (4.13.0 | library) to .\node_modules\@prisma\client in 45ms



C:\Users\tuyan\Desktop\ex-gen-app>

行 8、列 1 (13 個選択)　スペース: 2　UTF-8　LF　プレーンテキスト
```

図6-6　マイグレーションを実行する。

これを実行すると、「prisma」フォルダーの中に「migrations」というフォルダーが作成されます。そして、この中に「○○_initial」というフォルダーが作成されます。これがマイグレーションにより実行されたデータベースの更新情報のフォルダーです。

マイグレーションを実行すると、このように実行日時を表す数字の後に「_initial」とつけられたフォルダーが作成され、そこに更新の情報が記述されたファイルが作成されます。

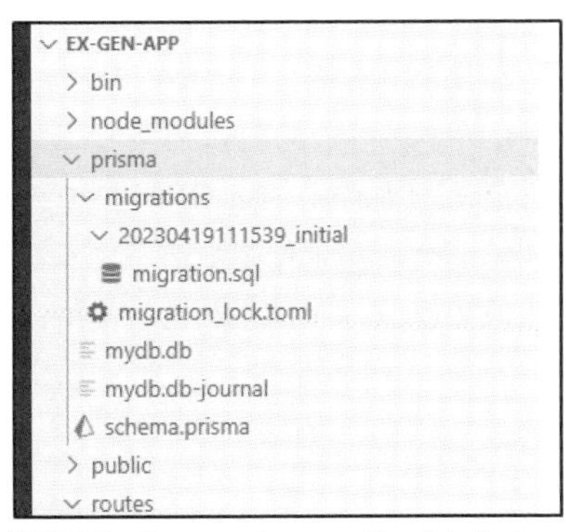


図6-7　「prisma」フォルダー内に「migrations」フォルダーが作成される。

## 生成されたSQLファイル

作成されたマイグレーションのフォルダー内には、「migration.sql」という名前のファイルが作成されます。これは、SQLのクエリー（実行する命令文）が記述されたファイルです。

マイグレーションは、Prismaの設定情報を元にSQLクエリーを作成し、それをデータベースに実行して行われるのです。

では、どのようなSQLクエリーが実行されているのしょうか。作成されたmigration.sqlファイルを開いてみましょう。すると以下のような内容になっているでしょう。

リスト6-6

```
-- CreateTable
CREATE TABLE "User" (
    "id" INTEGER NOT NULL PRIMARY KEY AUTOINCREMENT,
    "name" TEXT NOT NULL,
    "pass" TEXT NOT NULL,
    "mail" TEXT,
    "age" INTEGER NOT NULL DEFAULT 0,
    "createdAt" DATETIME NOT NULL DEFAULT CURRENT_TIMESTAMP,
    "updatedAt" DATETIME NOT NULL
);

-- CreateIndex
CREATE UNIQUE INDEX "User_name_key" ON "User"("name");
```

ここでは、2つのクエリー文が記述されています。1つは、「CREATE TABLE "User"」というもので、で新たにUserというテーブルを作成するためのクエリーです。()内に、テーブルに用意する項目の情報が記述されているのがわかるでしょう。

もう1つは、「CREATE UNIQUE INDEX」というものです。これはUserテーブルにインデックスを作成する作業を行っています。

これらのクエリーにより、Userテーブルがデータベース内に作成されていたのです。通常、こうしたデータベーステーブルは、開発者が自分でSQLデータベース内に構築していくものです。しかしORMでデータベースを利用する場合、テーブルの定義とORMのモデルの定義がきっちりと一致していなければ問題が起こります。開発者が手作業でテーブルを定義するより、このようにマイグレーションによって自動生成したほうがはるかに確実で安全なのです。

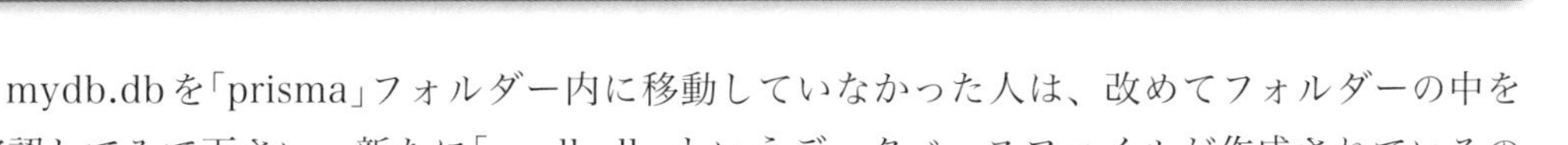

## データベースファイルを確認する

mydb.dbを「prisma」フォルダー内に移動していなかった人は、改めてフォルダーの中を確認してみて下さい。新たに「mydb.db」というデータベースファイルが作成されているのがわかるでしょう。これが、マイグレーションにより生成されたデータベースです。

では、データベースファイルの中身がどうなっているのか、DB Browserで開いて内容を確認してみましょう。

「テーブル」というところを見ると、以下のようなテーブルが作成されているのがわかります。

| User | マイグレーションにより生成された「User」テーブルです。 |
|---|---|
| _prisma_migrations | マイグレーションの情報を保管するテーブルです。 |
| sqlite_sequence | SQLiteが管理する |

User以外は、PrismaとSQLiteが利用するものなので、内容は変更したりしないで下さい。Userテーブルには、先ほどUserモデルで定義した項目がすべて用意されているのが確認できるでしょう。

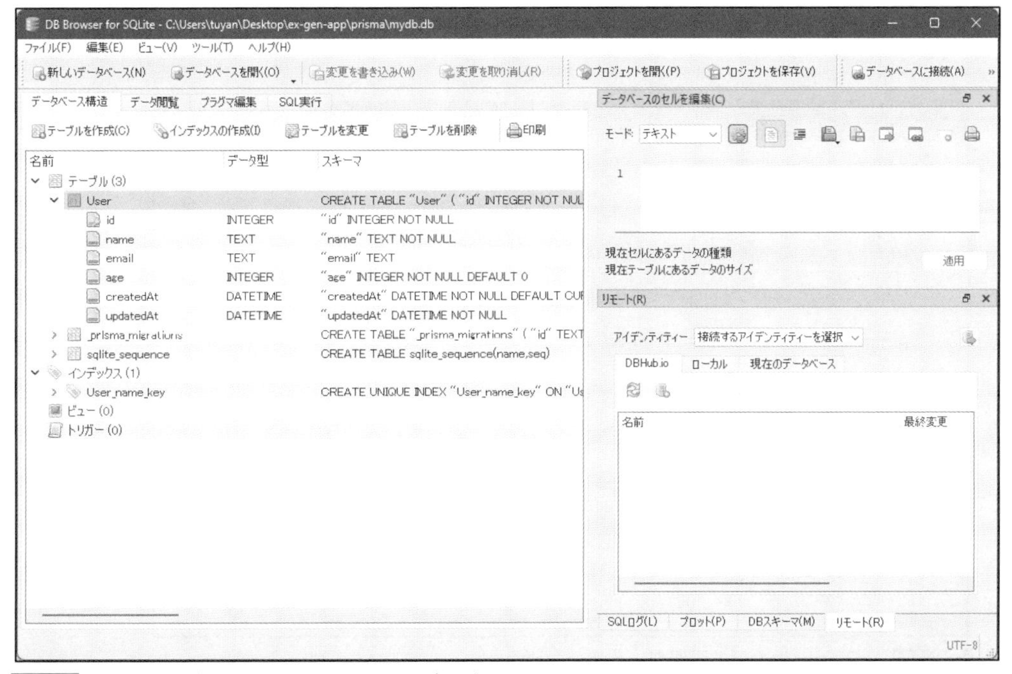


図6-8　mydb.dbをDB Browserで開いて確認する。

# Prisma Studioでレコードを作成する

このままDB Browserでレコードを作成したりしてもいいのですが、Prismaには専用のデータベース管理ツールが用意されているので、これを使うことにしましょう。

では、VS Codeのターミナルから以下のコマンドを実行して下さい。

```
prisma studio
```

図6-9 prisma studioコマンドを実行する。

実行すると、Webブラウザが新たに開かれ、http://localhost:5555/にアクセスして「Prisma Studio」の画面が現れます。

画面が開いた直後は、「Open Model」という画面になっています。これは、編集するモデルを選択するためのもので、そこにPrismaで定義されたモデルが一覧表示されます。「User」もここに用意されているのがわかるでしょう。

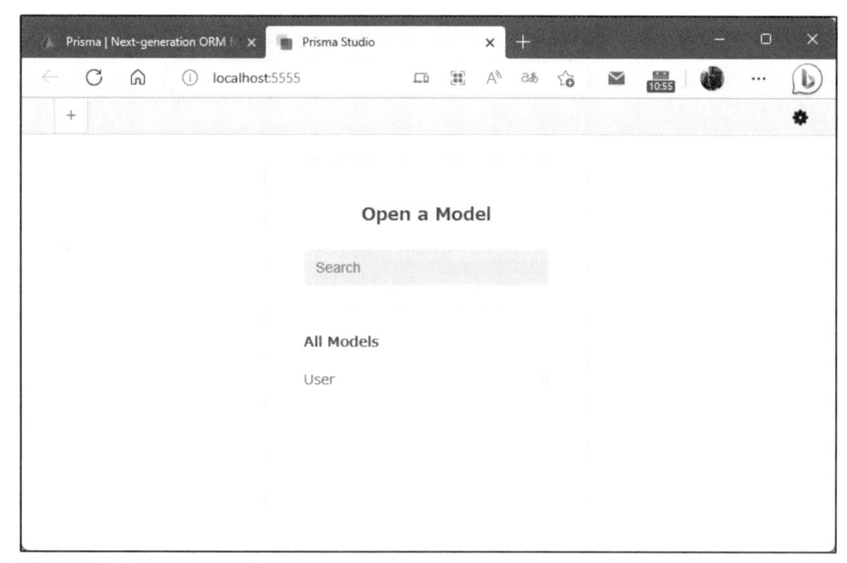


図6-10 「Open Model」の画面が現れる。

## Userモデルを開く

では、「All Models」のところにある「User」をクリックして開いて下さい。これでUserモデルの編集画面が現れます。

上のツールバーには「Add Record」というボタンがあり、これを使って新たにレコードを作成することができます。

図6-11 Userモデルの編集画面。ここでレコードを作成できる。

## 新しいレコードを作成する

では、「Add Record」ボタンをクリックして下さい。テーブルに新しいレコードが1つ作成されます。まだ各フィールドには値はありません(ageとupdatedAtには値が設定されているでしょう)。

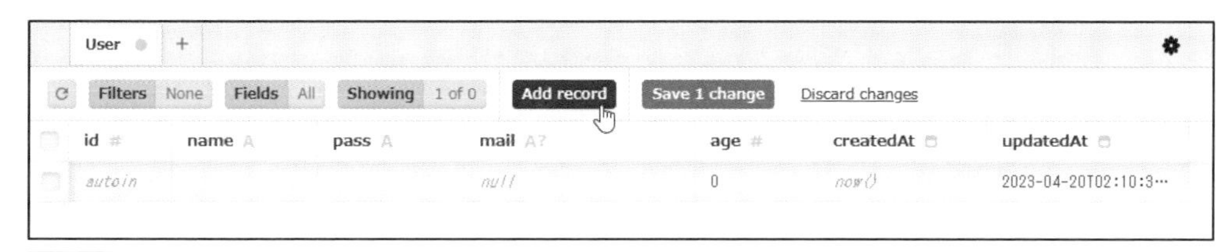


図6-12 「Add Record」ボタンで新しいレコードを作成する。

では、「name」の項目をクリックし、名前を入力して下さい。そしてそのまま「mail」をクリックしてメールアドレスを、「age」で年齢を、と入力していきます。なお、「id」と「createdAt」には値は不要です。

| id | name | pass | mail | age | createdAt | updatedAt |
|---|---|---|---|---|---|---|
| autoin… | taro | yamada | taro@yamada | 39 | now() | 2023-04-20T02:10:3… |

図6-13　各項目の名前を入力する。

値を入力したら、上のツールバーに表示されている「Save 1 change」というボタンをクリックして下さい。データベースにレコードが保存されます。同時に、値が入力されていなかったidとcreatedAtにも自動的に値が割り当てられているのが確認できるでしょう。

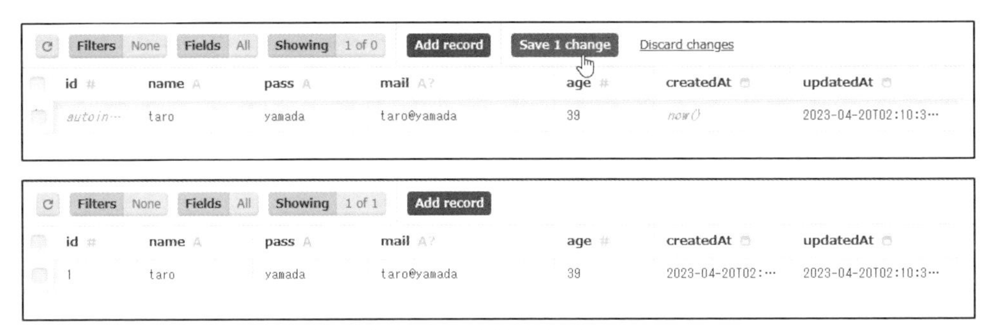

| id | name | pass | mail | age | createdAt | updatedAt |
|---|---|---|---|---|---|---|
| autoin… | taro | yamada | taro@yamada | 39 | now() | 2023-04-20T02:10:3… |

| id | name | pass | mail | age | createdAt | updatedAt |
|---|---|---|---|---|---|---|
| 1 | taro | yamada | taro@yamada | 39 | 2023-04-20T02:… | 2023-04-20T02:10:3… |

図6-14　「Save 1 change」ボタンでデータベースに保存する。

やり方がわかったら、いくつかのダミーレコードを作成しておきましょう。そして「Save ○ changes」というボタンをクリックしてデータベースに保存して下さい。

一通りの作業が終わったら、Prisma Studioを閉じ、prisma studioコマンドを実行しているターミナルでCtrlキー+「C」キーを押してプログラムを終了しておきましょう。

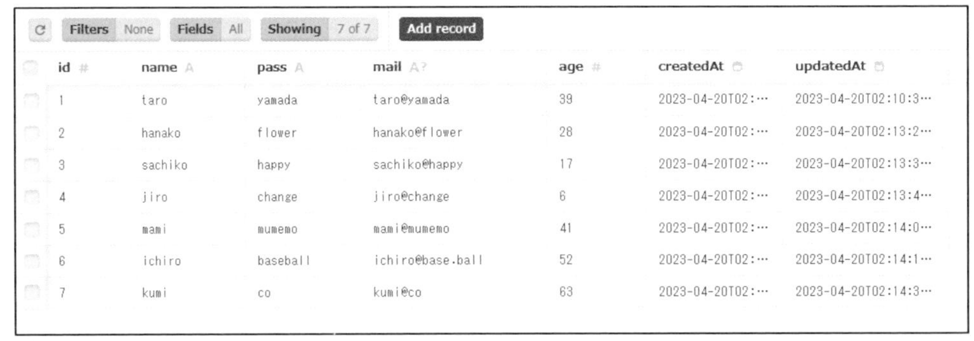

| id | name | pass | mail | age | createdAt | updatedAt |
|---|---|---|---|---|---|---|
| 1 | taro | yamada | taro@yamada | 39 | 2023-04-20T02:… | 2023-04-20T02:10:3… |
| 2 | hanako | flower | hanako@flower | 28 | 2023-04-20T02:… | 2023-04-20T02:13:2… |
| 3 | sachiko | happy | sachiko@happy | 17 | 2023-04-20T02:… | 2023-04-20T02:13:3… |
| 4 | jiro | change | jiro@change | 6 | 2023-04-20T02:… | 2023-04-20T02:13:4… |
| 5 | mami | mumemo | mami@mumemo | 41 | 2023-04-20T02:… | 2023-04-20T02:14:0… |
| 6 | ichiro | baseball | ichiro@base.ball | 52 | 2023-04-20T02:… | 2023-04-20T02:14:1… |
| 7 | kumi | co | kumi@co | 63 | 2023-04-20T02:… | 2023-04-20T02:14:3… |

図6-15　ダミーのレコードをいくつか作成する。

# PrismaClientを利用する

これでデータベース側の準備はすべて完了しました。いよいよアプリケーション側の処理を開始しましょう。

アプリケーションでPrismaの機能を利用するためには「PrismaClient」というパッケージを使用します。コマンドプロンプトまたはターミナルでアプリケーションフォルダーにカレントディレクトリが設定されているのを確認し、以下を実行して下さい。

```
npm install @prisma/client
```

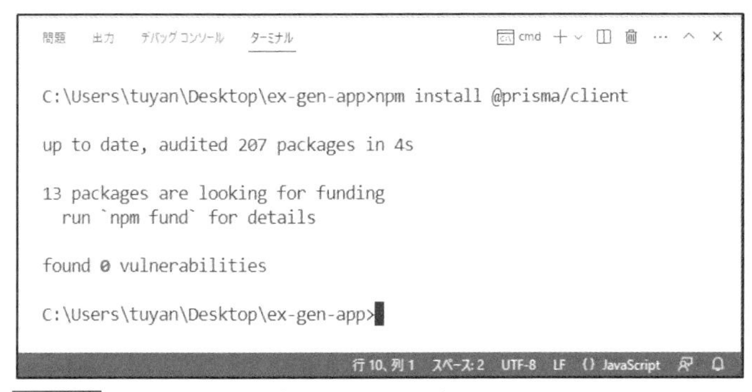


図6-16 PrismaClientをインストールする。

これで、PrismaClientがインストールされます。後は、ルーティングのコードを書いていくだけです。

今回は、helloとは別のルーティングスクリプトを使って試していくことにします。Expressジェネレーターで作成したプロジェクトでは、デフォルトで「routes」フォルダー内にindex.jsとusers.jsという2つのスクリプトファイルが作成されていましたね。この内、users.jsは全く使っていませんから、これを利用することにしましょう。

## PrismaClient利用の基本コード

Prismaでは、PrismaClientというオブジェクトを使ってPrismaの機能を呼び出します。まずは基本コードを理解しておきましょう。usere.jsを開き、その内容を以下のように書き換えて下さい。

リスト6-7

```
const express = require('express');
const router = express.Router();

const ps = require('@prisma/client');
```

```
const prisma = new ps.PrismaClient();

module.exports = router;
```

これが、Prisma利用のルーティングの基本コードです。

最初の2行は、ルーティングで必ず用意するものでしたね。その後の2文が、PrismaClientを利用するためのコードです。

PrismaClientは、require('@prisma/client')という形でモジュールを読み込みます。そして、読み込んだオブジェクトからPrismaClientというオブジェクトを作成します。これが、PrismaClientの本体部分となります。後は、このprismaオブジェクトからプロパティやメソッドを呼び出してモデルの操作をしていけばいいのです。

Prisma利用の基本コードがわかったら、いよいよ本格的にデータベースアクセスを行いましょう。

Chapter 1
Chapter 2
Chapter 3
Chapter 4
Chapter 5
Chapter 6
Chapter 7

# Section 6-2 レコードを検索しよう

**ポイント**

- findManyによるレコード検索を覚えましょう。
- whereによる検索条件の仕組みを理解しましょう。
- AND/ORによる複数条件の指定について学びましょう。

## Usersテーブルを表示する

では、ごく基本的な操作として、Usersテーブルのレコードをすべて取得し一覧表示するサンプルを作成してみましょう。.まず、スクリプトを作成しておきます。「routes」フォルダーのusers.jsを開き、先ほど記述したソースコードの最後の文(module.exports = router;)の手前に以下を追記して下さい。

リスト6-8

```
router.get('/', (req, res, next)=>{
  prisma.user.findMany().then(users=> {
    const data = {
      title:'Users/Index',
      content:users
    }
    res.render('users/index', data);
  });
});
```

このusers.jsは、app.jsで既に/uesrsというアドレスに割り当てがされています。ですから、スクリプトを書き換えるだけですぐに利用することができます。

## prismaのレコード取得の流れ

ここでは、PrismaのUserモデルのレコードをすべて取り出し、それをテンプレートに渡すオブジェクトに設定してレンダリングを行っています。Userモデルのレコードを取得してるのは、以下の文です。

```
prisma.user.findMany().then……
```

Prismaのモデルは、prismaオブジェクトにプロパティとして組み込まれています。Userモデルならば、prisma.userにモデルのオブジェクトがあるのです。

ここから「findMany」というメソッドを呼び出しています。これは、複数のレコードを取得するメソッドです。引数を特に指定していなければすべてのレコードを取り出します。注意しないといけないのは、このfindManyは「非同期」メソッドである、という点です。findManyに限らず、prismaに用意されているデータベースアクセス関係のメソッドは、基本的に非同期だと考えて下さい。

このfindManyは、戻り値としてPromiseオブジェクトを返します。Promiseは、JavaScriptの非同期処理で返されるもっとも一般的なオブジェクトで、処理が完了するとPromiseから値を取得し利用できるようになります。

このPromiseを利用するには「then」メソッドを使います。これは非同期処理のコールバック処理を用意するもっとも基本的なメソッドといえます。このthenの引数に関数を定義すると、非同期処理で得られた値がその関数の引数として取り出され利用できるようになります。

ここでは、以下のような形で関数を用意していますね。

```
then(users=> {……});
```

この「users」引数に、findManyで得られたUserテーブルのレコード情報が保管されているのです。findManyは、指定したモデルのレコードをオブジェクトの配列として取得します。つまりusersには、各Userモデルのオブジェクトが配列にまとめられて保管されているのですね。

後は、取り出したusers変数をそのままテンプレートに渡して処理するだけです。レコードの取得は、細かな条件などを行わず、ただ「全部取り出すだけ」なら、このようにとても単純です。

## 「users」内にindex.ejsを用意する

では、テンプレートを用意しましょう。users.js用のテンプレートはデフォルトでは用意されていませんから作成する必要があります。まず、VS Codeのエクスプローラーで「views」フォルダーを選択し、プロジェクトの「EX-GEN-APP」のところにある「新しいフォルダー」アイコンをクリックしてフォルダーを作成しましょう。

そして、作成した「users」フォルダーを選択し、「EX-GEN-APP」項目の右側にある「新しいファイル」アイコンをクリックして「index.ejs」という名前でファイルを作成します。

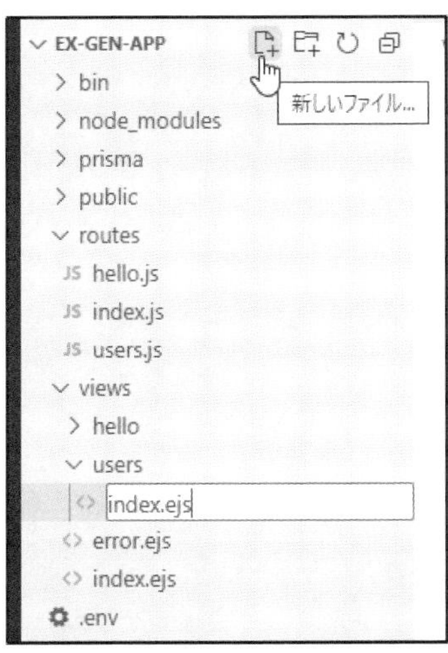


図6-17 「views」フォルダーの中に「users」フォルダーを作り、その中に「index.ejs」を作る。

Chapter 1 Chapter 2 Chapter 3 Chapter 4 Chapter 5 Chapter 6 Chapter 7

### index.ejsを作成する

これで、「views」フォルダー内に「users」フォルダーが、さらにその中に「index.ejs」ファイルが用意されました。では、このファイルを開いてテンプレートの内容を記述しましょう。

リスト6-9

```
<!DOCTYPE html>
<html lang="ja">

<head>
  <meta http-equiv="content-type"
    content="text/html; charset=UTF-8">
  <title><%= title %></title>
  <link href="https://cdn.jsdelivr.net/npm/bootstrap@5.0.2/dist/css/  ↲
    bootstrap.css"
```

```
    rel="stylesheet" crossorigin="anonymous">
  <link rel='stylesheet'
    href='/stylesheets/style.css' />
</head>

<body class="container">

  <header>
    <h1 class="display-4">
      <%= title %></h1>
  </header>
  <div role="main">
    <table class="table">
      <% for(var obj of content) { %>
      <tr>
        <th><%= obj.id %></th>
        <td><%= obj.name %></td>
        <td><%= obj.mail %></td>
        <td><%= obj.age %></td>
      </tr>
      <% } %>
    </table>
  </div>
</body>

</html>
```

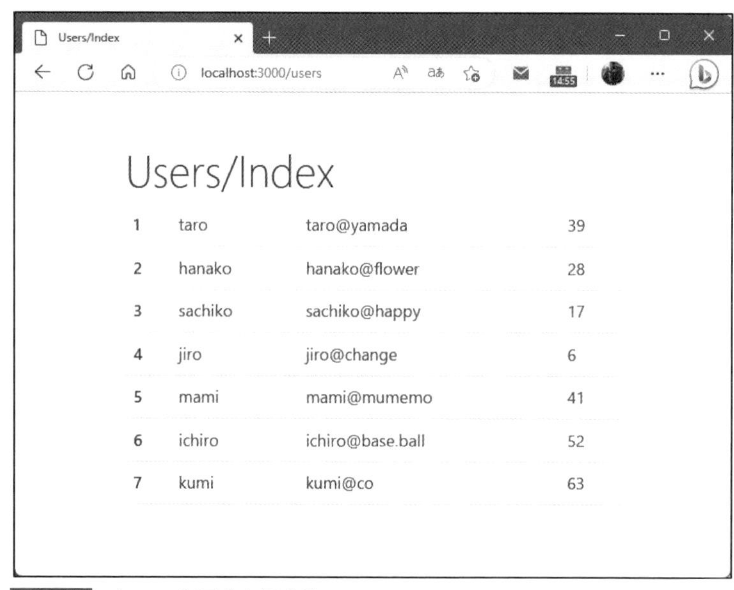


図6-18 /usersにアクセスする。

完成したら、ターミナルからnpm startを実行し、http://localhost:3000/usersにアクセスしましょう。すると、Prisma Studioで作成したダミーのレコードがテーブルにまとめられて表示されます。

ここでは、users.js側からUserモデルの配列をcontentという変数に保管して渡されています。これを元にテーブル表示を行っています。

```
<table class="table">
  <% for(var obj of content) { %>
  <tr>
    <th><%= obj.id %></th>
    <td><%= obj.name %></td>
    <td><%= obj.mail %></td>
    <td><%= obj.age %></td>
  </tr>
  <% } %>
</table>
```

ここでは、for(var obj of content)としてcontentからオブジェクトをobjに取り出しています。後は、objからid, name, mail, ageといった値を取り出して表示するだけです。Prismaのモデルは、このようにモデルに用意した項目がそのままオブジェクトのプロパティとして用意されています。モデルの内容さえわかっていれば、簡単に値を取り出せるのです。

## 指定IDのレコードを表示する

findManyによるレコードの取得は、いろいろなオプションを指定することができます。このオプションは、findManyの引数に用意します。こんな具合ですね。

```
findMany( { 設定1: 値1 , 設定2 : 値2 ,……} )
```

{}の中に名前と値を記述していくJSON形式の書き方ですね。これで必要な設定とその値を用意していけばいいのです。

設定の中で、もっとも重要なのが「where」オプションでしょう。これは、レコードを取得する際の条件を指定するもので、さまざまな形で値を用意できます。

もっとも簡単なのは、「特定のフィールドの値を指定する」というものでしょう。これは以下のように記述します。

```
{ where: { フィールド : 値 } }
```

whereの値として、フィールド名と値を{}でまとめたものを指定します。例えば、{name:"taro"}なんて具合に書けば、nameフィールドの値が"taro"のものを検索できるわけですね。

## クエリーパラメータでIDを送る

では、実際の利用例を挙げておきましょう。先ほどのusers.jsに記述したrouter.getメソッドの処理を以下のように修正してみましょう。

リスト6-10

```
router.get('/',(req, res, next)=> {
  const id = +req.query.id;
  if (!id) {
    prisma.user.findMany().then(users=> {
      const data = {
        title:'Users/Index',
        content:users
      }
      res.render('users/index', data);
    });
  } else {
    prisma.user.findUnique({
      where: {id: id}
    }).then(usr => {
      var data = {
        title: 'Users/Index',
        content: [usr]
      }
      res.render('users/index', data);
    });
  }
});
```

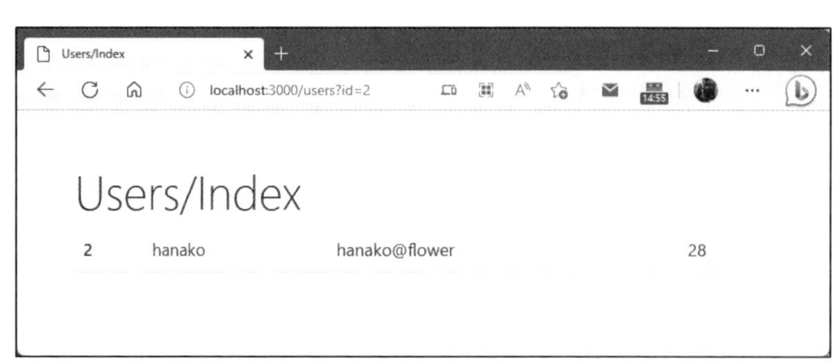


図6-19 /users?id=番号 とアクセスすると、指定した番号のレコードが表示される。

ここでは、何もパラメータを付けずにアクセスすれば全レコードが表示されますが、クエリーパラメータでidを渡すとその値だけが表示されるようになります。例えば、http://localhost:3000/users?id=2というようにアクセスすると、idが2のレコードを表示します。いろいろとパラメータの値を変更して表示を確かめてみましょう。

## IDによる検索の手順

では、実行している処理を見てみましょう。まず、送信されたクエリーパラメータの値を変数に取り出します。

```
const id = +req.query.id
```

req.query.idでクエリーパラメータidの値を取り出しています。これは数値なので、+をつけて数値として取り出されるようにしています。

idを指定して値を取得する場合、「findMany」は使いません。いえ、これを使ってもいいのですが、指定したidのレコードは1つしかないので、もっと適したメソッドがあります。それが「findUnique」です。

findUniqueは、「同じものが複数ない、ユニークなレコード」を取得するためのものです。指定した条件で得られるのは常に1つだけ、というときに使います。指定したidのレコードを取り出すというのは、まさに「ユニークなレコードの取得」ですから、このfindUniqueを使うのに最適です。

## 検索条件の設定

では、findUniqueで指定したidのレコードを検索するにはどうすればいいのでしょうか。これは、引数にその条件を指定すればいいのです。ここでのfindUniqueの引数を見ると、以下のようになっていました。

```
prisma.user.findUnique({
  where: {id: id}
})
```

これで、idの値が変数idと等しいレコードのUserオブジェクトが取り出せます。whereへの値の設定の仕方がわかれば、意外と簡単そうですね。

検索条件の設定は、findManyと全く同じで以下のようになります。

**●検索設定のオブジェクト**

```
{ where:{…条件…} }
```

whereという項目を用意し、そこに検索の条件となる値をまとめたオブジェクトを指定します。このオブジェクトに用意する値の基本は、{フィールド:値}という形になります。
例えば、idが1のレコードを検索するのであれば、このように記述すればいいでしょう。

```
{ where: {id:1} }
```

これで指定したidのレコードが得られます。もし、条件に合致するレコードが複数あった場合はどうなるのか？ これは、呼び出すメソッドによって異なります。findManyの引数に条件を指定したのならば、検索されたレコードすべてが取り出されますし、findUniqueはそもそも1つしか得られない条件を指定するものですから1つだけです。



## フィルター演算子を指定して検索する

このやり方は、基本的に「指定したフィールドが指定の値と等しいもの」を検索します。が、イコールで値を指定できる場合ばかりではありません。例えば、「idの値が10以下のもの」を検索したい場合はどうすればいいのでしょうね？
こうしたときのために、Prismaにはフィルター用の演算子が用意されています。「フィルター」というのは、特定の条件に合うものだけを取り出すことで、要するに検索のことといっていいでしょう。whereでフィルターの条件を指定する際、専用の演算子を使って値を指定することで、イコール以外の条件を指定できます。
演算子を使った条件の指定は以下のような形で記述します。

```
where: { フィールド : { 演算子 : 値 } }
```

{}が入れ子になっているのでちょっとわかりにくいかも知れません。検索するフィールドの値に{}を使い演算子と値を指定します。

### 指定したID以下のものを検索する

では、実際に利用例を挙げておきましょう。users.jsで、トップページのパス('/')に処理を割り当てているrouter.getメソッドを以下のように書き換えて下さい。

リスト6-11

```
router.get('/',(req, res, next)=> {
  const id = +req.query.id;
  if (!id) {
    prisma.user.findMany().then(users=> {
```

```
    const data = {
      title:'Users/Index',
      content:users
    }
    res.render('users/index', data);
  });
} else {
  prisma.user.findMany({
    where: {id: {lte: id} }
  }).then(usrs => {
    var data = {
      title: 'Users/Index',
      content: usrs
    }
    res.render('users/index', data);
  });
}
});
```

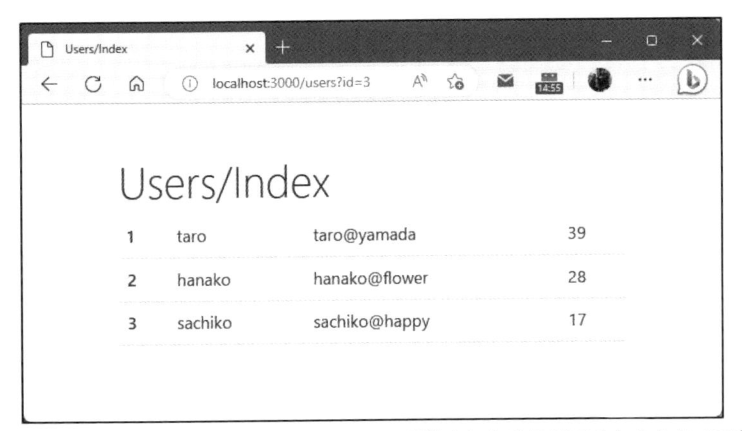


図6-20 /users?id=番号とすると、idが指定した番号以下のものをすべて表示する。

先ほどと同様に、?id=番号とクエリーパラメータを付けてアクセスしてみましょう。すると、そのID以下のレコードがすべて表示されます。例えばid=3とすれば、idが3以下のレコードをすべて表示します。

ここでは、req.query.idの値を変数idに取り出した後、以下のようにfindManyを呼び出しています。

```
prisma.user.findMany({
  where: {id: {lte: id} }
})
```

whereの値として、id: {lte:id}というものが設定されています。「lte」はless than-equalの略で、JavaScriptの演算子でいえば<=に相当します。つまり、id: {lte: id}というのは、「idフィールドの値 <= 変数id」という条件を示していたわけですね。

このように、Opにある値を使うことで、比較演算子を使った条件を設定できるのです。

## Opに用意されている演算子プロパティ

では、Opにはどのような演算子プロパティが用意されているのでしょうか。主な比較のための演算子のプロパティを以下に整理しておきましょう。

| equals | = |
|---|---|
| not | != |
| lt | < |
| lte | <= |
| gt | > |
| gte | >= |

これらを指定することで、フィールドの値を指定の値と比較し、式が成立するものだけを取り出せるようになります。先ほどのid: {lte: id}も、idフィールドの値と変数idをlteで<=演算子で比較し、それが成立するものだけを取り出していたのです。

## LIKE検索を行う

テキストの検索で多用されるのが「LIKE検索」です。日本語で「あいまい検索」と呼ばれますが、完全一致するテキストだけでなく、「○○で始まるもの」「○○で終わるもの」「○○を含むもの」などを検索するのに用いられます。前章でDatabaseを利用したときに少しだけ使いましたね。

このLIKE検索に相当するフィルター用の演算子として、Prismaには以下のようなものが用意されています。

| contains | 指定した値を含む |
|---|---|
| startsWith | 指定した値で始まる |
| endsWith | 指定した値で終わる |

これらを使ってフィールドにフィルター条件を指定することで、より柔軟なテキスト検索が行えるようになります。

では、実際に試してみましょう。users.jsのmodule.exports = router;の手前に以下の文を追記して下さい。

リスト6-12

```
router.get('/find',(req, res, next)=> {
  const name = req.query.name;
  prisma.user.findMany({
    where: {name: {contains: name} }
  }).then(usrs => {
    var data = {
      title: 'Users/Find',
      content: usrs
    }
    res.render('users/index', data);
  });
});
```

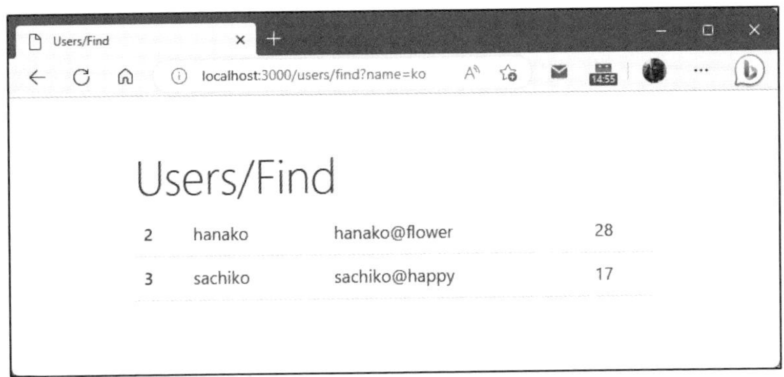


図6-21 /users/find?name=koとすると、nameにkoを含むものをすべて検索する。

毎回、/usersの処理を変更するのもわかりにくいので、ここでは/users/findに新たな処理を割り当てました。

ここでは、nameというクエリーパラメータを使って検索を行います。例えば、http://localhost:3000/users/find?name=koとアクセスをすると、nameにkoを含むものをすべて検索します。見ればわかるように、これらのメソッドではLIKE検索で使われるワイルドカード(%記号)は必要ありません。テキストをそのまま指定するだけで検索できます。

ここでは、const name = req.query.name;でクエリーパラメータからnameの値を変数に取り出すと、findManyのwhereに以下のようにオプションを用意しています。

```
name: {contains: name}
```

contains演算子を指定することで、nameフィールドの値が変数nameを含むものかどうかチェックしています。フィールドに変数nameが含まれていればすべて検索されるようになります。

##  複数の条件を設定する(AND検索) 

検索条件というのは、1つだけしか使わないわけではありません。複数の条件を組み合わせる場合もあります。

例えば、「20代のユーザーを検索する」というような場合を考えてみましょう。この条件は、「年齢が20以上」「年齢が30未満」という2つの条件を満たす必要があります。こういう複数条件を使った検索というのは意外に必要となることが多いのです。

複数条件の設定には、大きく2通りのやり方があります。1つ目は「複数条件のすべてに合致するものを検索する」というやり方。これは一般に「AND (論理積)」と呼ばれます。

このANDを使った検索は、意外と簡単に行えます。whereの値に「AND」という項目を用意し、そこに必要なだけ条件を用意すればいいのです。

#### ●AND検索の指定

```
where: {
  AND: [ 条件1, 条件2, ……]
}
```

ANDは、配列の形で値を用意します。この配列の中に、条件のオブジェクトを必要なだけ用意していきます。こうすることにより、用意した条件すべてが成立するレコードだけを検索することができます。

Chapter 1 Chapter 2 Chapter 3 Chapter 4 Chapter 5 Chapter 6 Chapter 7

### ageの範囲を指定する

では、実際にやってみましょう。users.jsの`/users/find`に割り当てたrouter.getメソッドを以下のように書き換えて下さい。

リスト6-13

```
router.get('/find',(req, res, next)=> {
  const min = +req.query.min;
  const max = +req.query.max;
  prisma.user.findMany({
    where: {
      AND: [
```

```
            { age: { gte: min }},
            { age: { lte: max }}
          ]
        }
    }).then(usrs => {
        var data = {
          title: 'Users/Find',
          content: usrs
        }
        res.render('users/index', data);
    });
});
```

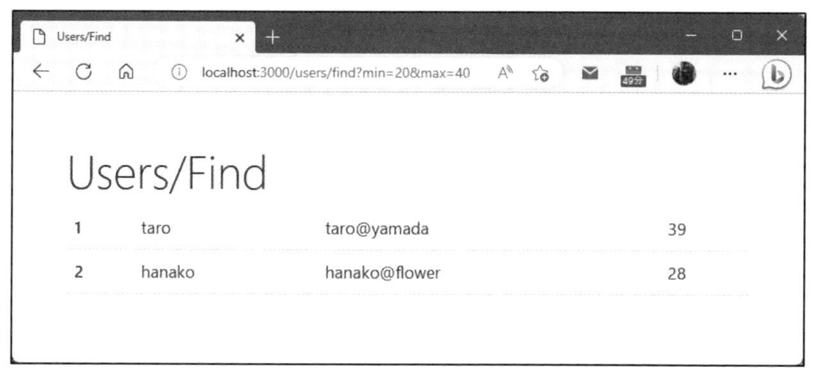


図6-22 /users/find?min=20&max=40とするとageの値が20以上40以下のものを検索する。

ここでは、minとmaxというパラメータを送ってアクセスをします。例えば、http://localhost:3000/users/find?min=20&max=40とアクセスをすると、ageの値が20以上40以下のものを検索します。

ここでは、whereにANDを用意し、その配列に以下のような条件を用意しています。

```
{ age: { gte: min }},
{ age: { lte: max }}
```

ageの値として、gte:minとlte:maxの2つの条件が用意されています。これにより、ageの値が2つの条件に合致するものだけが検索されるようになります。

## 複数の条件を設定する(OR検索)

複数条件の検索には、もう1つ別のやり方もあります。それは「複数条件のどれかに合致すればすべて検索する」というものです。これは「OR（論理和）」と呼ばれる方式です。

これは、whereの中にORを用意し、その中に条件を用意します。整理すると以下のようになります。

### ●OR検索の指定

```
where: {
  OR: [ 条件1, 条件2, ……]
}
```

ANDと同じですね。ORの値に用意した配列の中に、必要なだけ条件を用意します。これで[Op.or]の値に配列を用意し、その中に個々の検索条件を用意していくわけです。こうすることで、それらの条件のどれか1つでも合致するものはすべて検索するようになります。

では、これも例を挙げておきましょう。例によってusers.jsの`/users/find`に割り当てたrouter.getメソッドを書き換えて下さい。

リスト6-14

```
router.get('/find',(req, res, next)=> {
  const name = req.query.name;
  const mail = req.query.mail;
  prisma.user.findMany({
    where: {
      OR: [
        { name: { contains: name }},
        { mail: { contains: mail }}
      ]
    }
  }).then(usrs => {
    var data = {
      title: 'Users/Find',
      content: usrs
    }
    res.render('users/index', data);
  });
});
```

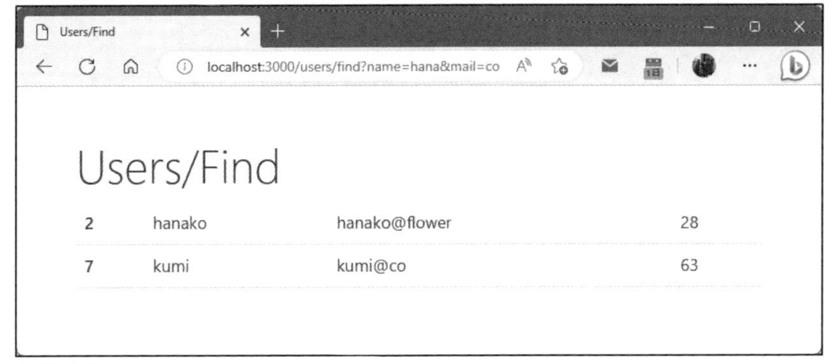


図6-23 /users/find?name=名前&mail=メール としてnameとmailの両方に検索テキストを設定する。

ここでは、nameとmailの両方の検索条件を用意し、それぞれ合致するものをすべて検索します。例えば、http://localhost:3000/users/find?name=taro&mail=hanakoとすれば、nameにtaroが含まれるものとmailにhanakoを含むものをすべて検索します。

ここでは、まず送信されたクエリーパラメータをそれぞれ変数に取り出します。

```
const name = req.query.name;
const mail = req.query.mail;
```

そして、これらの値をそれぞれnameとmailに演算子を使って検索をします。findManyを見るとこうなっていますね。

```
prisma.user.findMany({
  where: {
    OR: [
      { name: { contains: name }},
      { mail: { contains: mail }}
    ]
  }
})
```

ORに配列の値が用意されており、その中にnameとmailの検索条件がそれぞれ用意されているのがわかります。

これで、基本的な検索の条件と複数の条件を組み合わせるやり方がわかりました。とりあえず、ここまでの説明が頭に入れば、かなり複雑な検索も行えるようになります。Opの演算子プロパティをいろいろと試して、検索に慣れておきましょう。

Chapter 1 Chapter 2 Chapter 3 Chapter 4 Chapter 5 Chapter 6 Chapter 7

# Section 6-3 PrismaによるCRUD

ポイント

- ▶ createによるレコード作成を使えるようになりましょう。
- ▶ update, deleteの手順と実行の仕方を理解しましょう。
- ▶ findUniqueで指定IDのレコードを取得する方法をマスターしましょう。

## レコードの新規作成(Create)

Prismaのレコード取得の基本がわかったところで、その他のデータベース利用について考えていきましょう。データベースの基本操作は「CRUD」でしたね。既にRead（データの取得）については一通り行いましたから、残るCUDについてPrismaで作成していきましょう。

まずは、「Create」からです。新しいレコードを作成する場合、Prismaでは対応するモデルの「create」メソッドを使います。

```
prisma.モデル.create( モデル情報 );
```

引数には、作成するモデルの情報をまとめたオブジェクトを用意します。このオブジェクトは、以下のように記述すると考えて下さい。

```
{ data:{ 各プロパティの値 } }
```

dataという項目に、モデルの各プロパティに保管する値の情報を{}でオブジェクトにまとめたものを用意します。

## add.ejsの作成

では、実際にusersの新規作成ページを作ってみましょう。まず、テンプレートを用意しておきます。VS Codeのエクスプローラーで「views」フォルダー内の「users」フォルダーを選択し、「EX-GEN-APP」の「新しいファイル」アイコンをクリックしてファイルを作成します。名前は「add.ejs」としておきましょう。そして下のリストのように内容を記述します。

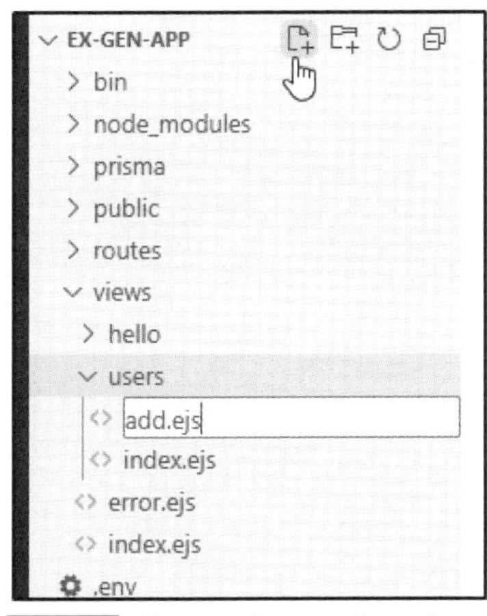


図6-24 「views」フォルダーの「users」内にadd.ejsを作成する。

リスト6-15

```
<!DOCTYPE html>
<html lang="ja">

<head>
  <meta http-equiv="content-type"
    content="text/html; charset=UTF-8">
  <title><%= title %></title>
  <link href="https://cdn.jsdelivr.net/npm/bootstrap@5.0.2/dist/css/ ↵
    bootstrap.css"
    rel="stylesheet" crossorigin="anonymous">
  <link rel='stylesheet'
    href='/stylesheets/style.css' />
</head>

<body class="container">

  <header>
    <h1 class="display-4">
      <%= title %></h1>
  </header>
```

```
  <div role="main">
    <form method="post" action="/users/add">
      <div class="form-group">
        <label for="name">NAME</label>
        <input type="text" name="name" id="name"
          class="form-control">
      </div>
      <div class="form-group">
        <label for="pass"">PASSWORD</label>
        <input type="password" name="pass" id="pass"
          class="form-control">
      </div>
      <div class="form-group">
        <label for="mail">MAIL</label>
        <input type="text" name="mail" id="mail"
          class="form-control">
      </div>
      <div class="form-group">
        <label for="age">AGE</label>
        <input type="number" name="age" id="age"
          class="form-control">
      </div>
      <input type="submit" value="作成"
        class="btn btn-primary">
    </form>
  </div>
</body>

</html>
```

ここでは、<form method="post" action="/users/add">というようにしてフォームを用意しています。<input>タグは、name, pass, mail, ageといったものが用意されています。なお、id, createdAt, updatedAtといったPrismaによって生成される項目については、値を用意する必要はありません。Prismaとデータベース側で自動的に用意されます。

## /addの処理を作成する

では、新規作成の処理を用意しましょう。users.jsのmodule.exports = router;の手前辺りに以下のスクリプトを追記して下さい。

リスト6-16

```
router.get('/add',(req, res, next)=> {
```

```
  const data = {
    title:'Users/Add'
  }
  res.render('users/Add', data);
});

router.post('/add',(req, res, next)=> {
  prisma.User.create({
    data:{
      name: req.body.name,
      pass: req.body.pass,
      mail: req.body.mail,
      age: +req.body.age
    }
  })
  .then(()=> {
    res.redirect('/users');
  });
});
```

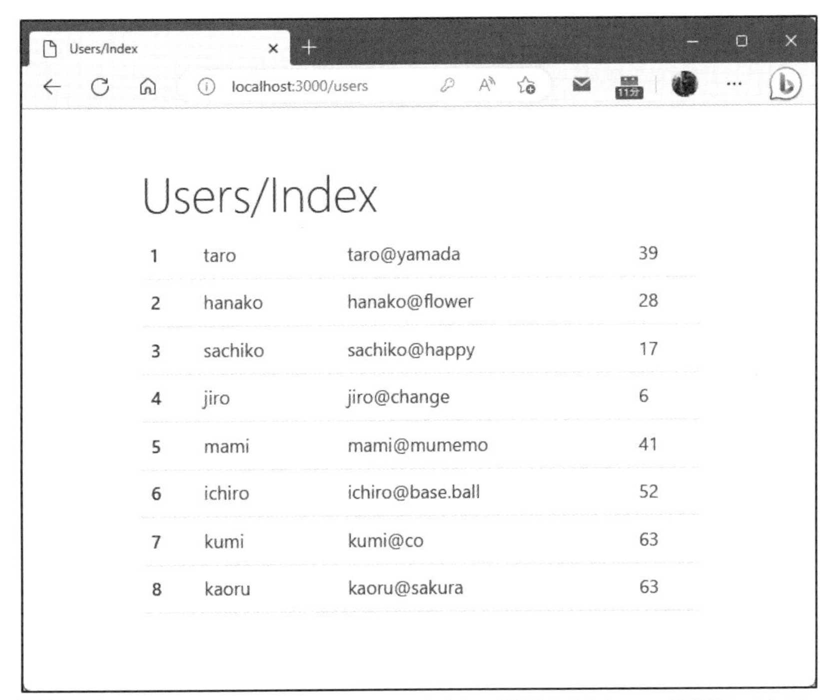


図6-25 /addにアクセスし、フォーム入力をして送信するとレコードが追加される。

完成したら、http://localhost:3000/users/addにアクセスしてみましょう。User作成のフォームが現れるので、これに記入し送信すると、レコードが作成されます。

## createでレコードを作る

ここではrouter.gettとrouuter.postを作成しました。router.getについては改めて説明することはないでしょう。タイトルの値を用意してrenderしているだけですね。

router.postが、フォームから送信された後の処理を行っているところになります。ここでは、以下のようにしてUserモデルに新しいレコードを作成しています。

```
prisma.User.create( {……略……} );
```

この引数の{}に、保存するレコードの情報が用意されます。ここでは、以下のような形で値が作られています。

```
{
  data:{
    name: req.body.name,
    pass: req.body.pass,
    mail: req.body.mail,
    age: +req.body.age
  }
}
```

req.bodyにある、送信されたフォームの値をそれぞれの値として使っています。用意されている項目はname, pass, mail, ageで、id, createdAt, updateAtは不要です。これらをオブジェクトにまとめてcreateを実行すれば、もうレコードは作成されています。

そして、create()の後のコールバック処理も、やはりthenが用意されています。ここで、create実行後の処理を用意しているのですね。

```
.then(()=> {
  res.redirect('/users');
});
```

これで、res.redirectで/usersに移動して処理は終了、というわけです。なお、createのコールバック関数では、作成されたモデルのオブジェクトが返されますが、ここでは特に利用しないので引数なしにしてあります。さくせいしたレコードの情報を利用したい場合は、関数に用意した引数から情報を取り出し処理すればいいでしょう。

# レコードの更新(Update)

続いて、レコードの更新(Update)についてです。更新は、Prismaのモデルに用意されている「update」メソッドを使って行います。モデルに用意されているこのメソッドは、以下のように呼び出します。

```
prisma.User.update( { where: 更新する対象 , data: 更新する内容 } );
```

updateでは、引数に更新する対象と、更新するモデルの内容を指定します。whereには、更新する対象となるレコードを指定します。そしてdataに、更新する項目とその値をオブジェクトにまとめたものを用意します。これにより、whereで検索されたレコードの内容をすべてdataの内容に書き換えます。

## edit.ejsの作成

では、これも実際に使ってみましょう。まずはテンプレートを用意します。VS Codeで「views」フォルダー内の「users」フォルダーを選択し、「EX-GEN-APP」項目にある「新しいファイル」アイコンをクリックして「edit.ejs」ファイルを作成しましょう。そして下のリストのように内容を記述します。

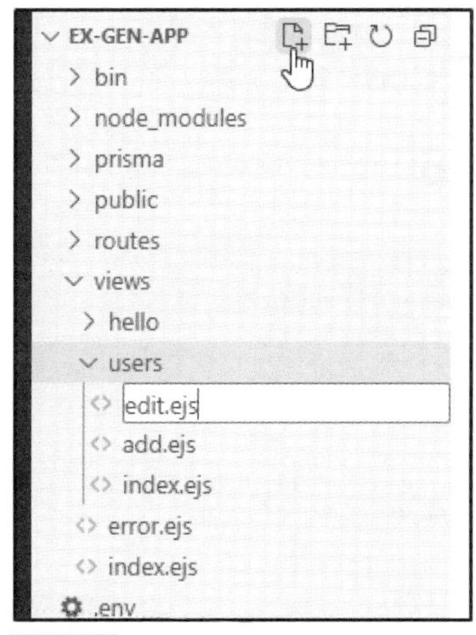


図6-26 「users」フォルダー内にedit.ejsを作成する。

リスト6-17

```
<!DOCTYPE html>
<html lang="ja">
```

```
<head>
  <meta http-equiv="content-type"
    content="text/html; charset=UTF-8">
  <title><%= title %></title>
  <link href="https://cdn.jsdelivr.net/npm/bootstrap@5.0.2/dist/css/ ↵
    bootstrap.css"
    rel="stylesheet" crossorigin="anonymous">
  <link rel='stylesheet'
    href='/stylesheets/style.css' />
</head>

<body class="container">

  <header>
    <h1 class="display-4">
      <%= title %></h1>
  </header>
  <div role="main">
    <form method="post" action="/users/edit">
      <input type="hidden" name="id" id="id" value="<%=user.id %>">
      <div class="mb-3">
        <label for="name" class="form-label">Name</label>
        <input type="text" class="form-control"
          id="name" name="name" value="<%=user.name %>">
      </div>
      <div class="mb-3">
        <label for="mail" class="form-label">Mail</label>
        <input type="mail" class="form-control"
          id="mail" name="mail" value="<%=user.mail %>">
      </div>
      <div class="mb-3">
        <label for="pass" class="form-label">Password</label>
        <input type="text" class="form-control"
          id="pass" name="pass" value="<%=user.pass %>">
      </div>
      <div class="mb-3">
        <label for="age" class="form-label">Age</label>
        <input type="number" class="form-control"
          id="age" name="age" value="<%=user.age %>">
      </div>
      <button type="submit" class="btn btn-primary">送信</button>
    </form>
  </div>
</body>

</html>
```

ここでは、<form method="post" action="/users/edit">という形でフォームを用意しています。/users/editに送信して、ここで更新の処理を行うわけですね。用意されている<input>タグには、例えばvalue="<%=user.id %>"というようにしてuser変数から値を取り出してvalueに設定します。

また、フォームにはtype="hidden"で非表示フィールドを用意し、そこにidの値を保管するようにしてあります。

## 更新の処理を作成する

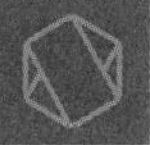

では、スクリプトを用意しましょう。users.jsを開き、最後のmodule.exports = router;の手前に以下の処理を追加しましょう。

リスト6-18

```
router.get('/edit/:id', (req, res, next)=>{
  const id = req.params.id;
  prisma.user.findUnique(
    { where:{ id:+id }}
  ).then(usr=>{
    const data = {
      title:'Users/Edit',
      user:usr
    };
    res.render('users/edit', data) ;
  });
});

router.post('/edit', (req, res, next)=>{
  const {id, name, pass, mail, age} = req.body;
  prisma.user.update({
    where:{ id: +id },
    data:{
      name:name,
      mail:mail,
      pass:pass,
      age:+age
    }
  }).then(()=>{
    res.redirect('/users');
  });
});
```

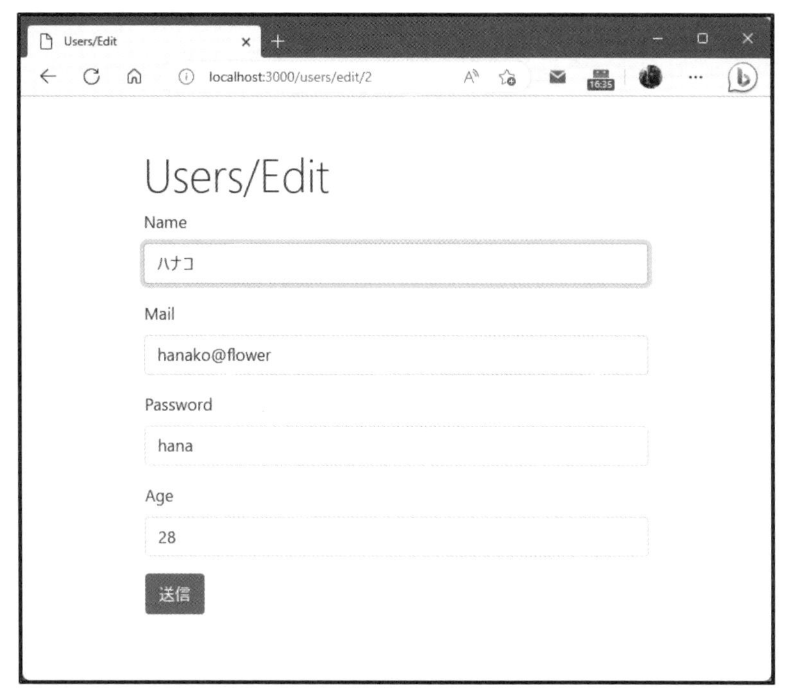


図6-27 /users/edit?id=番号にアクセスするとそのレコードの内容がフォームに表示される。これを書き換え送信すると、そのレコードが更新される。

では、http://localhost:3000/users/edit/番号 というようにアクセスをしてみましょう。例えば、/users/edit/2ならば、IDが2のレコードの内容がフォームに設定されます。この内容を書き換え、送信すると、そのレコードが更新されます。

## パラメータからIDを得る

ここでは、router.getで/editにアクセスしたときの処理を用意しています。今回はクエリーパラメータではなく、パスにパラメータを用意するやり方をしてみました。router.getを見ると、このように記述されていますね。

```
router.get('/edit/:id',……
```

パスの中に「:id」という記述が見えます。これは、パスの指定部分をパラメータとして取り出すものです。例えば「:id」ならば、その部分をidという名前のパラメータとして扱われるようにします。

このパラメータは、以下のようにして取り出しています。

```
const id = req.params.id;
```

req.paramsは、パスに埋め込まれたパラメータがオブジェクトとしてまとめて保管されているプロパティです。ここからidパラメータを変数idに取り出しています。

## 指定したIDのモデルを取り出す

指定したIDのモデルは、以下のようにして取り出しています。

```
prisma.user.findUnique(
  { where:{ id:+id }}
)
```

「findUnique」は、既に何度か使いましたね。ユニークなレコードを1つ取り出すものでした。引数に{ where:{ id:+id }}というようにしてidフィールドの値がidパラメータと同じものを取り出すようにしています。

このfindUniqueも非同期ですから、その後のthenでページのレンダリング処理を用意してあります。これでレコードを取得したらそれをテンプレートに渡して画面表示を行うようになります。

## updateで更新をする

router.postでは、フォーム送信された際の処理が用意されています。ここでは、updateメソッドを呼び出して更新を行っています。このような形ですね。

```
prisma.user.update({
  where:{ id: +id },
  data:{
    name:name,
    mail:mail,
    pass:pass,
    age:+age
  }
})
```

updateの引数には、まず更新する対象としてwhere:{ id: +id }と検索条件が設定されています。これで、フォームから送信されたidのモデルを更新するようになります。

第2引数では、data:{……}というようにして更新する値を用意しています。{}内には、name, pass, mail, ageといった項目を用意し、送信フォームの内容を設定しています。そしてその後の{}では、where:{id:req.body.id}というようにしてクエリーパラメータの値を使ってUserモデルを更新しています。

# レコードの削除

残るは、レコードの削除(Delete)ですね。これも、更新と同様にいくつかのやり方があります。基本は、モデルにある「delete」メソッドを呼び出すものです。

```
prisma.モデル.delete( { where: 検索条件 } );
```

引数の{}内には、whereを使って対象を検索する条件を指定しておきます。これにより、検索されたモデルが削除される、というわけです。既にwhereの使い方がわかっていれば簡単ですね。

では、これも作成してみましょう。まずはテンプレートを用意します。VS Codeで「views」フォルダー内の「users」フォルダーを選択し、「EX-GEN-APP」項目のところにある「新しいファイル」アイコンをクリックしてファイルを作成して下さい。名前は「delete.ejs」としておきましょう。そして以下のリストのように記述をします。

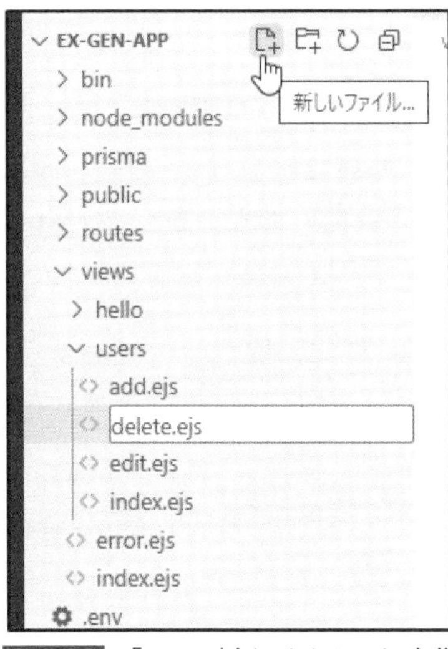


図6-28 「users」内にdelete.ejsを作成する。

リスト6-19

```
<!DOCTYPE html>
<html lang="ja">

<head>
  <meta http-equiv="content-type"
    content="text/html; charset=UTF-8">
  <title><%= title %></title>
  <link href="https://cdn.jsdelivr.net/npm/bootstrap@5.0.2/dist/css/  ↵
```

```
    bootstrap.css"
    rel="stylesheet" crossorigin="anonymous">
  <link rel='stylesheet'
    href='/stylesheets/style.css' />
</head>

<body class="container">
  <header>
    <h1 class="display-4">
      <%= title %></h1>
  </header>
  <div role="main">
    <table class="table">
      <tr>
        <th>NAME</th>
        <td><%= user.name %></td>
      </tr>
      <tr>
        <th>PASSWORD</th>
        <td><%= user.pass %></td>
      </tr>
      <tr>
        <th>MAIL</th>
        <td><%= user.mail %></td>
      </tr>
      <tr>
        <th>AGE</th>
        <td><%= user.age %></td>
      </tr>
    </table>
    <form method="post" action="/users/delete">
      <input type="hidden" name="id"
        value="<%= user.id %>">
      <input type="submit" value="削除"
        class="btn btn-primary">
    </form>
  </div>
</body>

</html>
```

ここでは、変数formで送られたモデルの内容を<table>にまとめて表示しています。また<form method="post" action="/users/delete">という形でフォームを用意し、form.idの値を送信するようにしてあります。受け取った側で、このIDのモデルを削除するわけですね。

## /deleteの処理を作成する

では、スクリプトを用意しましょう。users.jsの最後の行(module.exports = router;)の前に以下のスクリプトを追記して下さい。

リスト6-20

```
router.get('/delete/:id',(req, res, next)=> {
  const id = req.params.id;
  prisma.user.findUnique(
    { where:{ id:+id }}
  ).then(usr=>{
    const data = {
      title:'Users/Delete',
      user:usr
    };
    res.render('users/delete', data) ;
  });
});

router.post('/delete',(req, res, next)=> {
  prisma.User.delete({
    where:{id:+req.body.id}
  }).then(()=> {
    res.redirect('/users');
  });
});
```



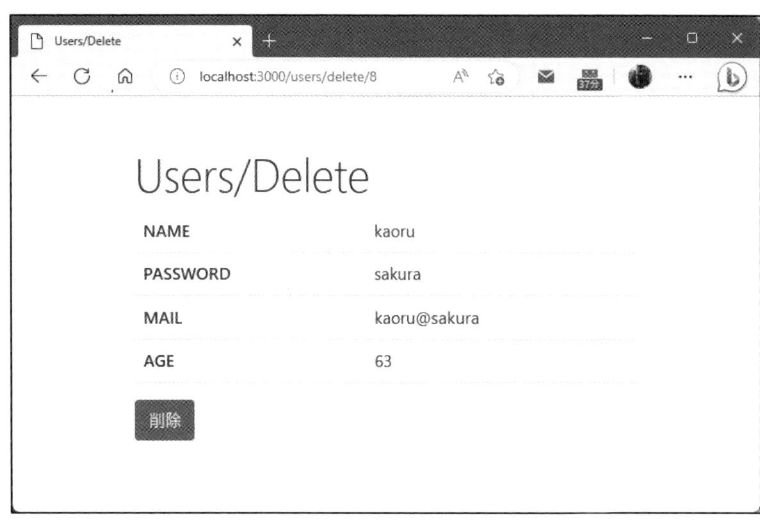


図6-29 /delete/番号 にアクセスするとその内容が表示される。そのまま送信すればレコードが削除される。

実際に、http://localhost:3000/users/delete/番号 という形でアクセスをしてみましょう。すると、指定したID番号のレコードの内容がテーブルにまとめて表示されます。そのまま「削除」ボタンをクリックすると、そのレコードが削除されます。

ここでは、/users/deleteにアクセスした際の処理をrouter.getとrouter.postで作成してあります。router.getでは、クエリーパラメータのid値を使ってUserモデルを取得し、それをテンプレート側に渡して表示をしています。

```
prisma.user.findUnique(
  { where:{ id:+id }}
).then(……);
```

こんな形で処理が作成されているのがわかるでしょう。findUniqueを使ってモデルを取得し表示するやり方は、レコードの更新のGETアクセスの処理と全く同じですね。

送信されたフォームの値を元にレコードを削除しているのがrouter.postです。ここでは、prisma.User.deleteを使い、削除の処理を行っています。それが以下の部分です。

```
prisma.User.delete({
  where:{id:+req.body.id}
})
```

引数で削除するレコードを指定しているだけなので、思ったより複雑ではありませんね。これで、whereで指定したレコードがすべて削除されます。もし、対象となるレコードが見つからなかった場合もエラーにはなりません。その場合は何もしないだけです。

# Section 6-4 覚えておきたいその他の機能

**ポイント**

- ▶ orderByによるソートの基本を覚えましょう。
- ▶ skipとtakeによるページネーションの考え方を理解しましょう。
- ▶ カーソルの働きと使い方について考えましょう。



## レコードのソート

Prismaによるデータベース利用の基本はだいたいわかりました。後は、実際に使いながらさまざまな使い方を学んでいくことになるでしょう。実際に使ってみると、「こういうことってできないかな？」といった疑問がいろいろと浮かんでくるものです。そこで最後に、Prismaを使う上で「これも知っておくと便利かも」と思えることをいくつかピックアップして紹介しておきましょう。

まずは、レコードのソートについてです。レコードのソートは、findManyの引数に用意するオブジェクトに「orderBy」という項目を用意して設定します。引数に用意するオブジェクトというのは、whereでフィルター設定を行っていた、あのオブジェクトのことです。ここに、こんな形で記述をします。

```
{
  orderBy:[……],
  where:{……},
}
```

orderByは、配列の形で値を用意します。この配列に、ソートする情報をまとめたオブジェクトを必要なだけ記述していきます。ソートの設定オブジェクトは、ソートで使うフィールドと並び順を示す値で構成されます。

**●ソートのオブジェクト**

```
{ フィールド: 並び順 }
```

**●並び順の値**

| | |
|---|---|
| 'asc' | 昇順(小さいものから並べる)でソートします。 |
| 'desc' | 降順(大きいものから並べる)でソートします。 |

このように記述すればいいわけです。並び順のオブジェクトを複数用意した場合、前にあるものから順に使われます。1つ目のオブジェクトを元にソートを行い、指定したフィールドの値が同じものが合ったときは2つ目のオブジェクトを元にそれらを並べ替える、というようになります。

## name順で表示する

では、実際の利用例を挙げておきましょう。userのトップページ('/users')のrouter.getを修正し、name順にレコードを表示させてみます。'/'のrouter.getを以下のように書き換えて下さい。

リスト6-21

```
router.get('/', (req, res, next)=>{
  prisma.user.findMany({
    orderBy: [{name:'asc'}]
  }).then(users=> {
    const data = {
      title:'Users/Index',
      content:users
    }
    res.render('users/index', data);
  });
});
```

Users/Index
localhost:3000/users

Users/Index

| | | | |
|---|---|---|---|
| 6 | ichiro | ichiro@base.ball | 52 |
| 4 | jiro | jiro@change | 6 |
| 7 | kumi | kumi@co | 63 |
| 5 | mami | mami@mumemo | 41 |
| 3 | sachiko | sachiko@happy | 17 |
| 1 | taro | taro@yamada | 39 |
| 2 | ハナコ | hanako@flower | 28 |

図6-30 name順にソートして表示する。

修正したら、http://localhost:3000/usersにアクセスしてみましょう。nameの値を元に、ABC順(あいうえお順)に並べ替えてレコードが表示されます。ここでは、以下のようにしてレコードを取得していますね。

```
prisma.user.findMany({
  orderBy: [{name:'asc'}]
})
```

これで、nameを'asc'で昇順にソートします。このようにソートは非常に簡単に使えますから、ぜひここで覚えておきましょう。

## ページネーション

多量のレコードがあるテーブルでは、一度にすべてを表示することはありません。一定数ごとにページ分けして表示するのが一般的でしょう。こうしたページ分け処理を「ページネーション」といいます。

Prismaでページネーションを実現するには、「skip」と「take」という2つの設定を使います。これらはそれぞれ以下のような役割を果たします。

| | |
|---|---|
| skip | 指定した数だけレコードをスキップします。例えばskip:10とすれば、最初の10レコードをスキップし、11番目からレコードを取得します。 |
| take | 取得するレコード数を指定します。10レコードだけ取り出したければ、take:10とします。 |

これらの設定は、whereやorderByと同様にfindManyの引数に指定するオブジェクトの中に用意します。

では、実際に使ってみましょう。先ほど修正した'/'パスへのrouter.getを以下のように書き換えて下さい。なお、router.getの手前にpagesizeという変数を用意するのも忘れずに！

リスト6-22
```
const pagesize = 3; // ☆1ページ当たりのレコード数

router.get('/', (req, res, next)=>{
  const page = req.query.page ? +req.query.page : 0;
  prisma.user.findMany({
    orderBy: [{id:'asc'}],
    skip: page * pagesize,
    take: pagesize,
  }).then(users=> {
    const data = {
      title:'Users/Index',
      content:users
    }
    res.render('users/index', data);
  });
});
```

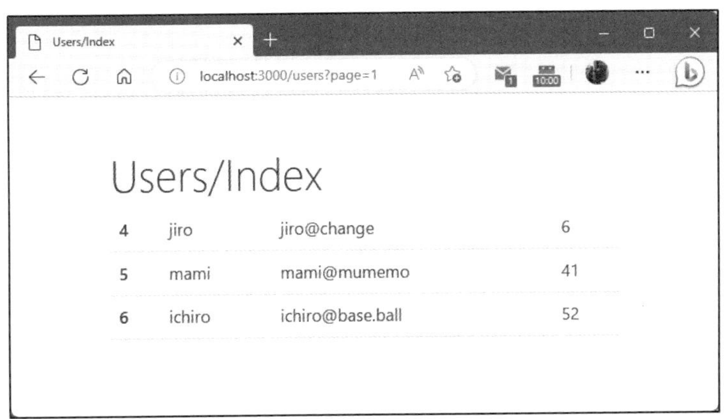


図6-31 /users?page=番号 でアクセスすると指定したページのレコードが表示される。

ここでは、pageというクエリーパラメータで表示するページ番号を指定できるようにしています。何もクエリーパラメータを指定せずにアクセスすると、最初のページ(page=0)のレコード(最初の3レコード)が表示されます。/users?page=番号 というようにしてページ番号を指定すると、その番号のページが表示されます。ページ番号はゼロからスタートします。

1ページ当たりのレコード数は、変数pagesizeで指定しているので、この値をいろいろと書き換えて動作を確認してみると良いでしょう。

### ページごとのレコード取得処理

ここでは、変数pagesizeに1ページ当たりのレコード数を用意しています。この値とpageパラメータを使ってレコードを取り出しています。findManyの引数を見ると、以下のようになっています。

```
{
  orderBy: [{id:'asc'}],
  skip: page * pagesize,
  take: pagesize,
}
```

skipには、page * pagesizeの値を指定しています。各ページの最初のレコードは、「ページ番号×ページごとのレコード数」で計算できます。これでskipの値を設定し、takeでpagesizeだけレコードを取得すれば、ページ単位でレコードを取り出せるようになります。

## カーソルによるページネーション

このskipとtakeによるページネーションは、ページネーションの基本といっていいものです。が、これとは別に「カーソル」を利用したページネーションというものもあります。こちらも紹介しておきましょう。

カーソルとは、現在、どのレコードを表示しているかという「表示位置」を示す値のことです。findManyでは、skipを使わず、カーソルを使って取得するレコードの位置を指定することができます。

このカーソルは、「cursor」という値として用意されます。これは以下のような形で記述します。

```
cursor:{ レコードの指定 }
```

値には、レコードを特定するための情報をまとめたオブジェクトを用意します。「レコードを特定する情報」というと何だか難しそうですが、とりあえずは「idの値を用意する」と考えて下さい。例えばこんな感じです。

```
cursor:{ id: 1}
```

findManyの引数のオブジェクトに、このような形でcursorを用意すると、その場所からレコードを取得します。skipは必要ありません。

では、このcursorを利用したページネーションを使ってみましょう。先ほど書き換えたusers.jsのコード部分を以下のように書き直して下さい。

リスト6-23

```
const pagesize = 3;
var cursor = 1;

router.get('/', (req, res, next)=>{
  prisma.user.findMany({
    orderBy: [{id:'asc'}],
    cursor: { id:cursor },
    take: pagesize,
  }).then(users=> {
    cursor = users[users.length - 1].id;
    const data = {
      title:'Users/Index',
      content:users
    }
    res.render('users/index', data);
  });
});
```

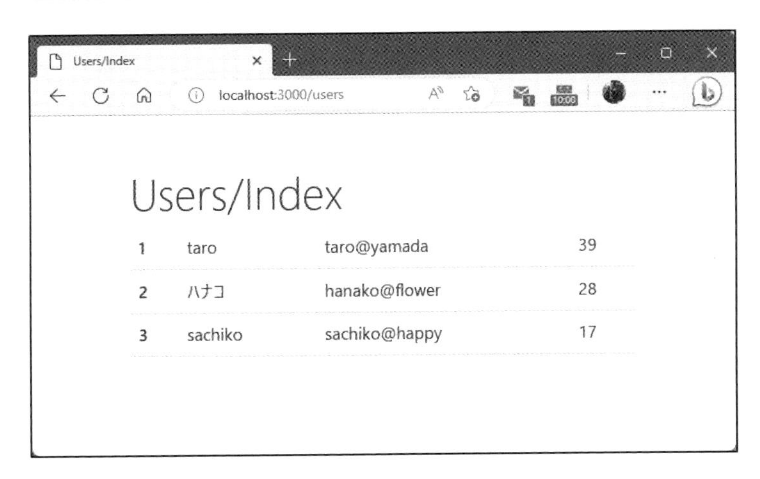

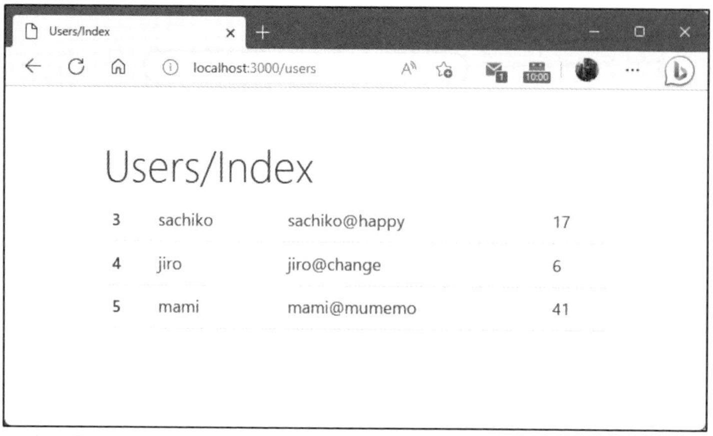
Users/Index
localhost:3000/users
Users/Index
3 sachiko sachiko@happy 17
4 jiro jiro@change 6
5 mami mami@mumemo 41

図6-32 /usersにアクセスすると、最初の3項目が表示される。ページをリロードすると、3～5番目が表示される。

ここでは、pageパラメータは使いません。そのまま普通に/usersにアクセスしてみて下さい。すると、最初の1～3番目のレコードが表示されます。これを確認したら、ページをリロードしてみましょう。すると、3～6番目のレコードが表示されます。またリロードすると6～8番目が、さらにリロードすると8～10番目が……というように、リロードするごとに、表示されているレコードの続きが表示されるのです。

## 最後のレコードIDをcursorに利用する

では、実行している処理を見てみましょう。ここでは、以下のような形でレコードの検索を行っています。

```
prisma.user.findMany({
  orderBy: [{id:'asc'}],
  cursor: { id:cursor },
  take: pagesize,
})
```

cursor: { id:cursor }というようにして、変数cursorに指定されたIDのレコードから取り出していることがわかります。では、このcursor変数はどこで更新しているのか？ それは、thenでレコードを取得したところです。

```
cursor = users[users.length - 1].id;
```

こうして、取得したレコード配列の最後の要素のidをcursorに設定しています。こうすることで、最後のレコードが次のcursorの位置として使われるようになります。

cursorによるレコード取得は、最後に取得したレコードのIDを使い、「ここから先」を取り出すことができます。最近のWebサイトでは、スクロールしていくと続きのコンテンツが表示されるようなものが結構ありますね。こうしたものは、Ajaxを使ってカーソルで続きのレコードを取得して表示させれば作成できます。skipとは別のページネーション方式として覚えておくと良いでしょう。

## ミドルウェアの利用

Prismaでは、findManyなどデータベースアクセスを実行する際に必要な処理を行うために「ミドルウェア」と呼ばれるものを用意できます。ミドルウェアは、クエリ(データベースに送信される命令文)の実行前と実行後に必要な処理を行います。

ミドルウェアは、クエリの実行に直接関与するため、処理を間違えるとデータベースアクセスそのものが機能しなくなったりすることもあります。非常に重大な影響を与える機能ですから、きちんと使い方と危険を理解した上で利用して下さい。

### ミドルウェアの作成

では、ミドルウェアの作成について説明をしましょう。ミドルウェアは、以下のような形で作成されます。

```
prisma.$use(async (params, next) => {
  ……実行前の処理……
  const result = await next(params);
  ……実行後の処理……
  return result;
});
```

$useというメソッドの引数に用意される関数でミドルウェアは定義されます。引数にはparamsとnextというものが用意されますが、これらは次に実行するクエリのパラメータと処理になります。関数内で、以下のような文が実行されていますね。

```
const result = await next(params);
```

これで、クエリが実行され結果が取得されています。これを実行し、最後にreturn result;で結果を返してミドルウェアは完了します。これらの処理は、必ず実行する必要があります。これらを忘れると、データベースアクセスが実行されなくなったり、結果を取得できなくなったりします。

## ミドルウェアでカーソルを自動設定する

では、ミドルウェアの利用例を挙げておきましょう。先ほど、カーソルを利用したページネーションについて説明をしました。カーソルを使う場合、単にcursorで表示場所を指定するだけでなく、レコードを取得した後でカーソルの値を更新する処理をしないといけませんでした。これはちょっと面倒ですね。

そこで、ミドルウェアを使って、レコード取得後に自動的にカーソルを更新するようにしてみましょう。先ほど修正したusers.jsのコードを以下のように書き換えて下さい。

リスト6-24

```
var lastCursor = 0;
var cursor = 1;

prisma.$use(async (params, next) => {
  const result = await next(params);
  cursor = result[result.length - 1].id;
  if (cursor == lastCursor) {
    cursor = 1;
  }
  lastCursor = cursor;
  return result;
});

router.get('/', (req, res, next)=>{
  prisma.user.findMany({
    orderBy: [{id:'asc'}],
    cursor: {id:cursor},
    take:3,
  }).then(users=> {
    const data = {
      title:'Users/Index',
      content:users
    }
    res.render('users/index', data);
  });
});
```

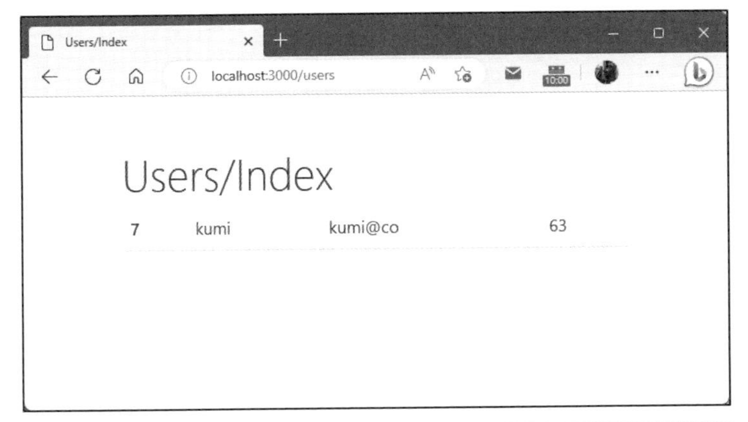


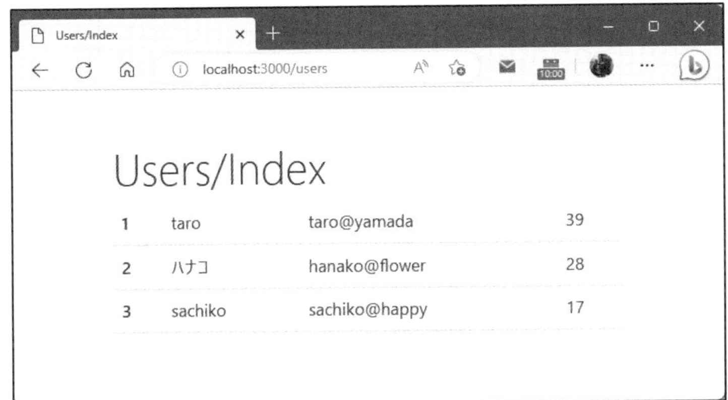


**図6-33** ページをリロードすると次のレコードが表示される。最後まで行くと、自動的に最初に戻る。

修正したら、/usersにアクセスしてみましょう。すると、最初のページからリロードするごとにページを移動していきます。そして最後のレコードが表示されると、次には自動的に最初に戻ります。

今回のfindManyでは、cursor: {id:cursor}でカーソルの値を用意しているだけです。then以降には何もカーソル関係の処理はありません。カーソルの更新はミドルウェアで行っているため、router.getではカーソル関係は何も考える必要がないのです。

## ミドルウェアの処理

では、prisma.$useの引数内でどのような処理を行っているのか見てみましょう。まず、クエリを実行しています。

```
const result = await next(params);
```

これで実行して得られたレコードがresultに保管されます。ここから、最後のレコードのidをcursorに取り出します。

```
cursor = result[result.length - 1].id;
```

取得したcursorの値が、cursorのさらに前のid値を保管するlastCursorと同じかどうかをチェックします。同じならば、idが変わらない(つまり最後に来ている)ということでcursorの値を1に戻します。

```
if (cursor == lastCursor) {
  cursor = 1;
}
```

これでcursorが更新できました。最後にlastCursorにcursorの値を保管し、resultを返して作業終了です。

```
lastCursor = cursor;
return result;
```

今回のサンプルでは、resultでは必ずモデルの配列が返され、そこにidプロパティがある前提で処理を行っています。findUniqueを使えば戻り値は配列ではなく1つのモデルだけですし、User以外にモデルがあった場合はid値がないかも知れません。

どのようなクエリが実行されても正常に動作するように処理を用意するのはなかなか大変です。しかし、そうしないと、データベースアクセスが正しく機能しなくなるかも知れません。ミドルウェアは、必要なところでもそうでないところでも、アクセスがあれば常に動作します。この「どんなときも必ず動いてしまう」ということをよく考えて設計する必要があります。

## さまざまなSQLデータベースの設定

最後に、Prismaのデータベース設定についても触れておきましょう。ここでは、SQLite3を利用してきましたが、MySQLやPostgreSQLを使いたいという人も多いはずです。

Prismaでは、データベースの設定は「prisma」フォルダーの「schema.prisma」ファイルに記述されています。ここに用意されたdatasource dbの情報を元に、使用するデータベースが決まります。

では、このdatasource dbの設定を簡単にまとめておきましょう。

### ●SQLite3

```
datasource db {
```

```
  provider = "sqlite"
  url      = "file: ファイルパス"
}
```

●MySQL

```
datasource db {
  provider = "mysql"
  url      = "mysql://ユーザ:パスワード@ホスト:ポート番号/データベース"
}
```

●PostgreSQL

```
datasource db {
  provider = "postgresql"
  url      = "postgresql://ユーザ:パスワード@ホスト:ポート番号/データベース"
}
```

providerでデータベース名を指定し、urlでそれぞれのデータベース情報を用意します。SQLite3とMySQLやPostgreSQLではURLの書き方がかなり違いますが、それほど難しいものではないでしょう。何より、データベースの設定は最初に一度書けばもう修正することはありませんから、プロジェクトを作成する際にここを読み返して「こう書けばいいんだな」と確認しながら利用すればいいでしょう。

## .envの利用について

urlの値は、説明したような形で記述することがないかも知れません。例えば、ここまで利用してきたプロジェクトでは、urlは以下のように書かれていたはずです。

```
env("DATABASE_URL")
```

これは、「.env」ファイルにあるDATABASE_URLの値を利用することを示しています。

.envファイルは、アプリケーションの環境設定をまとめておくためのものです。データベースのurlも、ここに用意しておけば、後で変更するのも簡単でしょう。.envファイルの中に、以下のような形で値を記述します。

```
DATABASE_URL="urlの値"
```

urlの値は、既に説明した各SQLデータベースのurl値をそのまま記述します。これでデータベースの設定を.envから読み込んで設定できます。

.envは、「必ずこれを使わないといけない」というものではありません。schema.prismaに直接urlの値を書いても全く問題ないのです。どちらでも使いやすい方法を採用すればいいでしょう。

## この章のまとめ

今回の内容は、データベース活用の「おまけ」のように思ったかも知れません。が、実は前章までのデータベースの使い方説明より、この章での説明のほうがはるかに重要だったりします。ではどこが、どういう点で？ ポイントを整理しながら説明しましょう。

### ●1. Prismaはモデルが基本！

なによりもしっかり覚えておきたいのは、「モデルの書き方」です。Prismaは、モデルを定義することですべてが始まります。思った通りの内容を確実にモデルとして形にできるようになりましょう。

### ●2. モデルの取得はfindMany

モデルを取り出す処理は、findManyが使えれば十分です。これが使えれば、ほぼすべてのレコード検索に対応できます。findManyと共に、検索のためのフィルター条件を指定するwhereの使い方は覚えておきましょう。

### ●3. CRUDのメソッド

データベースアクセスの基本であるCRUDは、いくつかのメソッドさえわかればできるようになります。create、updaet、deleteの3つの使い方をよく理解しましょう。これでレコードの編集はだいたい行えるようになります。

Prismaは、データベースをよりJavaScriptらしく扱えるようにしてくれます。いろいろ覚えないといけないことがあるので、「面倒くさい、db使ってSQLクエリー実行したほうが簡単だ」なんて思った人もいるかも知れません。

けれど、本格的なデータベース処理を行おうとすると、Prismaでモデルを利用して処理したほうがはるかに簡単なことに気づくはずです。Prismaでデータベースアクセスすることになるべく早く慣れてしまいましょう！

Chapter

# 7

# アプリ開発の実際

ここまでアプリ開発に関するさまざまな知識を身につけてきました。それらを総動員し、実際にアプリを作ってみることにしましょう。Node.jsのところで作ったメッセージボードを新たに作り直したもの、そしてMarkdownというものを使って書いたドキュメントを管理するツールを作ってみましょう。

# Section 7-1 モデル連携とDB版メッセージボード

**ポイント**

- ▶ モデルのリレーションにはどんな形があるか考えましょう。
- ▶ 複数モデルを連携する方法を理解しましょう。
- ▶ ログインの処理を作れるようになりましょう。



## 複数モデルの連携

Node.jsとExpressの基本的な使い方はだいたい頭に入ったことでしょう。後は、実際にアプリを作りながら、実際の開発で必要となる知識を身につけていくだけです。

まずは、「複数モデルの連携」を利用するアプリを作成しながら、モデルの連携の仕組みと使い方の知識を身につけていくことにしましょう。

本格的なアプリケーションでは、もちろんデータベースをフルに活用して動くものとなります。このとき考えておきたいのが「モデル」です。

ここまで、Userという1つのモデルだけをサンプルに使ってデータベースアクセスの基本を説明してきました。けれど実際のアプリでは、「モデルが1つだけ」というケースはあまりないでしょう。いくつものモデルを設計し、それらを組み合わせて処理を行うようなことが遥かに多いはずです。

こうしたモデルとモデルが連携して動作するようなときに用いられるのが「リレーション」と呼ばれる機能です。これはORMフレームワークであればどんなものでも用意されている機能と言っていいでしょう。Prismaにももちろん用意されています。

### リレーションはモデルの関係を表すもの

リレーションは、あるモデルと別のモデルとの間に何らかの関係があるとき、その関係の有り様を定義するものです。

例えば、ここではメッセージボードのアプリを作っていきますが、このアプリでは、ユーザーのモデル(User、既に作ってありますね)と、投稿メッセージのモデル(Board、これから作ります)の2つのモデルを利用します。

メッセージのモデルでは、投稿するメッセージの情報を保管します。それぞれのメッセージは、必ず「この人が投稿した」というUserモデルの情報があるはずですね。またユーザーのモデルでは、「この人はこういう投稿をした」というBoardモデルの情報があるはずです。そうでなければ、このメッセージは誰が投稿したのかわからなくなってしまいますから。

このようなモデルとモデルの関係を表すために「リレーション」という機能が用意されているのです。

## リレーションの4つの方式

モデルとモデルのリレーションは、「相手のどういうレコードと関係するか」によって大きく4つの方式に分かれます。まずはこの4つの方式から説明しましょう。

### ●1対1(One To One)方式

モデルAの値が、モデルBの値に1つずつ関連付けられるものです。例えば、住民票データと図書カードのデータを考えてみるとわかるでしょう。1人に1枚ずつ図書カードは発行されますね。

### ●1対多(One To Many)方式

モデルAに、複数のモデルBの値が関連付けられる、というものです。例えば、図書カードと、図書館の蔵書データがこれに相当します。1人の人は、図書館で複数の本を借りることができますが、1つの本は同時に複数の人に貸し出すことはできません。

### ●多対1(Many To One)方式

1対多を逆から見たものです。図書館の蔵書データから見ると、複数の本が同じ1人の人に貸し出されることがあります。

### ●多対多(Many To Many)方式

モデルAの複数の値にモデルBの複数の値がお互いに関連し合うような方式です。図書カードと、図書館の貸し出し記録はこの関係でしょう。1人の人が多数の図書を借りられますし、1冊の図書は複数の人に貸し出されますね。

この4つの基本的な関連付けの方式を頭に入れ、「このモデルとこのモデルはどういう関係にあるか」を考えます。そして対応する方式の情報をモデルに用意しておくのです。

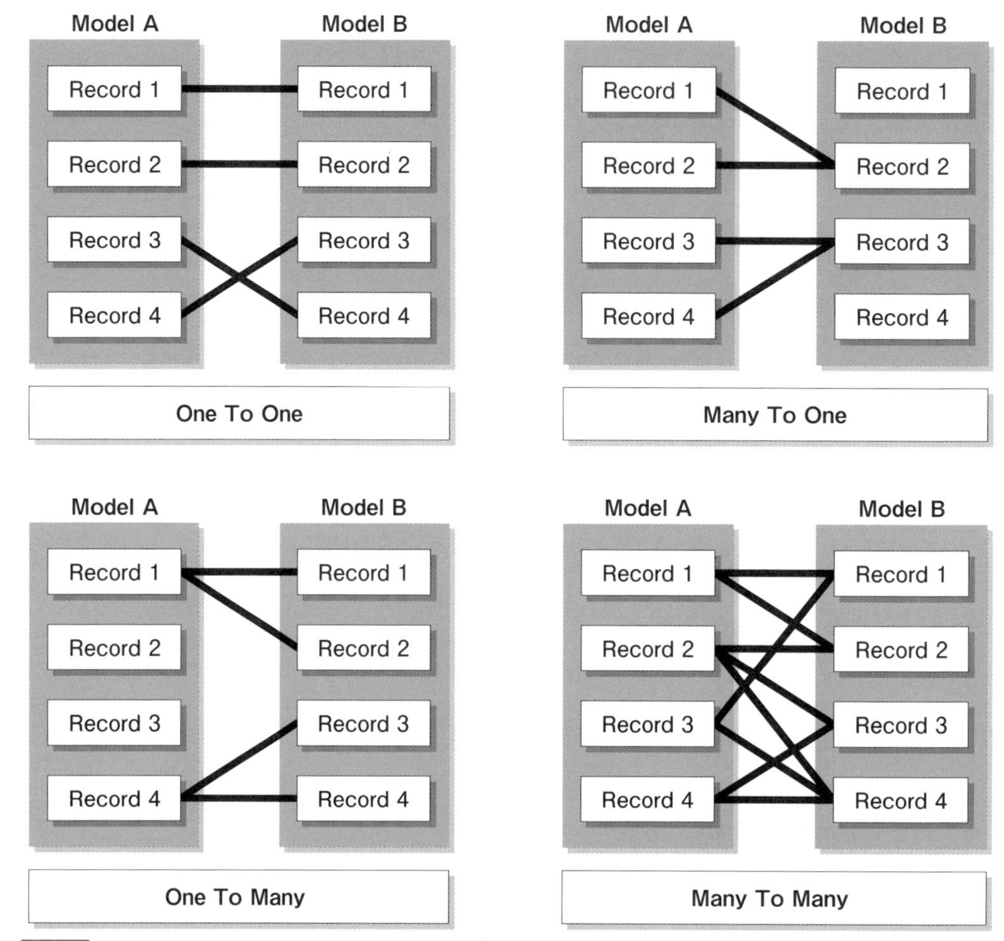


図7-1 4つのリレーション。モデルどうしの関連付けはこのいずれかに分類できる。

## Prismaのリレーションの設定

では、Prismaでは、どのようにしてモデル間のリレーションを設定するのでしょうか。これは、modelでモデルを定義する際に、関連する相手のモデルを保管する項目を用意するだけです。

例えば、「A」「B」という2つのモデルがあったとしましょう。この2つの関係をどのように表すのか、modelの書き方を見てみましょう。なおリレーション以外の項目は省略してあります。

**●1対1の場合**

```
model A {
  modelB B
}

model B {
  modelA A
}
```

**●1対多／多対1の場合**

```
model A {
  modelB B[]
}

model B {
  modelA A
}
```

**●多対多の場合**

```
model A {
  modelB B[]
}

model B {
  modelA A[]
}
```

いかがですか？ AとBそれぞれに、相手のモデルの値を保管する項目を用意しています。たったこれだけで、2つのモデルの関係を定義できるのです。相手側モデルの1つの値だけが対応するならそのモデルを保管する項目を用意しますし、複数の値が対応するなら相手モデルの配列を保管する項目を用意すればいいのです。

このようにすれば、4つの方式をすべてモデルに組み込むことができます。実際には、ただ項目を用意するだけではなく、どのように値が割り当てられるかなどを考えて設計することになりますが、「相手側モデルを保管する項目を用意すればいい」という基本は変わりありません。

## 連携先モデルのID

非常に簡単ですが、実をいえばこれだけでは連携はうまく作れません。この基本に加えて、「連携先モデルのID」を保管する項目も用意する必要があります。例えば、このようにするのです。

```
model A {
  modelB B[]
}

model B {
  aId int   //☆AモデルのID
  modelA A
}
```

Bモデル側に、連携先のAモデルのレコードのIDを保管する項目を用意します。このようにすることで、AモデルのどのレコードがBモデルのレコードと関係するのかを明確に指定できます。

この「連携先モデルのID」は、連携するモデル両方に用意する必要はありません。片方のみにあればいいのです。用意するのは、だいたい「相手先モデルの1つのレコードに対応している」モデルになります。

「では、1対1や多対多の場合はどうなるんだ？」という疑問が湧くでしょうが、これはモデルの主と従の関係についてわかっていないと説明が難しいところです。モデルの主従については後ほど説明しますので、今のところは「片方に、相手側のIDを保管する項目を用意しておく」ということだけ頭に入れておいて下さい。



## 「DB版メッセージボード」を作ろう

では、モデルの連携を使ったアプリケーションを作成しながら、連携の働きと使い方について学ぶことにしましょう。

先に、テキストファイルを利用して簡単なメッセージを送って表示する、ミニメッセージボードのアプリを作りましたね。あれを、データベースに対応させ、もう少し使えそうなものに改良してみることにしましょう。

### ミニメッセージボードの働き

今回作るメッセージボードは、ユーザー名とパスワードを登録し、それを使ってログインしてメッセージを送信する、というものです。

メッセージの表示と送信は、以前作成したものと基本的に同じです。メッセージを記入するシンプルなフォームがあり、その下にメッセージの一覧が新しいものから順にリスト表示されます。

ただし、メッセージは時間が経過しても消えたりしません。ずっと保管され、NextとPrevリンクを使って表示ページを移動できます。

図7-2　新しいメッセージボードの画面。

## ログインページ

初めて利用する際には、トップページ(メッセージボードのページ)にアクセスすると自動的にログインページへ移動します。ここでユーザー名とパスワードを入力しログインすると、トップページにアクセスできるようになります。

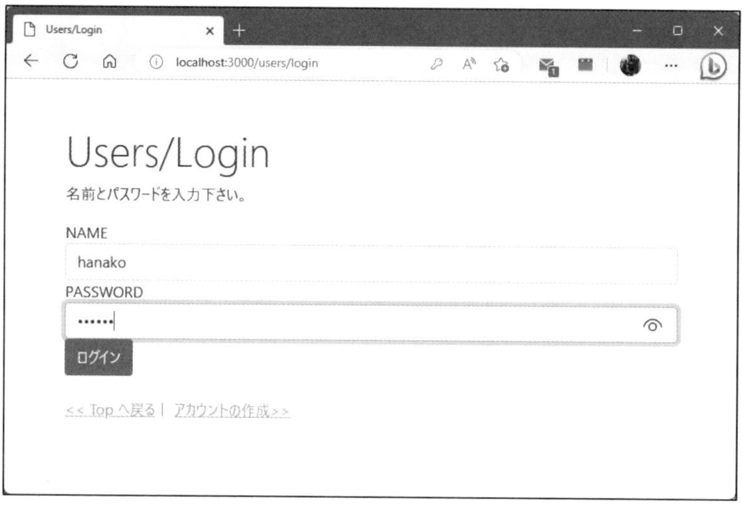


図7-3 ログインページ。ここでログインする。

## アカウント管理はUserで

このサンプルでは、アカウントの管理に、既に作成したUserモデルをそのまま利用しています。ですから、http://localhost:3000/users/addにアクセスすれば、いつでもアカウントを追加できます。

（実際にアプリを公開する際には、/usersに用意するのはログインと新規作成など必要な機能だけにし、他は削除したほうが良いでしょう）

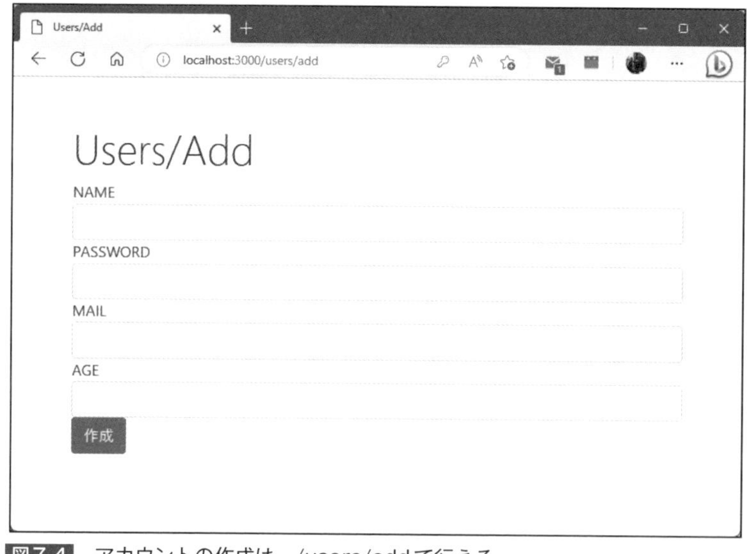


図7-4 アカウントの作成は、/users/addで行える。

## ユーザーのホーム

メッセージの一覧で、ユーザー名の部分をクリックすると、そのユーザーの投稿をまとめて表示するページに移動します。これも前後のページ移動で以前のものまで遡って見ることができます。

図7-5　ユーザーのホーム。投稿したメッセージが一覧表示される。

Chapter 1 Chapter 2 Chapter 3 Chapter 4 Chapter 5 Chapter 6 Chapter 7

## 作成するファイル

では、新しいメッセージボードにはどのようなファイル類が必要になるでしょうか。簡単に整理しておきましょう。

### ●モデル

| User | メンバーの管理には、既に作成したUserモデルを利用します。 |
|---|---|
| Board | メッセージの管理用のモデルを新たに追加します。 |

### ●ルーティング処理

| users.js | Userを扱うusers.jsに、ログインの機能を追加します。 |
|---|---|
| boards.js | メッセージボードのメイン部分です。 |

●ビュー（テンプレート）

| | |
|---|---|
| users/login.ejs | ログイン用のテンプレートを「users」フォルダーに用意します。 |
| boards/index.ejs | メッセージボードのメインページです。「boards」フォルダーに用意します。 |
| boards/home.ejs | 利用者のページです。「boards」フォルダーに用意します。 |
| boards/data_item.ejs | 表示項目のパーシャルです。「boards」フォルダーに用意します。 |

アプリに必要なものはこれだけです。他、マイグレーションファイルなども必要に応じて生成することになるでしょう。



## 必要なパッケージについて

アプリの作成に入る前に、このアプリで必要になるパッケージ類についても整理しておきましょう。

ここでは、既に作成されている「ex-gen-app」プロジェクトに追加する形で作成をしていきます。が、「独立したアプリとして一から作りたい」という人もいるでしょう。その場合、Expressジェネレーターでプロジェクトを作成後、必要なパッケージをインストールする必要があります。

アプリケーションで用意しなければいけないパッケージは、package.jsonの"dependencies"に記述されていましたね。ここに、以下のような項目が用意されていることを確認して下さい。

リスト7-1

```
"dependencies": {
  "@prisma/client": "^4.13.0",
  "cookie-parser": "~1.4.6",
  "ejs": "~3.1.9",
  "express": "~4.18.2",
  "express-session": "^1.17.3",
  "express-validator": "^7.0.1",
  "morgan": "~1.10.0",
  "sqlite3": "^5.1.6"
}
```

それぞれのパッケージのバージョンは、2023年5月現在の最新のExpressとPrismaで使われるものになっています。更に新しいバージョンがリリースされていれば、各バージョン番号は更に変更する必要があるでしょう。

新しくプロジェクトを作って開発する場合は、npm installを使い、これらのパッケージをインストールするのを忘れないようにして下さい。また、Prismaで使うデータベースの設定も行う必要があります。「prisma」フォルダーのschema.prismaを開いてdatasource dbの値を以下のように修正します。

リスト7-2
```
datasource db {
  provider = "sqlite"
  url      = env("DATABASE_URL")
}
```

続いて「.env」を開き、DATABASE_URLの項目を以下のように書き換えましょう。

```
DATABASE_URL="file:./mydb.db"
```

これで「prisma」フォルダー内のmydb.dbデータベースファイルをSQLite3で使うようになりました。これでアプリの基本的なセットアップは完了です。

## Boardモデルの作成

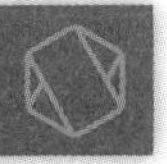

Prismaを利用する場合、まず最初に行うべきことはモデルの作成でしたね。まずは、新たに作成するモデル「Board」を作成します。このモデルは、以下のような項目を持っています。

| | |
|---|---|
| id | レコードに割り当てられる識別用の値です。 |
| message | 投稿したメッセージのテキストです。 |
| account | 投稿したユーザーのUserオブジェクトです。 |
| accountId | accountのUserオブジェクトのid値です。 |
| createdAt | 作成日時です。 |
| updatedAt | 更新日時です。 |

実際にメッセージボードで必要となる情報は「message」だけです。ここに投稿したメッセージを保管します。createdAtやupdatedAtなどは、まぁなくてもいいのですが、こうした作成更新日時を保管するのはデータベースの基本として行っておくことにしました。

この中で、モデルの連携のために用意されているのが「account」と「accountId」です。これらにより、このメッセージを投稿したユーザーのUserオブジェクトが取り出せるようになっています。

## 連携のための２つの項目

「なぜ、accountとaccountIdと２つ必要なのか？」と疑問に思った人。この２つは、少し性質が異なるものなのです。

SQLデータベースのテーブルにおいて、他のテーブルのレコードとの連携のために用意される項目は、「accountId」だけなのです。ここに、そのBoardレコードを投稿したUserのレコードのidが保管され、これによってどのユーザーがメッセージを投稿したかわかるようになっています。つまりデータベースには、accountという項目は存在しないのです。

「account」というのは、accountIdの値から自動的に用意される値なのです。モデルの連携処理を行うとき、「相手側のレコードのidだけわかればいい」ということはありません。idの値を元にレコードを検索し、そこから情報を取得し利用することになるでしょう。

これをPrismaによって自動的に行うようにするために用意されているのが「account」です。ここにはaccountIdの値を元にUserモデルから関係するレコードのオブジェクトが取得され、割り当てられるようになっています。こうすることで、連携するUserの値を自由に利用できるようにしているのです。

## Boardモデルを記述する

では、Boardモデルを記述しましょう。「prisma」フォルダー内の「schema.prisma」ファイルを開き、以下のコードを追記して下さい。

リスト7-3

```
model Board {
  id Int @id @default(autoincrement())
  message String
  account User @relation(fields: [accountId], references: [id])
  accountId Int
  createdAt DateTime @default(now())
  updatedAt DateTime @updatedAt
}
```

中には見覚えのない記述もありますね。idに用意されている@defaultとautoincrementは既にUserモデルでも使いました。またcreatedAtのnowや、updatedAtで使っている@updatedAtも説明済みですね。

### @relationによるリレーションの設定

問題は、「account」に用意されている値です。ここには、「@relation」というオプションが用意されています。これは以下のように記述されます。

```
@relation(fields: 連携先のIDが保管されたフィールド, references: 連携先のIDフィールド)
```

fieldsとreferencesに、それぞれ連携するモデルのIDフィールドを指定します。これにより、fieldsに指定した項目(accountIdフィールド)の値と、連携先の項目(Userモデルのidフィールド)が等しいものをこのaccountに割り当てるようになっているのです。

## Userモデルの修正

続いて、Userモデルにも連携のための項目を追加しましょう。既にUserモデルは記述されていますね。これを以下のように修正して下さい。

リスト7-4

```
model User {
  id Int @id @default(autoincrement())
  name String @unique
  pass String
  mail String?
  age Int @default(0)
  createdAt DateTime @default(now())
  updatedAt DateTime @updatedAt
  messages Board[] //☆
}
```

修正したのは、☆マークの1文のみです。これを新たに追記しています。この項目は、連携するBoardモデルからこのレコードと関係するものをすべて配列にして保管するものです。

先にBoardに用意したaccountでは、連携のための@relationオプションを用意していました。けれど、このmessagesには、こうした連携のためのオプションはありません。@relationのようなオプションは必要ないのです。こうしたオプションは、片方にだけ用意すればいいのです。

## 連携モデルの「主」と「従」

モデルの連携を考えるとき、2つのモデルの「どちらが主で、どちらが従か」を考える必要があります。主と従というのは、「どちらが連携の中心的なものであり、どちらが従属する側になるか」です。

主モデルというのは、連携の中心的なものであり、これがなければ連携が作れないものです。そして従モデルは、主モデルに依存する形で値が保管されるものです。

例えばこの例で考えるならば、Userモデルは、Boardモデルがなくとも使えます。これ単体で機能するものであり、Boardとの連携は「付け足し」でしかありません。

これに対し、Boardは、Userとの連携がないと機能しません。連携がないとただのメッセージの保管場所であり、「誰がメッセージを投稿したか」を管理するためにはUserとの連携が必須です。Userのmessagesは「BoardにUserを連携したため、結果として用意されるようになったもの」といっていいでしょう。

こう考えると、Userは「連携がなくとも別にかまわない」ものであり、Boardは「連携しないと役割を果たせない」ものであると考えられます。つまり、Userが「主」モデルであり、Boardが「従」モデルと考えていいでしょう。

@relationオプションは、従モデル側に用意します。すなわち、「連携しないと役割を果たせない側」に用意する、と考えればいいでしょう。

なお、この主と従は、「いつの場合も必ずそうする」というわけではありません。場合によっては、User側を従モデルとして扱ったほうがいいこともあるかも知れません。作成するアプリケーションでモデルをどのように位置づけるかをよく考えて主と従の役割を決め、@relationを付加するモデルを決定するようにしましょう。



## @relationのない連携項目の値は？

では、@relationがない連携の項目の値はどうなるのでしょう。ちゃんと連携するモデルの値が保管されるのでしょうか。何も設定などしていないのに？

例えば、Userに追加したmessages Board[]は、何も設定などないのに、ちゃんとそのユーザーが投稿したBoardをすべて取り出せるのでしょうか。答えは、「いいえ」です。デフォルトでは、値は取り出せません。実際に値を取り出そうとすると値はundefinedになっており、何も使われていないことがわかるでしょう。

この「連携先のモデルを指定するだけで、@relationも何も設定されていない項目」は、そのままでは実は何の値も取り出せないのです。どうするのかというと、findManyなどでレコードを取得する際に「include」というオプションを指定することで、値が取り出されるようになります。

つまり@relationを指定してない連携モデルは、明示的に「この項目には連携するモデルを取り出して下さい」ということを指定しないと値を取り出さないようになっているのですね。

この「include」の使い方については、実際に連携するモデルを利用するソースコードを作成する際に改めて説明することにしましょう。ここでは、「連携モデルの情報は、モデルの定義だけでなく、findManyで取り出す際にもオプションで指定する必要がある」ということだけ頭に入れておいて下さい。

## マイグレーションの実行

モデルを用意できたら、マイグレーションを実行してモデルをデータベースに反映させます。では、VS Codeのターミナルを開き、以下のコマンドを実行しましょう。

```
prisma migrate dev --name initial
```

```
問題　出力　デバッグ コンソール　ターミナル　　cmd

C:\Users\tuyan\Desktop\ex-gen-app>prisma migrate dev --name initial
Environment variables loaded from .env
Prisma schema loaded from prisma\schema.prisma
Datasource "db": SQLite database "mydb.db" at "file:./mydb.db"

Applying migration `20230420111303_initial`

The following migration(s) have been created and applied from new schema changes:

migrations/
  └─ 20230420111303_initial/
    └─ migration.sql

Your database is now in sync with your schema.

✔Generated Prisma Client (4.13.0 | library) to .\node_modules\@prisma\client in
48ms



C:\Users\tuyan\Desktop\ex-gen-app>
行 26、列 17　スペース: 2　UTF-8　LF　プレーンテキスト
```

図7-6　prisma migrateコマンドでマイグレーションを実行する。

実行すると、「prisma」フォルダーの「migrations」フォルダー内に、新たにフォルダーが作成されます。この中にSQLのコードが書かれたmigration.sqlファイルが作られ、これを元にデータベースが更新されます。

### migration.sqlの内容

では、作成されたmigration.sqlにはどのようなコードが書かれているのでしょうか。ファ

イルを開くと、おそらく以下のようなものが書かれているでしょう。

リスト7-5

```
-- CreateTable
CREATE TABLE "Board" (
    "id" INTEGER NOT NULL PRIMARY KEY AUTOINCREMENT,
    "message" TEXT NOT NULL,
    "accountId" INTEGER NOT NULL,
    "createdAt" DATETIME NOT NULL DEFAULT CURRENT_TIMESTAMP,
    "updatedAt" DATETIME NOT NULL,
    CONSTRAINT "Board_accountId_fkey" FOREIGN KEY ("accountId") REFERENCES
        "User" ("id") ON DELETE RESTRICT ON UPDATE CASCADE
);
```



CREATE TABLEというSQLのクエリーで「Board」テーブルを生成しています。Boardモデルに用意されている各項目とほぼ同じものがテーブルのカラムとして作成されているのがわかるでしょう。またCONSTRAINTというもので、Userテーブルとの連携に関する設定も行われていることがわかります。詳細は、SQL言語の知識が必要となりますので、もっと詳しく知りたい人はSQLについて調べてみて下さい。

ところで、生成されたSQLのコードには、Boardテーブルの生成処理だけが書かれていて、Userテーブルの更新に関するコードは全くありません。実は、Userテーブルは一切変更されないのです。先ほどUserモデルに追記したmessagesという項目は、Prismaによって値を割り当てるのに使われるものです。データベースのテーブルには、このmessagesというカラムは追加されないのです。従って、Userテーブルは全く変更されません。

## Prisma Studioでデータベースを確認する

では、作成されたBoardテーブルを確認し、ダミーのレコードをいくつか用意しておくことにしましょう。これは、Prisma Studioを利用しましょう。VS Codeのターミナルから「prisma studio」コマンドを実行して下さい。

Prisma Studioは、先にUserモデルを作成した際に使いました。このため、Userテーブルの画面が直接開かれるでしょう。Userは、テーブルとしては特に更新はされていませんでした。

しかし、Userテーブルに表示されている項目を見ると、右端に「messages」という項目が追加され、そこに「0 Board」というように関連するBoardのレコード数が表示されるようになっていることに気がつきます(なお、Userに追加したmessagesが表示されなかった人もいるかもしれません。その場合は、「Fields」をクリックしてmessagesのチェックをONにしてください。これでmessagesが表示されます)。

Boardテーブルは更新されませんが、作成したBoardモデルを元に、ちゃんとmessagesの項目が用意され、値も設定されるようになっているのですね。つまりPrisma Studioは、単に「データベースにアクセスしてテーブルのレコードを表示する」というものではなく、Prismaのモデルを元に、テーブルにはない項目などもきちんと用意し値を取り出せるようになっているのです。

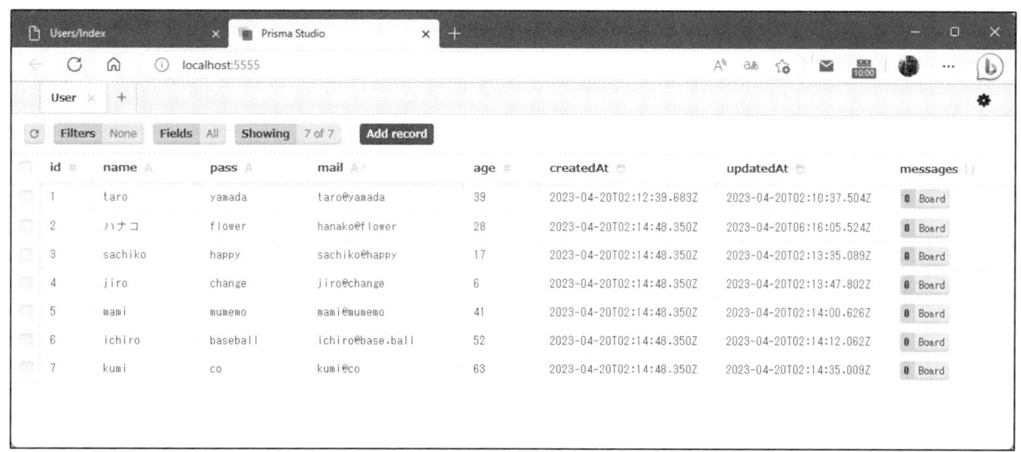

図7-7 Prisma Studioで「User」テーブルが開かれたところ。

## モデルの選択画面

では、モデルの選択画面に戻りましょう。左上にある「User」とモデル名が表示されたタブの「×」マークをクリックして閉じると、「Open a Model」画面に変わります。ここでは、All Modelsのところに「Board」「User」と2つのモデルが表示されるようになっているでしょう。また、その上に「Recently Opened」と最近編集したモデルも表示されているはずです。

では、これらの表示から「Board」モデルをクリックして開きましょう。

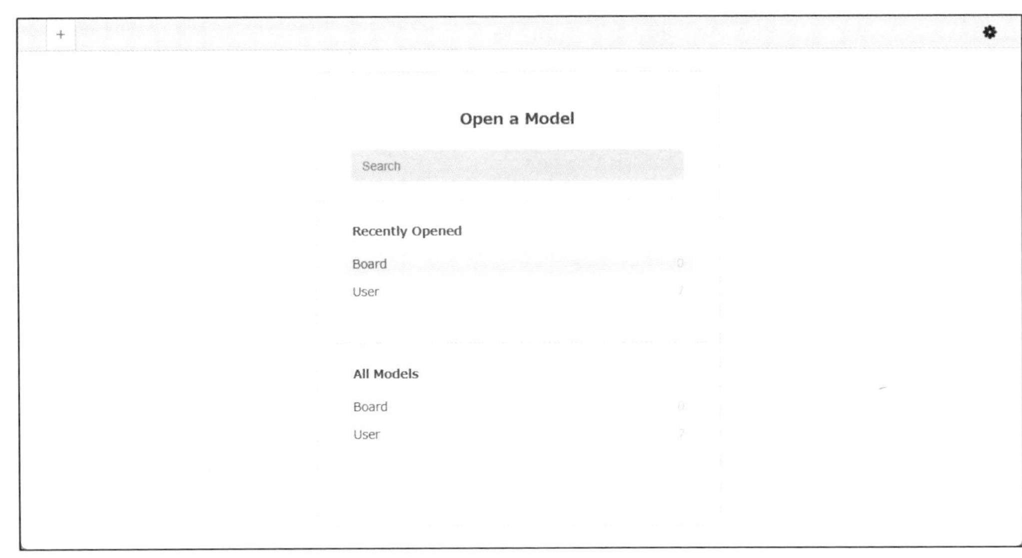


図7-8 Open a Model画面。UserとBoardのモデルが表示される。

## Boardにレコードを作成する

Boardモデルが開かれます。Boardに用意されている項目が表示されていることでしょう。ここには「account」と「accountId」の両方が表示されているはずです。テーブルではなく、モデルの情報を元に内容を表示していることが確認できます。

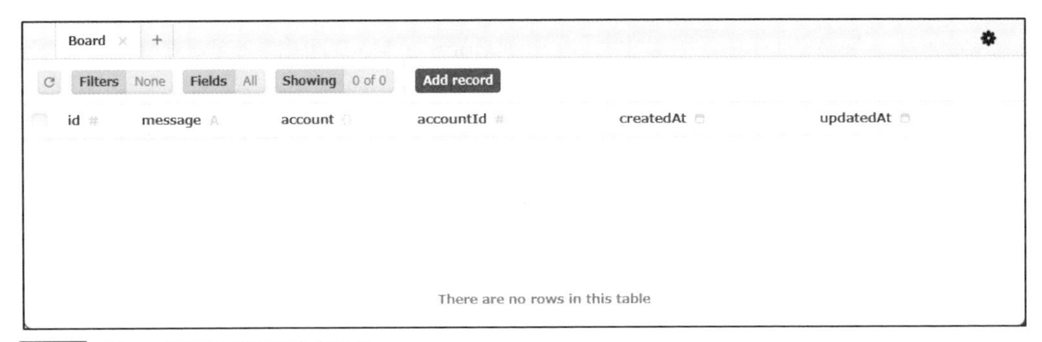


図7-9 Boardモデルを開いたところ。

では、Boardにダミーのレコードをいくつか作成しましょう。上部に見える「Add Record」ボタンをクリックして下さい。

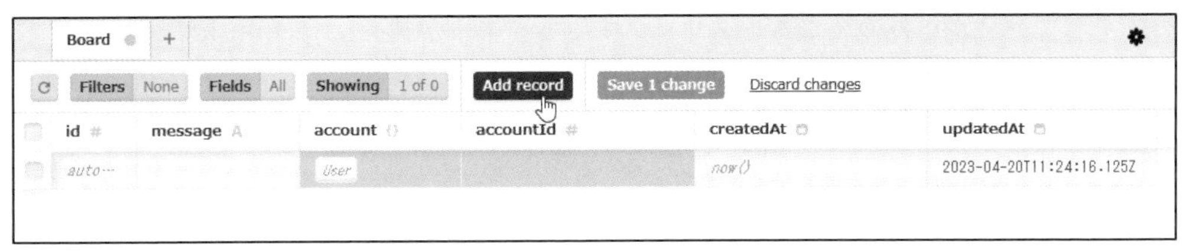


図7-10 「Add Record」ボタンをクリックする。

新しいレコードが追加されます。Boardでは、直接入力する必要があるのは「message」と「accountId」だけです。まずは「message」をクリックし、サンプルのメッセージを記入しましょう。「accountId」には、適当に数字を入力して下さい。この値は、Userテーブルに用意されているレコードのIDです。存在するレコードのIDを記入しておいて下さい。

図7-11 レコードに値を入力する。

いくつかレコードを作成したら、「Save ○○ changes」ボタンをクリックして追加した情報をデータベースに反映させましょう。

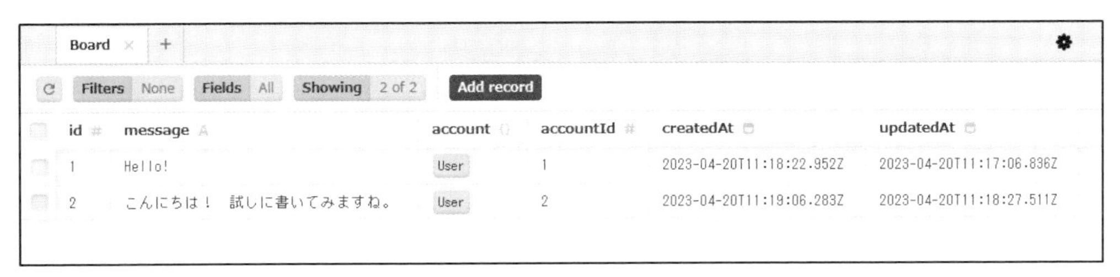


図7-12 いくつかレコードを作成したら保存しておく。

## 連携するモデルを見る

レコードを作成するとき、注意が必要なのが「accountId」の値です。ここには、存在するUserテーブルのレコードのIDを指定しないといけません。

実は、これは簡単に確認することができます。「account」の項目のところを見ると、「User」という小さなグレーのボタンが用意されています。これをクリックしてみて下さい。その場に黒いパネルが現れ、そこに連携するUserモデルの内容が表示されます。ここから使用したいレコードのチェックボックスをクリックしONにすればいいのです。

そしてパネル以外のところをクリックするとパネルが消え、accountIdにチェックした項目のIDが入力されます。

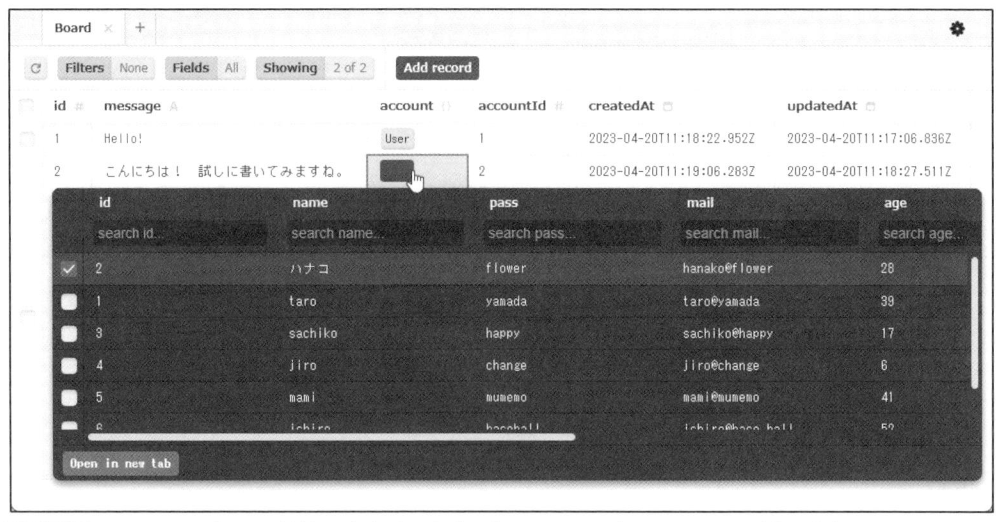


図7-13　accountの「User」ボタンをクリックすると、Userモデルのレコードが表示される。

これは、Boardモデルだけでなく、Userモデルでも同じです。Userモデルに追加された「messages」項目にも、同様に「○○ Board」とボタンが表示されています。これをクリックすると、Boardモデルのレコードが表示されます。ここから連携させたい項目のチェックボックスをすべてONにしてパネルを閉じれば、それらがmessagesに設定されます。

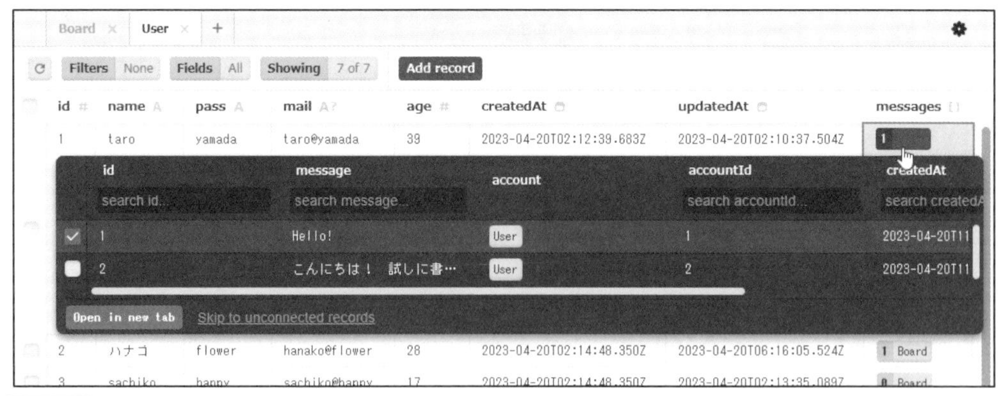


図7-14　Userのmessagesにある「○○ Board」ボタンでも、連携するBoardのレコードを表示できる。

## ログイン処理を作成する

では、プログラムの作成に進みましょう。まずは、ログインの処理からです。「users.js」を開いて、以下の処理を、最後のmodule.exports = router; の前に記述しましょう。

リスト7-6

```
router.get('/login', (req, res, next) => {
  var data = {
     title:'Users/Login',
     content:'名前とパスワードを入力下さい。'
  }
  res.render('users/login', data);
});

router.post('/login', (req, res, next) => {
  prisma.User.findMany({
    where:{
      name:req.body.name,
      pass:req.body.pass,
    }
  }).then(usr=>{
    if (usr != null && usr[0] != null) {
      req.session.login = usr[0];
      let back = req.session.back;
      if (back == null){
        back = '/';
      }
      res.redirect(back);
    } else {
      var data = {
        title:'Users/Login',
        content:'名前かパスワードに問題があります。再度入力下さい。'
      }
      res.render('users/login', data);
    }
  })
});
```

ここでは、router.get('/login',……); に/loginにアクセスした際の表示を用意し、router.post('/login',……);にフォームを送信した後の処理を用意しています。

router.getは、わかりますね。アクセスしたら、「users」フォルダー内のlogin.ejsを読み込んで表示しているだけです。特に難しいものはありません。

## ログイン時の処理

ポイントは、router.postになります。ここで、フォームを送信された際の処理を用意しているのです。

ここでは、まずprisma.User.findManyを呼び出し、送信されたnameとpassの値を使ってUserモデルを取得しています。

```
prisma.User.findMany({
  where:{
    name:req.body.name,
    pass:req.body.pass,
  }
})
```

これで、送信されたフォームのnameとpassの値が一致するUserを取り出します。ここで注意したいのは、「findManyでモデルを取得する」という点です。「ログインしたユーザーのUserを1つだけ取り出すんだから、findUniqueの方が良いのでは?」と思ったかも知れません。が、findUniqueは、あるユニークなフィールドの値を指定して1つのオブジェクトを取り出す、というものです。例えば、「idが○○のUserを取り出す」といったものですね。

ここでのように、nameとpassを元にレコードを検索して取り出す、というような用途には、findUniqueは使えません。このようなやり方では、いくつレコードが取り出されるか事前にはわかりませんから、複数レコードに対応するfindManyを使うのが基本です。

## Userが取得できたときの処理

モデルを取り出した後の処理は、thenに用意されています。ここでは、取得したUserをセッションに保管し、リダイレクトする処理を行います。

```
.then(usr=>{
  if (usr != null && usr[0] != null) {
    req.session.login = usr[0];
    let back = req.session.back;
    if (back == null){
      back = '/';
    }
    res.redirect(back);
  }
```

引数のusrに、findManyで取得したUserオブジェクトの配列が渡されます。これがnullではなくて、かつ最初の要素がnullでなければ、Userが取り出せた(つまり、送信したフォームのnameとpassが一致するUserが存在した)ということになります。

req.session.login = usr;で、セッションのloginという値に取り出したUserオブジェクトを保存し、req.session.backの値かトップページにリダイレクトします。

もしnullだった場合は、値が取り出せなかった(つまりログインできない)ということで、再度login.ejsを表示しています。

このログイン処理は、Boardだけでなく、この後に作成する別のアプリでも利用します。

## login.ejsを作成する

/loginの処理部分ができたら、ログインページのテンプレートを作りましょう。「views」フォルダー内の「users」フォルダーに、新たに「login.ejs」というファイルを作成して下さい。そして、以下のように内容を記述しましょう。

リスト7-7

```
<!DOCTYPE html>
<html lang="ja">
<head>
  <meta http-equiv="content-type"
      content="text/html; charset=UTF-8">
  <title><%= title %></title>
  <link href="https://cdn.jsdelivr.net/npm/bootstrap@5.0.2/dist/css/ ↵
    bootstrap.css"
    rel="stylesheet" crossorigin="anonymous">
  <link rel='stylesheet' href='/stylesheets/style.css' />
</head>

<body class="container">
  <header>
    <h1 class="display-4">
      <%= title %></h1>
  </header>
  <div role="main">
    <p><%- content %></p>
    <form method="post" action="/users/login">
      <div class="form-group">
        <label for="name">NAME</label>
        <input type="text" name="name" id="name"
          class="form-control">
      </div>
      <div class="form-group">
        <label for="pass">PASSWORD</label>
```

```
        <input type="password" name="pass" id="pass"
          class="form-control">
      </div>
      <input type="submit" value="ログイン"
        class="btn btn-primary">
    </form>
    <p class="mt-4"><a href="/boards">&lt;&lt; Top へ戻る</a>|
      <a href="/users/add">アカウントの作成&gt;&gt;</a></p>
  </div>
</body>

</html>
```

Chapter 1
Chapter 2
Chapter 3
Chapter 4
Chapter 5
Chapter 6
Chapter 7

ここでは、<form method="post" action="/users/login">という形でフォームを用意しています。このlogin.ejsが使われるのも、/users/loginですから、同じアドレスにフォームを送信して処理する形になります。フォームには、nameとpassという2つの入力フィールドを用意してあり、これが送信されUserのnameとpassに使われます。

## boards.jsを作成する

ログインの処理はこれでできました。では、いよいよメッセージボード部分を作成しましょう。

メッセージボードの部分は、Boardモデルを中心に作成されます。そこで、これらは「/boards」というパスに割り当てることにします。「routes」フォルダーを開き、その中に「boards.js」という名前でファイルを作成して下さい。そして以下のように内容を記述しましょう。

リスト7-8

```
const express = require('express');
const router = express.Router();

const ps = require('@prisma/client');
const prisma = new ps.PrismaClient();

const pnum = 5; // ☆1ページあたりの表示数

// ログインのチェック
function check(req,res) {
  if (req.session.login == null) {
    req.session.back = '/boards';
```

```
    res.redirect('/users/login');
    return true;
  } else {
    return false;
  }
}

// トップページ
router.get('/',(req, res, next)=> {
  res.redirect('/boards/0');
});

// トップページにページ番号をつけてアクセス
router.get('/:page',(req, res, next)=> {
  if (check(req,res)){ return };
  const pg = +req.params.page;
  prisma.Board.findMany({
    skip: pg * pnum,
    take: pnum,
    orderBy: [
      {createdAt: 'desc'}
    ],
    include: {
      account: true,
    },
  }).then(brds => {
    var data = {
      title: 'Boards',
      login:req.session.login,
      content: brds,
      page:pg
    }
    res.render('boards/index', data);
  });
});

// メッセージフォームの送信処理
router.post('/add',(req, res, next)=> {
  if (check(req,res)){ return };
  prisma.Board.create({
    data:{
      accountId: req.session.login.id,
      message:req.body.msg
    }
  })
```

```
    .then(()=>{
      res.redirect('/boards');
    })
    .catch((err)=>{
      res.redirect('/boards/add');
    })
});

// 利用者のホーム
router.get('/home/:user/:id/:page',(req, res, next)=> {
  if (check(req,res)){ return };
  const id = +req.params.id;
  const pg = +req.params.page;
  prisma.Board.findMany({
    where: {accountId: id},
    skip: pg * pnum,
    take: pnum,
    orderBy: [
      {createdAt: 'desc'}
    ],
    include: {
      account: true,
    },
  }).then(brds => {
    const data = {
      title: 'Boards',
      login:req.session.login,
      accountId:id,
      userName:req.params.user,
      content: brds,
      page:pg
    }
    res.render('boards/home', data);
  });
});

module.exports = router;
```

# boards.jsのポイントを整理する

ここでは、「トップページ」「フォームの送信アドレス」「ホームページ」の3つのアドレスに処理を割り当ててあります。他、ユーティリティ的に「ログインチェックをする関数」も用意してあります。

## ログイン状態のチェック

では、やっていることを見てみましょう。まず、ログイン状態をチェックするcheckという関数を定義していますね。これは、割と単純なものです。

```
if (req.session.login == null) {
  req.session.back = '/boards';
  res.redirect('/users/login');
  return true;
}
```

セッションからloginという値がnullかどうかを調べています。nullならログインしていないということになるので、ログインページにリダイレクトし、trueを返します。nullでないなら、falseを返します。つまり、checkを呼び出した結果がtrueならログインしていないということがわかるのです。

req.session.backに'/boards'と値を渡していますが、これはログイン後に戻るページのアドレスです。

## メッセージを新しい順に取り出す

続いて、トップページにアクセスした処理(router.get('/:page',……);部分)です。ここでは、トップページにページ番号をつけてアクセスするようになっています。この番号を使い、一定数ごとにBoardを取り出して表示します。

まず最初に、ログインしているかチェックを行い、それからページ番号を変数に取り出しています。

```
if (check(req,res)){ return };
const pg = +req.params.page;
```

ログインのチェックは、check関数で行います。これがtrueならログインしていないので、そのままreturnしておしまいです。ページ番号はpageパラメータから取り出しますが、整数にするため冒頭に+を付けています。

そうでない場合は、以下のようにしてBoardから指定のページの値を取り出します。

```
prisma.Board.findMany({
  skip: pg * pnum,
  take: pnum,
  orderBy: [
    {createdAt: 'desc'}
  ],
  include: {
    account: true,
  },
})
```

ここではページ番号と1ページあたりの表示数から、表示するページの表示数のレコードをモデルとして取り出しています。それを行っているのが下のオプション設定です。

```
skip:: pg * pnum,
take: pnum,
```

skipは値を取り出す位置、takeは取り出す個数を示すものでしたね。取り出す位置は、「1ページあたりの数×ページ数」で指定しています。

## ソート設定について

続いて、取り出す値の並び順を指定します。これは、「orderBy」オプションで指定しています。

```
orderBy: [
  {createdAt: 'desc'}
],
```

このorderは、配列でソートに使う項目を指定するものでしたね。ここでは、{createdAt: 'desc'}という値を用意して、「createdAtの値が新しいものから順」に並べ替えてBoardを取得しています。

## 連携モデルをincludeで読み込む

その後にある「include」という値は、関連付けられた他モデルの読み込みに関するものです。これは以下のように用意されています。

```
include: {
  account: true,
},
```

includeは、モデルに用意されている連携のための項目を使って連携先のモデルの情報まで取り出すかどうかを示すものです。先にモデルの説明をしたときに、「連携するモデルを取り出すときは、includeというオプションを用意する必要がある」といったのを覚えていますか。これが、そのためのオプションなのです。

ここでは、{account: true} という値が用意されています。accountというのは、Boardモデルに用意されている項目で、ここに連携するUserが保管できるようになっていました。このincludeにより、実際にUserがaccountに代入されるようになる、というわけです。逆に、includeにこのように値を用意しなければ、accountの項目には値は用意されません(値を取り出すとundefinedになります)。

これで、prisma.Board.findManyの内容がわかりました。skip, take, orderBy, includeといった設定を用意して、必要な情報を取り出していたのですね。

## メッセージの追加

router.post('/add',……); というメソッドでは、フォーム送信されたメッセージをBoardに追加する処理を用意しています。これは、以下のようにして実行しています。

```
prisma.Board.create({
  data:{
    accountId: req.session.login.id,
    message:req.body.msg
  }
})
```

accountIdには、req.session.loginでセッションに保管されているログインユーザーのUserからidを取り出し設定しています。そしてmessageには、req.body.msgで、送信されたフォームのmsgを設定しています。

これをcreateで保存後、/boardsにリダイレクトすれば作業完了というわけです。

## ホームの表示

router.get('/home/:user/:id/:page',……); というメソッドでは、/homeにアクセスした際の表示を行っています。ここでは、user, id, pageという3つの値がパラメータとして用意されていますね。それぞれ「表示するユーザー名」「表示するユーザーのID」「表示するページ」の値になります。

まず、ユーザーIDとページ番号を変数に取り出します。

```
const id = +req.params.id;
const pg = +req.params.page;
```

そして、これらの値を元にprisma.Board.findManyでBoardを取り出します(どちらも整数の値として取り出すため冒頭に+を付けています)。このメソッドには、where, skip, take, orderBy, includeと多数のオプション設定の情報が用意されています。

```
prisma.Board.findMany({
  where: {accountId: id},
  skip: pg * pnum,
  take: pnum,
  orderBy: [
    {createdAt: 'desc'}
  ],
  include: {
    account: true,
  },
})
```

where: {userId: id}でuserIdの値がidと同じBoardを検索していますね。skipとtakeは表示するページにあわせて取り出す位置と数を設定するものでしたね。orderByでは、{createdAt: 'desc'}で新しい投稿から順にソートを指定しています。そしてincludeでは、accountの項目(Userモデルのオブジェクト)も合わせて取り出すようにしています。

オプションが増えるとわかりにくくなりますが、1つ1つの設定はそう難しくはありません。何度か処理を書いていけば、基本的な使い方はすぐに覚えられるでしょう。

## boards.jsをapp.jsに組み込む

これで「routes」フォルダーのboards.jsが作成できました。これは、そのままでは使われませんでしたね。app.jsへの組み込みが必要でした。

では、app.jsを開き、適当な場所に以下の文を追記しましょう。「routes」フォルダーのhello.jsを読み込んでいる部分の前後に追記すればいいでしょう。

リスト7-9

```
var boardsRouter = require('./routes/boards');
app.use('/boards', boardsRouter);
```

これで、/boardsにアクセスすると、boards.jsの処理が実行されるようになりました。スクリプト関係は、これで完成です。意外と簡単だったんじゃないでしょうか。

## テンプレートを作成する

さあ、残るはテンプレート関係だけですね。結構たくさんあるので、どんどん作っていきましょう。

作成するのは、Board関係のテンプレートです。「views」フォルダー内に新しく「boards」というフォルダーを作成して、そこに以下のファイルを作ります。

| | |
|---|---|
| index.ejs | /boardsのトップページ |
| home.ejs | ホームページ |
| data_item.ejs | パーシャル |

フォルダーとファイルの作り方は、もうだいたいわかりますね。では、順にファイルを作成し、内容を記述していきましょう。

### index.ejsを作成する

続いて、「views」フォルダーの「boards」フォルダー内にある「index.ejs」ファイルです。これが、メッセージボードのトップ画面になります。

リスト7-10

```
<!DOCTYPE html>
```

```
<html lang="ja">
<head>
  <meta http-equiv="content-type"
     content="text/html; charset=UTF-8">
  <title><%= title %></title>
  <link href="https://cdn.jsdelivr.net/npm/bootstrap@5.0.2/dist/css/ ↵
    bootstrap.css"
    rel="stylesheet" crossorigin="anonymous">
  <link rel='stylesheet' href='/stylesheets/style.css' />
</head>

<body class="container">
  <header>
    <h1 class="display-4">
      <%= title %></h1>
  </header>
  <div role="main">
    <p class="h4">Welcome to <%= login.name %>.</p>
    <form method="post" action="/boards/add">
      <div class="row">
        <div class="col-10">
          <input type="text" name="msg"
            class="form-control">
        </div>
        <input type="submit" value="送信"
          class="btn btn-primary col-2">
      </div>
    </form>

    <table class="table mt-5">
      <% for(let i in content) { %>
      <%- include('data_item', {val:content[i]}) %>
      <% } %>
    </table>

    <ul class="pagination justify-content-center">
      <li class="page-item">
        <a href="/boards/<%= page - 1 %>"
          class="page-link">&lt;&lt; prev</a>
      </li>
      <li class="page-item">
        <a href="/boards/<%= page + 1 %>"
          class="page-link">Next &gt;&gt;</a>
      </li>
    </ul>
```

Chapter 1
Chapter 2
Chapter 3
Chapter 4
Chapter 5
Chapter 6
Chapter 7

```
  </div>
</body>

</html>
```

用意しているフォームは、<form method="post" action="/boards/add">という形にしてあります。これで/boards/addに送信してメッセージの追加処理を行います。

投稿メッセージは、<% for(let i in content) { %>というように繰り返しを使い、contentから順に値を取り出して表示を作成するようにしています。実際の表示は、こうなっていますね。

```
<%- include('data_item', {val:content[i]}) %>
```

data_item.ejsパーシャルファイルを読み込んで使っています。引数に{val:content[i]}を渡していますが、このcontentはデータベースから取得したBoardモデルの配列が渡されています。つまり、valにBoardモデルを設定してdata_item.ejsを呼び出していたわけですね。

## home.ejsファイルを作成する

続いて、「views」フォルダーの「boards」フォルダー内にある「home.ejs」ファイルを作成しましょう。

リスト7-11

```
<!DOCTYPE html>
<html lang="ja">
<head>
  <meta http-equiv="content-type"
      content="text/html; charset=UTF-8">
  <title><%= title %></title>
  <link href="https://cdn.jsdelivr.net/npm/bootstrap@5.0.2/dist/css/ ↵
    bootstrap.css"
    rel="stylesheet" crossorigin="anonymous">
  <link rel='stylesheet' href='/stylesheets/style.css' />
</head>

<body class="container">

  <header>
    <h1 class="display-4">
      <%= title %></h1>
  </header>
```

```
    <div role="main">
      <p class="h4"><%= userName %>'s messages.</p>
      <table class="table mt-5">
        <% for(let i in content) { %>
        <%- include('data_item', {val:content[i]}) %>
        <% } %>
      </table>

      <ul class="pagination justify-content-center">
        <li class="page-item">
          <a href="/boards/home/<%=userName %>/<%=accountId %>/ ↵
            <%= page - 1 %>"
            class="page-link">&lt;&lt; prev</a>
        </li>
        <li class="page-item">
          <a href="/boards/home/<%=userName %>/<%=accountId %>/ ↵
            <%= page + 1 %>"
            class="page-link">Next &gt;&gt;</a>
        </li>
      </ul>
    </div>
    <div class="text-left">
      <a href="/boards">&lt;&lt; Top.</a>
    </div>
  </body>

  </html>
```

Chapter 1 Chapter 2 Chapter 3 Chapter 4 Chapter 5 Chapter 6 Chapter 7

これは、特定ユーザーの投稿を一覧表示するものですね。メッセージの表示は、以下のように行っています。

```
<% for(let i in content) { %>
  <%- include('data_item', {val:content[i]}) %>
<% } %>
```

forを使い、contentから順にオブジェクトを取り出して、includeでdata_item.ejsを表示しています。基本的な使い方は先ほどのindex.ejsの場合と同じですね。

## data_item.ejsを作成する

最後に、「views」フォルダー内の「boards」フォルダー内に用意する「data_item.ejs」ファイルを作成しましょう。これは、パーシャルファイルです。渡されたBoardモデルを使い、Boardの内容をテーブルの<tr>タグとして生成します。

リスト7-12

```
<% if (val != null){ %>
  <tr class="row">
    <th class="col-2">
      <a class="text-dark" href="/boards/home/<%=val.account.name %>/
        <%=val.accountId %>/0">
        <%= val.account.name %></a></th>
    <td class="col-7"><%= val.message %></td>
    <%
      var d = new Date(val.createdAt);
      var dstr = d.getFullYear() + '-' + (d.getMonth() + 1) + '-' +
        d.getDate() + ' ' + d.getHours() + ':' + d.getMinutes() +
        ':' + d.getSeconds();
    %>
    <td class="col-3"><%= dstr %></td>
  </tr>
<% } %>
```

## 作成したら動作チェック！

これで、すべてのファイルが用意できました。実際にnpm startで実行し、/boardsにアクセスしてみましょう。

アクセスすると、まずログインページに移動し、そこでログインするとメッセージボードのページが現れます。メッセージを書いて送信すればそれが追加されますし、投稿メッセージのアカウントの名前をクリックすればそのユーザーの投稿メッセージが一覧表示されます。ページの前後の移動もできますね(ただし、機械的にページ番号を増減しているだけなので、マイナスのページやデータがないページも表示されます)。

まだまだ足りない機能もありますが、一応これで「データベースを利用したメッセージボード」は完成です！

# Section 7-2 API + AjaxでMarkdownツールを開発する

**ポイント**

- ▶ Ajaxによるサーバーアクセスの仕組みを理解しましょう。
- ▶ ExpressでAPIを作る方法を考えましょう。
- ▶ JSONを使ってデータをやり取りする方法をマスターしましょう。

## フロントエンドとバックエンドの分離

ここまで作成したサンプルは、基本的に「フォームを送信してデータを更新する」という方式のものでした。これはデータベース利用の基本といえますが、しかし最近ではこうしたやり方を取らないケースも増えてきています。

フォームを送信せずにどうやってこちらの情報をサーバーに送信し更新するのか。それは、「Ajax」を利用するのです。

Ajaxは、「Asynchronous JavaScript + XML」の略です。日本語にすれば「非同期JavaScriptとXML」というものですね(ただし、現在ではXMLはあまり使われてはいません)。JavaScriptには、非同期でサーバーにアクセスする機能が用意されています。これを使い、バックグラウンドでサーバーにアクセスして必要な情報をやり取りして動く——これがAjaxベースのアプリの基本的な考え方です。

Ajaxを利用する場合、フォームを送信することがないため、ページを移動したりリロードする必要がありません。表示されているページそのままに必要なところだけ情報が更新されていくのです。フォーム送信の場合、サーバーが立て込んでいたりするとなかなか反応が返ってこなくてイライラすることもありますが、Ajaxならバックグラウンドですべて処理するため、こうした待ち時間はなくなります。

ただし、フォームと違って非同期でサーバーにアクセスし、結果を受け取って処理するコードをすべてJavaScriptで実装しなければなりません。またサーバー側の処理も、これまでのようにフォーム送信を前提とした作りとは違った形にする必要があります。

## AjaxとAPI

では、Ajaxを利用した作りのアプリは、どのような構造になっているのでしょうか。これは、アプリを「フロントエンド(Webページとして表示される部分)」と「バックエンド(サーバー側)」に分け、両者をAjaxでつなぐように設計します。

### ●フロントエンド側

基本的に、Webページとして表示される部分はすべてフロントエンドで処理します。例えばデータを表示したりする処理も、JavaScriptでサーバーにアクセスし、受け取った結果を画面に表示されているエレメントの値として設定して表示をします。これまでのように、サーバー側でテンプレートを使ってページを作るようなことはしません。つまり「テンプレートエンジンは使えない」のです。

### ●サーバー側

サーバー側は、クライアント(Webブラウザで表示されているWebページ)から要求されると、それに応じて必要な結果を送信する形で作成します。つまり、サーバーでは「データを受け取って処理したり、取り出して送信する」という処理だけしか用意しません。データのやり取り以外の機能はサーバー側には用意できないのです。

フロントエンド側は、既に述べたように「Ajax」という技術を使いサーバーにアクセスをして結果を取得します。そしてサーバー側は、すべての機能を「API」と呼ばれる形で整理し実装します。

API（正確には「Web API」というもの）は、アプリケーションの機能を外部から呼び出して利用できるようにしたインターフェイスです。Webの基本的なプロトコルであるHTTPを使って必要な情報を受け取り、呼び出した側に必要な情報を返信します。データのやり取りにはXMLやJSONが使われます。最近ではJSONを使ってやり取りすることが多いので、ここでもそのような形で作ることにします。

# Web APIとしてのExpress

では、クライアントとサーバーの間をどのようにしてやり取りするのか、その基本的な仕組みを説明しましょう。まずは、APIとして機能公開するサーバー側の処理からです。

サーバー側は、Web APIとして利用できるような形で処理を用意する必要があります。これは、Expressを利用している場合、簡単に実装できます。

Expressでは、各パスにアクセスした際の処理をrouter.getなどで作成しました。Web APIの場合も、基本的には同じです。ただし、結果をテンプレートのレンダリングを使って返さず、JSONデータとして返せばいいのです。

**●Web APIとしてのルーティング処理**

```
router.get( パス, (req, res, next)=>{
  ……必要な処理……
  res.json( オブジェクト );
}
```

ここではrouter.getを使っていますが、router.postでも基本的には同じです。必要な処理を行った後、クライアント側に返す情報をオブジェクトにまとめ、res.jsonに引数として渡して実行すればいいのです。

これにより、引数のオブジェクトがJSONフォーマットのテキストに変換された値がクライアント側に送信されます。後は、それを受け取ったクライアント側でJSONデータからオブジェクトを生成して利用すればいいのです。

サーバー皮の処理作成のポイントは、たったこれだけです。APIというのは、意外と簡単に作れるんですね！



## Ajaxとfetch関数

続いてクライアント側の処理です。Webページの中からサーバーにAjaxでアクセスをするには「fetch」という関数を使います。これは以下のような形で呼び出します。

**●fetchの基本形**

```
fetch( アクセス先 ).then( 引数=>{……処理……});
```

fetchは非同期関数です。引数には、アクセスするURLをテキストで指定します。非同期であるため、そのまま戻り値は得られません。thenメソッドを呼び出し、この引数にコールバック関数を用意して処理をします。

コールバック関数では、サーバーからのレスポンスを示すResponseというオブジェクトが引数として渡されます。ここから必要な処理を呼び出します。ここではJSONを利用してデータをやり取りしますので、受け取った情報をJSONフォーマットとして解析し、JavaScriptのオブジェクトとして取り出します。これには「json」メソッドを使います。

**●JSONオブジェクトを得る**

```
《Response》.json().then( 引数=>{……処理……});
```

このjsonメソッドも非同期です。従って、thenでコールバック関数を用意し、そこで結果を引数として受け取ります。後は、引数で得られたオブジェクトから必要な情報を取り出して処理すればいいのです。

このfetchとjsonは連続して呼び出し利用することが多いでしょう。これらをまとめて実行する場合、その処理は以下のようになるでしょう。

**●fetchでJSONオブジェクトとして結果を得る**

```
fetch( アクセス先 ).then( 引数=>引数.json()).then( 引数=>{……処理……});
```

thenが2つも連なっているため非常にわかりにくいですが、1つ目のthenのコールバック関数は、単に引数のレスポンスからjsonを呼び出すだけです。そして2つ目のthenのコールバック関数で、サーバーから返された情報を受け取って処理をすることになります。

ちょっとわかりにくいですが、呼び出し方は決まっているので、基本的な書き方さえわかればすぐに使えるようになるでしょう。

## postとオプション情報の用意

単純に指定したURLにアクセスして情報を得る場合はこれでいいのですが、クライアント側から何らかの情報をサーバーに送信して処理を呼び出す場合はもう少し複雑になります。情報をサーバーに送る場合、一般的なGETアクセスではなくPOSTなどを利用することになります。

fetch関数は、デフォルトではGETでアクセスします。POSTの場合、オプションの設定情報を用意する必要があります。これは以下のような形で記述します。

**●オプション設定を指定する**

```
fetch( アクセス先, オブジェクト ).……
```

第2引数に、各種のオプション設定の情報をまとめたものを用意します。このオブジェクトには、アクセスの際に使われるヘッダー情報や、サーバーに送信するコンテンツなどをまとめます。

POSTで必要な情報をサーバーに送信する場合のオプション設定をまとめるなら、だいたい以下のような形になるでしょう。

**●POST時のオプション**

```
{
  method: 'post',
  headers: {
```

```
    'Content-Type': 'application/json'
  },
  body: コンテンツ,
}
```

**●用意する項目**

| | |
|---|---|
| method | アクセスに使うHTTPメソッド名 |
| headers | ヘッダー情報をまとめたもの |
| body | 送信するコンテンツ |



methodに'post'を指定すると、サーバーにPOSTで送信するようになります。headerには送信するヘッダー情報を用意します。ヘッダー情報は、ヘッダーの項目名と値をオブジェクトとしてまとめたもので、JSONでデータを送信する場合はContent-Typeに'application/json'を指定しておきます。

bodyには、送信するコンテンツを用意します。例えばフォーム情報を送信するなど、何らかの情報をサーバーに送る必要がある場合はこのbodyに値を用意します。

## Markdown管理ツールについて

では、実際にAjax + APIによるアプリケーションを作成してみましょう。ここでは例として、Markdownのコンテンツを登録し管理する簡単なツールを作成してみます。

「Markdown（マークダウン）」とは、技術系のドキュメントを書くための簡易言語です。HTMLも、ドキュメントを記述するのに使われていますが、Markdownはもっとシンプルな記号を使って、見出し、リスト、イメージ、ソースコードといったものをドキュメントにまとめることができます。

最近では、Markdownを使ってドキュメントを記述するようなサービスも増えて来ています。開発者になるなら、ぜひとも覚えておきたい技術といって良いでしょう。

このMarkdownを使って記述したドキュメントをデータベースに保存し、いつでも検索し表示できるようにしたのが、今回作成する「Markdownデータ管理ツール」です。

### トップページ

トップページには、ログインしたいるユーザー名が「Hi, ○○!」と表示され、その下に自分が投稿したデータのタイトルが新しいものから順にリスト表示されます。

更にその下には、タイトルとMarkdownのコンテンツを入力するフォームが表示され、ここにテキストを記入して「新規作成」ボタンを押せば新しいコンテンツを登録できます。

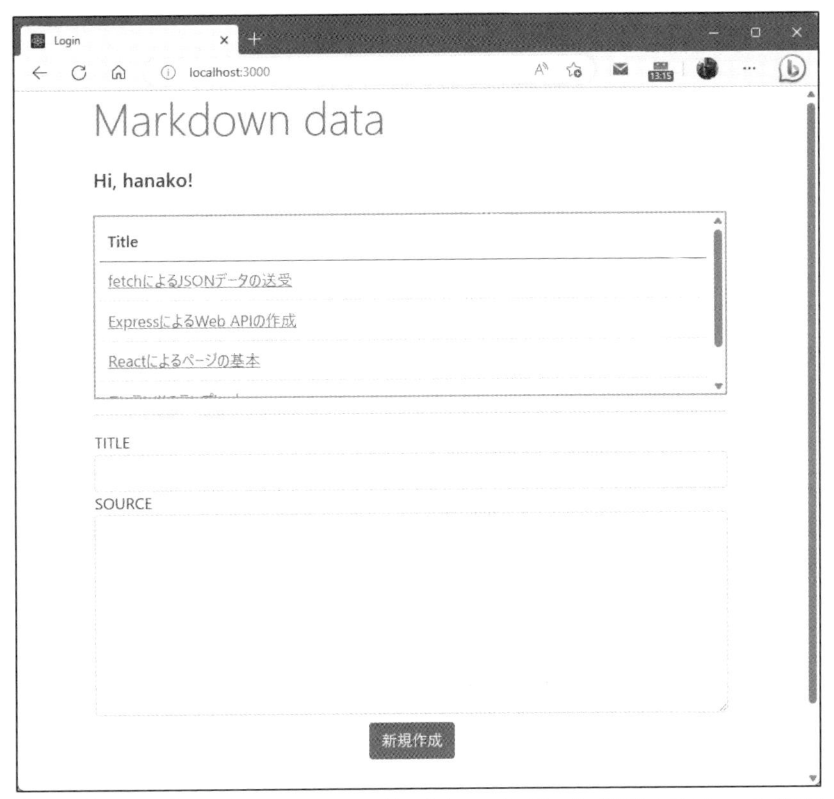


図7-15 トップページ。コンテンツのリストと、コンテンツを登録するフォームがある。

## ログインシステムは共通

このMarkdownデータ管理ツールも、ログインして利用するようになっています。このログイン関係の仕組みも、先ほど作成した改良版ミニメッセージボードと同じくUserを利用しています。トップページにアクセスすると、自動的にログイン画面にリダイレクトされるのでログインして下さい。

メッセージボードと違い、このツールでは、ログインするとそのユーザーの情報しか表示されません。自分が登録した内容が、自分以外の人間に見えたりすることはありません。

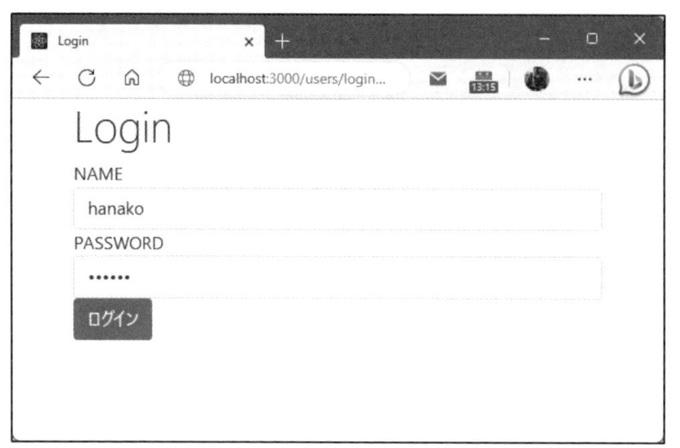


図7-16 ログインページ。ここで、登録されているユーザー名とパスワードを入力しログインする。

## Markdownの表示

検索結果のリストから見たいものをクリックすると、そのMarkdownのタイトルとコンテンツがフォームに出力されます。そのまま内容を書き換えて「更新」ボタンを押せば内容を変更できます。

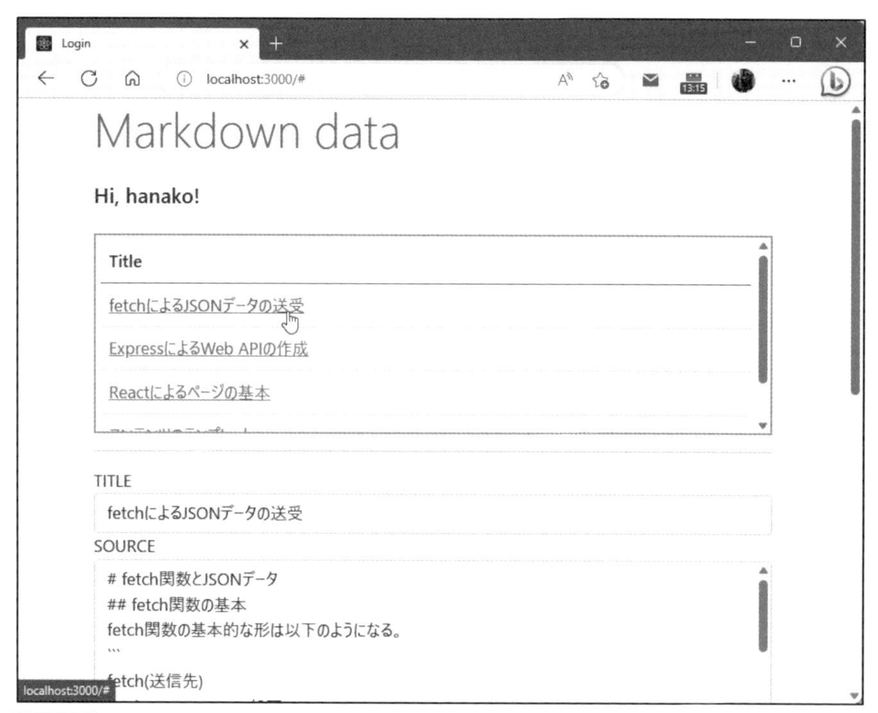


図7-17 検索されたタイトルをクリックすると、その内容が表示される。

フォームの下には、MarkdownコンテンツをHTMLでレンダリングされたものが表示されます。これで記述されたコンテンツが実際にどのように表示されるかが確認できます。

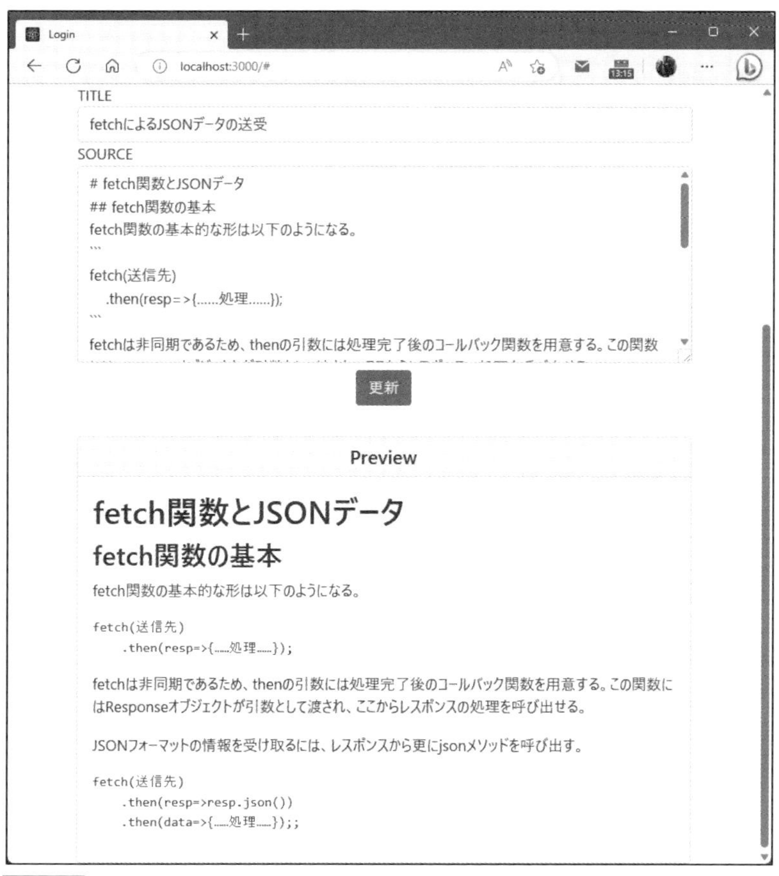


図7-18　コンテンツの下にはMarkdownでレンダリングされた結果が表示される。

## アプリケーションを作成する

では、アプリケーションを作成していきましょう。今回も、「ex-gen-app」プロジェクトに追加する形で作っていきます。

まず、必要なパッケージをインストールしましょう。今回は、Markdownの処理を行う「markdown-it」というパッケージを利用します。VS Codeのターミナルから以下のコマンドを実行してインストールしておきましょう。

```
npm install markdown-it
```

## 必要なパッケージについて

「ex-gen-app」を利用する場合はこれだけですが、もし「新しいアプリケーションとして一から作りたい」と思う場合は、必要なパッケージをすべてインストールする必要があります。package.jsoonの"dependencies"には、以下の項目が用意されている必要があります。

リスト7-13

```
"dependencies": {
  "@prisma/client": "^4.13.0",
  "cookie-parser": "~1.4.6",
  "express": "~4.18.2",
  "express-session": "^1.17.3",
  "express-validator": "^7.0.1",
  "markdown-it": "^13.0.1",
  "morgan": "~1.10.0",
  "sqlite3": "^5.1.6"
}
```

Chapter 1
Chapter 2
Chapter 3
Chapter 4
Chapter 5
Chapter 6
Chapter 7

## 新たにアプリを作る場合

新しいアプリとして作成をしたい場合は、package.jsonの"dependencies"を上記に書き換え、VS Codeのターミナルから「npm install」を実行すれば、これらのパッケージがすべてインストールされます。

その後、Prismaの初期画を行う必要があります。「prisma init」をターミナルから実行して下さい。そして作成された「schema.prisma」を開いてdatasourceの項目を以下に書き換えます。

リスト7-14

```
datasource db {
  provider = "sqlite"
  url      = env("DATABASE_URL")
}
```

更に「.env」を開き、DATABASE_URLの項目を以下のように書き換えて下さい。

```
DATABASE_URL="file:./mydb.db"
```

これで「prisma」フォルダー内のmydb.dbデータベースファイルをSQLite3で使うようになりました。これでアプリの基本的なセットアップは完了です。

# モデルを作成する

では、アプリの作成を行いましょう。まずは、モデルの作成からです。今回のMarkdownツールでは、ユーザーのアカウントを管理するモデルと、登録したMarkdownデータを管理するモデルが必要になります。アカウントの管理はUserモデルをそのまま使いますから、新たに用意する必要があるのはMarkdownのデータを管理するモデルだけです。

このモデルは、以下のような内容になります。

| 名前 | Markdata |
|---|---|

**●用意する項目**

| accountId | UserのID |
|---|---|
| title | タイトルの保管 |
| content | Markdownのコンテンツ |

accountIdは、登録したユーザーのIDを保管するものですね。これにより、そのデータの作成者のUserを関連付けます。保管するデータは、titleとcontentの2つだけです。割とシンプルですね。

後は、基本としてcreatedAt/updatedAtといったものも用意しておくことにします。またaccountIdとは別に、連携するUserオブジェクトを割り当てるためのaccountも用意することにしましょう。

「User」モデルの方も、修正をしておく必要があるでしょう。「marks」として、そのユーザーが作成したMarkdataの配列を保管できるようにしておくことにします。



## モデルを生成する

では、モデルを作成しましょう。まずはMarkdataからです。「prisma」フォルダーのschema.prismaを開き、以下のコードを追記して下さい。

リスト7-15

```
model Markdata {
  id Int @id @default(autoincrement())
  title String
  content String
  account User @relation(fields: [accountId], references: [id])
  accountId Int
```

```
  createdAt DateTime @default(now())
  updatedAt DateTime @updatedAt
}
```

## Userモデルを修正する

続いてUserモデルの修正を行っておきます。schema.prismaのmodel Userの部分に以下を追記します。

```
markdata Markdata[]
```

もし、新たにアプリを作成している場合は、Userモデルを以下のように修正すればいいでしょう。

リスト7-16

```
model User {
  id Int @id @default(autoincrement())
  name String @unique
  pass String
  mail String?
  age Int @default(0)
  createdAt DateTime @default(now())
  updatedAt DateTime @updatedAt
  markdata Markdata[]
}
```

## マイグレーションを実行する

これでモデルは完成です。では、マイグレーションしてデータベースに内容を反映しましょう。VS Codeのターミナルから以下を実行して下さい。

```
prisma migrate dev --name initial
```

これでマイグレーションが作成され、データベースにモデルの内容が反映されます。「migrations」フォルダー内には新しいマイグレーションのフォルダーが作られ、その中に「migration.sql」ファイルの形でSQLクエリーが記述されます。

もし、何らかの理由でマイグレーションがうまく実行できない場合は、SQLコマンドを実行して対応することができます。以下にmigration.sqlに出力されるSQLクエリーを掲載しておきましょう。

リスト7-17

```
-- CreateTable
CREATE TABLE "User" (
    "id" INTEGER NOT NULL PRIMARY KEY AUTOINCREMENT,
    "name" TEXT NOT NULL,
    "pass" TEXT NOT NULL,
    "mail" TEXT,
    "age" INTEGER NOT NULL DEFAULT 0,
    "createdAt" DATETIME NOT NULL DEFAULT CURRENT_TIMESTAMP,
    "updatedAt" DATETIME NOT NULL
);

-- CreateTable
CREATE TABLE "Markdata" (
    "id" INTEGER NOT NULL PRIMARY KEY AUTOINCREMENT,
    "title" TEXT NOT NULL,
    "content" TEXT NOT NULL,
    "accountId" INTEGER NOT NULL,
    "createdAt" DATETIME NOT NULL DEFAULT CURRENT_TIMESTAMP,
    "updatedAt" DATETIME NOT NULL,
    CONSTRAINT "Markdata_accountId_fkey" FOREIGN KEY ("accountId")          ↲
      REFERENCES "User" ("id") ON DELETE RESTRICT ON UPDATE CASCADE
);

-- CreateIndex
CREATE UNIQUE INDEX "User_name_key" ON "User"("name");
```



## app.jsでExpressのアプリを設定する

では、アプリケーションのコードを記述していきましょう。まずは、app.jsの修正です。app.jsでは、アプリケーションで利用するモジュールの読み込みやルーティングの登録などを行っていましたね。

ここで、「Body Parser」という機能を利用するためのコードを追加しておきます。以下の適当なところに追記しましょう。

リスト7-18

```
const bodyParser = require('body-parser');

app.use(bodyParser.urlencoded({ extended: true }));
app.use(bodyParser.json());
```

最初の1文は、他のrequire文がある場所に記述しておきます。残る2文は、Body Parserのためのものです。Body Parserというのは、ボディ（コンテンツが用意されるところ）に特定のフォーマットのパース機能を追加するものです。ここではURLエンコーディングをONにし、JSONフォーマットのパース処理機能を追加しています。

この他、この後で作成する予定のAPI用のルーター処理(api.js)の組み込み処理も追記しておきましょう。以下の文を適当なところに追記しておきます。

リスト7-19

```
var apiRouter = require('./routes/api');
app.use('/api', apiRouter);
```

1文目は、他のindexRouterなどを用意している場所に追記すればいいでしょう。そして2文目も、indexRouterなどをapp.useで指定パスに割り当てているところに追記しておきましょう。

## 新たに作成するapp.js

新たにアプリケーションを作成した場合、app.jsは以下のように書き換えてしまうと良いでしょう。

リスト7-20

```
var createError = require('http-errors');
var express = require('express');
var path = require('path');
var cookieParser = require('cookie-parser');
var logger = require('morgan');

const bodyParser = require('body-parser');

const session = require('express-session');

var indexRouter = require('./routes/index');
var usersRouter = require('./routes/users');
var apiRouter = require('./routes/api');
```

```
var app = express();

app.use(bodyParser.urlencoded({ extended: true }));
app.use(bodyParser.json());

var session_opt = {
  secret: 'keyboard cat',
  resave: false,
  saveUninitialized: false,
  cookie: { maxAge: 60 * 60 * 1000 }
};
app.use(session(session_opt));

app.use(logger('dev'));
app.use(express.json());
app.use(express.urlencoded({ extended: false }));
app.use(cookieParser());
app.use(express.static(path.join(__dirname, 'public')));

app.use('/', indexRouter);
app.use('/users', usersRouter);
app.use('/api', apiRouter);

// catch 404 and forward to error handler
app.use(function(req, res, next) {
  next(createError(404));
});

// error handler
app.use(function(err, req, res, next) {
  // set locals, only providing error in development
  res.locals.message = err.message;
  res.locals.error = req.app.get('env') === 'development' ? err : {};

  // render the error page
  res.status(err.status || 500);
  res.json(err);
});

module.exports = app;
```

これでアプリケーションの基本的な設定が行えました。後は、api.jsを作成し、APIのルーティング処理を作成するだけです。

# api.jsでAPIの処理を作る

では、APIの処理を実装しましょう。「routes」フォルダーに、新たに「api.js」という名前でファイルを作成して下さい。そして以下のようにコードを記述しましょう。

リスト7-21
```
var express = require('express');
var router = express.Router();

const MarkdownIt = require('markdown-it');
const markdown = new MarkdownIt();

const ps = require('@prisma/client');
const prisma = new ps.PrismaClient();

// ログインチェックの関数
function check(req,res) {
  if (req.session.login == undefined) {
    req.session.back = '/';
    return true;
  } else {
    return false;
  }
}

// ログインチェック
router.get('/check', function(req, res, next) {
  if (check(req, res)) {
    res.json({result:false});
  } else {
    res.json({result:req.session.login.name});
  }
});

// 全データ取得
router.get('/all', (req, res, next)=>{
  if (check(req,res)){
    res.json({});
    return;
  }
  prisma.Markdata.findMany({
    where:{accountId: +req.session.login.id},
    orderBy: [
```

```
        {createdAt: 'desc'}
      ],
    }).then(mds=> {
      res.json(mds);
    });
})

// 指定IDのMarkdata取得
router.get('/mark/:id', (req, res, next) => {
  if (check(req,res)){
    res.json([]);
    return;
  }
  prisma.Markdata.findMany({
    where: {
      id: +req.params.id,
      accountId: +req.session.login.id
    },
    orderBy: [
      {createdAt: 'desc'}
    ],
  })
  .then((models) => {
    const model = models != null ?
      models[0] != null ?
        models[0] : null : null;
    res.json(model);
  });
});

// Markdata新規作成
router.post('/add', (req, res, next) => {
  if (check(req,res)){
    res.json({});
    return;
  }
  prisma.Markdata.create({
    data: {
      accountId: req.session.login.id,
      title: req.body.title,
      content: req.body.content,
    }
  })
  .then(model => {
     res.json(model);
```

```
  });
});

// Markdataのコンテンツ更新
router.post('/mark/edit', (req, res, next) => {
  if (check(req,res)){
    res.json({});
    return;
  }
  prisma.Markdata.update({
    where:{ id: +req.body.id },
    data:{
      title: req.body.title,
      content: req.body.content
    }
  })
  .then(model => {
    res.json(model);
  });
});

// Markdataのレンダリング結果
router.post('/mark/render', (req, res, next)=>{
  if (check(req,res)){
    res.json({});
    return;
  }
  const source = req.body.source;
  const ren = markdown.render(source);
  const result = {render:ren};
  res.json(result);
})

module.exports = router;
```

結構長くなりました。それぞれの処理はrouter.get/postで実装されているので、1つずつ内容を考えながら記述していくようにしましょう。

# APIの処理を整理する

では、どのようなことを行っているのか、全体の流れを簡単に整理しておきましょう。まず最初にExpressを利用するためのオブジェクトの用意をしていますね。

```
var express = require('express');
var router = express.Router();
```

続いて、Markdown-Itを使うための処理を用意します。requireでmarkdown-itを読み込み、そこからnewでオブジェクトを作成してmarkdown-itが使えるようにしておきます。

```
const MarkdownIt = require('markdown-it');
const markdown = new MarkdownIt();
```

その下には、Prisma利用のための処理が用意されています。

```
const ps = require('@prisma/client');
const prisma = new ps.PrismaClient();
```

@prisma/clientをロードし、PrismaClientオブジェクトを作成します。これでPrismaが使えるようになりました。

## ログインのチェック

次にある「check」という関数は、ログインをチェックするためのものです。これは、以下のような処理を行っています。

```
if (req.session.login == undefined) {
  req.session.back = '/';
  return true;
} else {
  return false;
}
```

セッションに保管されているloginの値をチェックし、undefinedならば(つまりログインしてないなら)セッションのbackに戻り先のパスを指定し、trueを返す、そうでなければ(ログインしているなら) falseを返す、というものです。戻り値がtrueならばログインしておらず、falseならしている、と判断できます。

このcheck関数は、api.jsの内部で使うなら十分ですが、しかしAPIの場合は外部からアクセスして処理を呼び出すような使い方もできなければいけません。そこで、/api/checkにアクセスしたらcheckでログイン状態をチェックして結果をJSONデータで返す処理を以下のように用意しています。

```
router.get('/check', function(req, res, next) {
  if (check(req, res)) {
    res.json({result:false});
  } else {
    res.json({result:req.session.login.name});
  }
});
```

外部から/api/checkにアクセスすれば、その利用者がログイン済みかどうかわかるわけです。ちょっと間違えやすいのですが、checkは「trueならログインしていない」ことになり、/api/checkへのアクセスでは、「falseならログインしていない」ことになります。真偽が逆になっていますが、これはcheckがapi.jsの内部で「ログインしていない」ことをチェックするのに使われるためです。「ログインしてないなら○○する」という処理を作るとき、「してないならtrue」のほうが書きやすいのでこうしてあります。

## 全データ取得

では、/api下の各パスに割り当てられている処理を見ていきましょう。まずは、/allの処理です。router.get('/all',…);では、ログインユーザーのすべてのMarkdataを送信する処理を用意しています。

ここでは、まず最初にcheckでログインのチェックをしています。

```
if (check(req,res)){
  res.json([]);
  return;
}
```

checkがtrueならば(ログインしていないならば)、res.json([])で空の配列をJSONフォーマットに変換して返しています。つまり、ログインしてないなら値が得られないようにしているのですね。

ログインしている場合は、prisma.Markdata.findManyで自分が投稿したレコードを取得しています。

```
prisma.Markdata.findMany({
  where:{accountId: +req.session.login.id},
  orderBy: [
```

```
        {createdAt: 'desc'}
    ],
})
```

検索条件として、where:{accountId: +req.session.login.id}でaccountIdがログインしているユーザーのidと等しいものだけを取り出しています。そして取り出したレコードは、JSONフォーマットにして出力しています。

```
.then(mds=> {
        res.json(mds);
    });
})
```

これで、取得したすべてのデータをJSONデータとして出力できるようになりました。APIでは、このように送り返すデータはすべてres.jsonでJSONフォーマットにして出力します。

## 指定IDのMarkdataを取得

続いて、router.get('/mark/:id',…);で割り当てている処理です。ここでは、/api/mark/番号 という形でアクセスすると、指定したID番号のレコードを返します。まず、checkでログインチェックを行った後、以下のようにしてレコードを検索しています。

```
prisma.Markdata.findMany({
    where: {
        id: +req.params.id,
        accountId: +req.session.login.id
    },
    orderBy: [
        {createdAt: 'desc'}
    ],
})
```

検索条件であるwhereには、id: +req.params.idとaccountId: +req.session.login.idという2つの条件を用意してあります。id: +req.params.idは、idの値がパラメータidの値と等しい(つまり、パラメータのIDのMarkdata)を指定していますが、これだけだと自分が作ってないデータでも検索できてしまいます。そこでaccountId: +req.session.login.idも追加し、accountIdが自分のUserのレコードIDと同じものだけから検索できないようにしています。

取得したfindManyの結果は、Markdataの配列になっていますが、値が全く得られない場合もあるので、得られた配列がnullではなく、更に最初の要素がnullではないことを確認して結果を出力しています。

```
.then((models) => {
  const model = models != null ?
    models[0] != null ?
      models[0] : null : null;
  res.json(model);
});
```



## Markdata新規作成

新しいMarkdataの作成は、router.post('/add', …);で行っています。ここではcheckでログインチェックをした後、以下のようにMarkdataを作成しています。

```
prisma.Markdata.create({
  data: {
    accountId: req.session.login.id,
    title: req.body.title,
    content: req.body.content,
  }
})
```

dataには、accountId, title, contentといった項目を用意しています。accountIdはreq.session.login.idでログインしているユーザーのIDを指定し、それ以外はreq.bodyから値を取得しています。req.bodyは、このAPIにアクセスしたときにボディに用意した値が保管されています。そこからtitleとcontentを取り出してcreateしているのです。

## Markdataのコンテンツ更新

Markdataの更新は、router.post('/mark/edit',…);で行っています。checkでログインチェックした後、updateでレコードの更新をしています。

```
prisma.Markdata.update({
  where:{ id: +req.body.id },
  data:{
    title: req.body.title,
    content: req.body.content
  }
```

```
})
```

where:{ id: +req.body.id }でボディから送信されたidのレコードを検索し、req.bodyからtitleとcontentの値を取り出してdataに設定しています。ボディに値を用意して/api/mark/edit/番号 に送信すれば、これでレコードの更新が行えます。

## Markdataのレンダリング結果

もう1つ、Markdownで書かれたコンテンツをHTMLのコードにレンダリングする処理も作成しています。これは、router.post('/mark/render',…);に割り当てています。

ここでの処理は、Markdown-Itを使ってMarkdownのコードをHTMLのコードに変換しています。ここでは、まずボディからsourceという値を取り出しています。

```
const source = req.body.source;
```

そして、このテキストをMarkdown-ItでHTMLのコードに変換します。これは以下のように行っています。

```
const ren = markdown.render(source);
```

markdownオブジェクトの「render」でコードの変換をしています。引数にMarkdownのコードを渡すと、それをHTMLのコードに変換します。後は、返された値(ren)をJSONフォーマットとして出力するだけです。

```
const result = {render:ren};
res.json(result);
```

値は、renderというプロパティを持つオブジェクトにまとめ、これをjsonで送信します。受け取る側は、JSONのオブジェクトからrenderの値を取り出して使えばいいわけです。

# フロントエンドの作成

これでサーバー側(バックエンド)のAPIはできました。後はWebページとなるHTMLファイルを作成し、ここからAPIを利用するだけです。

では、HTMLファイルを作りましょう。まずは、ログイン用のページからです。ここまで使ってきたプロジェクト(ex-gen-app)をそのまま使っている人は、既にログインページがありますから作る必要はありませんが、サーバー側を新たに作成している場合は新たにログインページを用意する必要があります。

「public」フォルダー内に、新しく「login.html」という名前でファイルを作成しましょう。そして以下のように内容を記述しておきます。

リスト7-22

```
<!DOCTYPE html>
<html lang="ja">
<head>
  <meta http-equiv="content-type"
      content="text/html; charset=UTF-8">
  <title><%= title %></title>
  <link href="https://cdn.jsdelivr.net/npm/bootstrap@5.0.2/dist/css/ ↵
    bootstrap.css"
    rel="stylesheet" crossorigin="anonymous">
  <link rel='stylesheet' href='/stylesheets/style.css' />
</head>

<body class="container">
  <header>
    <h1 class="display-4">Login</h1>
  </header>
  <div role="main">
    <form method="post" action="/users/login">
      <div class="form-group">
        <label for="name">NAME</label>
        <input type="text" name="name" id="name"
          class="form-control">
      </div>
      <div class="form-group">
        <label for="pass">PASSWORD</label>
        <input type="password" name="pass" id="pass"
          class="form-control">
      </div>
      <input type="submit" value="ログイン"
        class="btn btn-primary">
    </form>
  </div>
</body>

</html>
```

何の変哲もない、ただのHTMLのソースコードですね。フォームが1つ用意してあり、

<form method="post" action="/users/login">で/users/loginに送信するようにしてあります。これでフォームの内容を/users/loginに送信してログイン処理を行います。

なお、新しいプロジェクトで作成している人は、/users/loginでログインの処理を用意する必要があります。「routes」フォルダーの「users.js」を開き、リスト7-6からrouter.post('/login',…);の処理部分を探して追記しておいて下さい。

## index.htmlの作成

では、フロントエンドを作りましょう。「public」フォルダーに、新しく「index.html」という名前でファイルを作成して下さい。そして以下のコードを記述しましょう。なお、☆マークでwindow.location.hrefに設定している値(ここでは、"/login.html")は、ログインページのパスになります。/users/loginにログインページを用意している場合は、この値を"/users/login"に変更して使いましょう。

リスト7-23

```
<!DOCTYPE html>
<html lang="ja">
<head>
  <meta http-equiv="content-type"
      content="text/html; charset=UTF-8">
  <title>Login</title>
  <link href="https://cdn.jsdelivr.net/npm/bootstrap@5.0.2/dist/css/ ↵
    bootstrap.css"
    rel="stylesheet" crossorigin="anonymous">
  <style>
  .table-wrapper {
    width: 100%;
    height: 200px;
    overflow: auto;
    padding: 5px;
    border: 2px solid #a3a3a3;
  }
  </style>
  <script>
    var accountId = '';
    var mkdata = [];
    var title = '';
    var source = '';
    var content = '';
    var editId = 0;
    var mode = '新規作成';
```

```
    // 表示の更新
    function refresh() {
      document.querySelector("#accountId").textContent = accountId;
      document.querySelector("#title").value = title;
      document.querySelector("#source").value = source;
      document.querySelector("#content").innerHTML = content;
      document.querySelector("#modebtn").value = mode;
    }
    // データの更新
    function refreshData() {
      let con = ""
      mkdata.map((ob)=>{
        con += "<tr><td>";
        con += '<a className="text-dark" href="#"                ↵
          onClick="getById(event)" name="' + ob.id + '">';
        con += ob.title + "</a>";
        con += "</td></tr>";
      });
      document.querySelector('#datacontainer').innerHTML = con;
    }

    // アカウントのチェック
    function getAccount() {
    fetch('/api/check')
      .then(resp=> resp.json())
      .then(res=>{
        if (res.result != false) {
          accountId = res.result;
          getAllData();
          refresh();
        } else {
          window.location.href="/login.html"; // ☆ログインページ
        }
      });
  }
  // 全データを取得
  function getAllData() {
    fetch('/api/all')
      .then(resp=> resp.json())
    .then(res=>{
      mkdata = res;
      refreshData();
    });
  }
  // 指定IDのデータを取得
```

```
function getById(e) {
  fetch('/api/mark/' + e.target.name)
    .then(resp=> resp.json())
    .then(res=>{
      title = res.title;
      source = res.content;
      editId = res.id;
      getRender(res.content);
      mode = "更新";
    });
}
// Markdownにレンダリングする
function getRender(src) {
  const source = {source: src};
  fetch('/api/mark/render', {
    method: 'post',
    headers: {
      'Content-Type': 'application/json'
    },
    body: JSON.stringify(source),
  }).then(data=>data.json())
    .then(res=>{
      content = res.render;
      refresh();
    });
}
// データを送信する
function sendData() {
  title = document.querySelector("#title").value;
  source = document.querySelector("#source").value;
  if (mode == '新規作成') {
    create();
  } else {
    update();
  }
}
// レコードを新規作成する
function create() {
  const data = {
    title:title,
    content:source,
    accountId:accountId
  }
  fetch('/api/add', {
    method: 'post',
```

```
      headers: {
        'Content-Type': 'application/json'
      },
      body: JSON.stringify(data),
    }).then(data=>{
      getAllData();
    });
  }
  // レコードを更新する
  function update() {
    const data = {
      title:title,
      content:source,
      id:editId
    }
    fetch('/api/mark/edit', {
      method: 'post',
      headers: {
        'Content-Type': 'application/json'
      },
      body: JSON.stringify(data),
    }).then(data=>{
      getAllData();
    });
  }
  </script>
</head>

<body class="container" onload="getAccount()">
<div class="App">
  <header>
    <h1 class="display-4 text-primary">Markdown data</h1>
  </header>
  <div role="main">
    <p class="h5 my-4">Hi,
      <span id="accountId"></span>!</p>

    <div class="table-wrapper">
      <table class="table">
        <thead><tr><th>Title</th></tr></thead>
        <tbody id="datacontainer">
        </tbody>
      </table>
    </div>
```

```
    <hr/>

    <div>
      <div class="form-group">
        <label>TITLE</label>
        <input type="text" name="title" id="title"
          class="form-control" value="" />
      </div>
      <div class="form-group">
        <label>SOURCE</label>
        <textarea name="source" id="source" rows="8"
          class="form-control" value=""></textarea>
      </div>

      <center><input id="modebtn" type="button" value="作成"  ↵
        onClick="sendData()"
        class="btn btn-primary m-2"/></center>
    </div>

    <div class="card mt-4">
      <div class="card-header text-center h5">
        Preview
      </div>
      <div class="card-body">
      <div id="content"></div>
      </div>
    </div>

  </div>
</div>
</body>
</html>
```

これでプログラムは完成です。実行して動作を確認してみましょう。最初に説明したようにMarkdownのデータを登録し、選択した項目のコードとレンダリング結果が表示されるのがわかるでしょう。

ここでは、かなり長いJavaScriptのコードをすべて1つのHTMLファイルにまとめてしまっているため、非常に長くなってしまいました。しかしHTMLの部分はそれほど長くもなく複雑でもありません。HTMLでは、以下のようなものが用意されています。

### ●テーブルを使ったリスト表示

ここでは、<table>を使ってMarkdataのリスト表示を行っています。<tbody id="datacontainer">の中にJavaScriptを使って表示する内容を設定しています。

### ●送信フォーム

Markdownのコードを編集するフォームには、タイトルを入力する<input type="text" name="title" id="title">と、Markdownのコンテンツを記述する<textarea name="source" id="source">が用意されています。これらの内容を元に新規にMarkdataレコードを作成したり、選択したMarkdataの内容を更新したりします。

### ●プレビューの表示

Markdownのプレビュー表示は、<div id="content"></div>という何の変哲もないHTML要素として用意されています。JavaScriptを使い、レンダリングして生成されたHTMLコードをここに設定してプレビューの表示を行います。



## Ajaxの処理を整理する

では、ここで実行している処理を見てみましょう。処理はすべてJavaScriptですが、ここまで行ってきたNode.jsやExpressのようなサーバーサイドのJavaScriptとはかなり違うコードになっています。フロントエンドでHTMLのエレメントを操作するJavaScriptのコードというのは、Node.jsとは全く異なるものです。本書はフロントエンドのコーディングの解説書ではないため、そのあたりの説明はある程度省略します。詳しく知りたい人は別途学習して下さい。

ここでは、まず冒頭に変数が多数用意されていますね。

```
var accountId = '';  // アカウントID
var mkdata = []; // Markdataテーブルのレコード配列
var title = ''; // タイトルのテキスト
var source = ''; // Markdownのソースコード
var content = ''; // レンダリングされた表示用のHTMLコード
var editId = 0; // 編集中のレコードのID
var mode = '新規作成'; // フォームのモード(新規作成と更新)
```

このように、アカウントやMarkdata、表示するMarkdataのタイトル・ソースコード・コンテンツなどすべて変数として用意しています。そしてこれらの変数を元に、表示の主な部分を作成しているのです。

ページに表示される内容の更新はrefreshとrefreshDataという2つの関数で行っています。refreshは変数をWebページに表示するもので、refreshDataはmkdata配列を元にテーブルの表示内容を生成するものです。これらは以下のようになっています。

```
function refresh() {
```

```
  document.querySelector("#accountId").textContent = accountId;
  ……中略……
}
function refreshData() {
  let con = ""
  mkdata.map((ob)=>{
    con += "<tr><td>";
    ……中略……
  });
  document.querySelector('#datacontainer').innerHTML = con;
}
```

refreshでは、document.querySelectorというものを使い、表示するHTMLの要素(エレメントといいます)のオブジェクトを取り出して、その値(value)や内部のテキスト(textContent)に値を設定して表示を作成しています。

refreshDataでは、mkdataの配列の要素1つ1つについて<tr>～</tr>のHTMLコードを作成してテキストに追加していき、最後にそれをid="datacontainer"の<tbody>に組み込んでいます。

Ajaxでサーバーから必要な情報を受け取ったら、それを変数に代入してこれらの関数を呼び出せば、表示を更新できるというわけです。

## アカウントのチェック

では、Ajaxを利用している処理部分を見てみましょう。まずは、アカウントのチェック(ログインしているかどうかのチェック)を行っているgetAccount関数です。

ここでは、/api/checkにアクセスし、ログインのチェックをした結果を受け取って処理を行っています。サーバーにアクセスしている処理部分は以下のようになっています。

```
fetch('/api/check')
  .then(resp=> resp.json())
  .then(res=>{……
```

既に説明したfetch関数の基本通りの処理ですね。これでログインチェックの結果がresに渡されます。後はこのコールバック関数で結果に応じた処理を行えばいいのです。

```
if (res.result != false) {
  accountId = res.result;
  getAllData();
  refresh();
}
```

/api/checkでは、結果をresultという項目に保管して返しています。この値がfalseではない場合は、ログインしており、ログインユーザーのユーザー名がresultに渡されています。これをaccountに入れ、全レコードを取得するgetAllDataを呼び出し、refreshで表示を更新します。

そうでない場合(ログインしていない場合)は、以下を実行しています。

```
window.location.href="/login.html"; //または、"/users/login"
```

これは、表示ページを/login.htmlに変更するものです。つまり、ログインしていない場合はログインページに移動するようにしていたのですね。

## 全データを取得

すべてのMarkdataを取得するのはgetAllData関数で用意しています。ここではfetch('/api/all')にアクセスし、受け取った結果をmkdataに入れてrefreshDataを呼び出して表示を更新しています。

またリストから項目をクリックしたときは、その項目のデータをフォームに表示するgetById関数を呼び出しています。ここでは、fetch('/api/mark/' + e.target.name)というようにしてクリックした項目のnameを使って/api/mark/番号 にアクセスし、指定したIDのレコードを取得しています。

fetchの基本さえわかっていれば、データの取得はそう難しくはありません。

## Markdownにレンダリングする

わかりにくいのは、必要なデータをサーバーにPOST送信する処理でしょう。まず、Markdownのソースコードを送信してHTMLコードにレンダリングする処理があります。これは「getRender」という関数として用意しています。

ここでは、送信するデータをconst source = {source: src};というようにして用意しておき、それからfetchで/api/mark/renderにアクセスをしています。この部分ですね。

```
fetch('/api/mark/render', {
  method: 'post',
  headers: {
    'Content-Type': 'application/json'
  },
  body: JSON.stringify(source),
})
```

headersにはContent-Typeの値を用意し、bodyにはsourceオブジェクトをJSON

stringifyでテキストに変換したものを設定しています。APIに送信する場合、送信データはbodyにJSONデータとして用意しますが、これはオブジェクトをそのまま設定してはいけません。JSON.stringifyでテキスト化したものを指定します。

## データを送信する

フォームのデータを送信するものは2つあります。新しいレコードを作成するときはcreate、選択したレコードを更新するときはupdateという関数を呼び出すようにしています。

これらの関数では、送信する情報を変数dataにまとめておき、これをbodyにJSON.stringifyで設定して送信しています。

送信するデータの内容は多少違いますが、bodyに送信データを設定して指定のパスにPOSTアクセスする、という基本は同じです。このPOST送信のやり方がわかれば、単にデータを取得するだけでなく、データをサーバーで更新することができるようになります。ぜひ基本的な使い方を覚えておきましょう。

# Reactでフロントエンドを作成する

**ポイント**

- Reactプロジェクトの作成手順を覚えましょう。
- Reactの基本的な仕組みを理解しましょう。
- ReactプロジェクトをExpressプロジェクトにビルドできるようになりましょう。



## Reactとフロントエンドフレームワーク

Ajaxを使ってフロントエンド側で処理を行う、という基本的な考え方はだいぶわかったことでしょう。けれど、「思ったよりも面倒だな」と感じた人も多いのではないでしょうか。

Ajaxは非同期であるため、コードがわかりにくくなりがちです。また必要な情報を取得したら、それをもとに表示を更新するなどの処理をすべて実装しなければいけません。これは意外に大変な作業であることがわかったでしょう。もっとフロントエンドの開発をわかりやすく使いやすい形にできないと、こうした「Ajax + API」という開発スタイルは広まりません。

現在では、こうしたスタイルの開発で、フロントエンド側にJavaScriptのフレームワークを導入する例が増えています。こうすることで、フロントエンドの開発効率を劇的に向上させることができるのです。

こうしたフロントエンドフレームワークはいろいろと出ていますが、ここでは中でも最も広く利用されている「React」を利用した開発について簡単に説明しましょう。

Reactは、さまざまな値を「ステート」と呼ばれるものを使って簡単に更新できるようにしてくれます。あらかじめ用意しておいたステートをテンプレートのようにHTMLの中に埋め込んでおけば、ステートの値を変更するだけで自動的に表示を更新できるのです。

ここではReactを使ったプロジェクトを作成し、これをNode.jsのプロジェクトに統合してアプリケーションを作成してみます。そして、先ほどのMarkdownツールをReactベースのフロントエンドに変更してみましょう。

ただし！ このReactは非常に奥の深いフレームワークであり、ここでそのすべてを説明することはできません。本書で説明するのは、Reactのごく初歩的な使い方と、そしてReactプロジェクトをExpressプロジェクトに統合して開発する手順だけです。本格的にReactを使いたいならば、Reactの学習を別途行って下さい。

図7-19　Reactベースにした Markdown ツール。見たところは通常の HTML ベースとほぼ同じだ。

## Reactを利用する

では、実際にReactを使ってアプリケーションを作ってみましょう。Reactの開発方法はいくつかありますが、「create-react-app」というプロジェクト生成のためのパッケージを利用するのが最も簡単でしょう。

コマンドプロンプトやターミナルから以下のコマンドを実行して下さい。これでパッケージがインストールされます。

```
npm install -g create-react-app
```

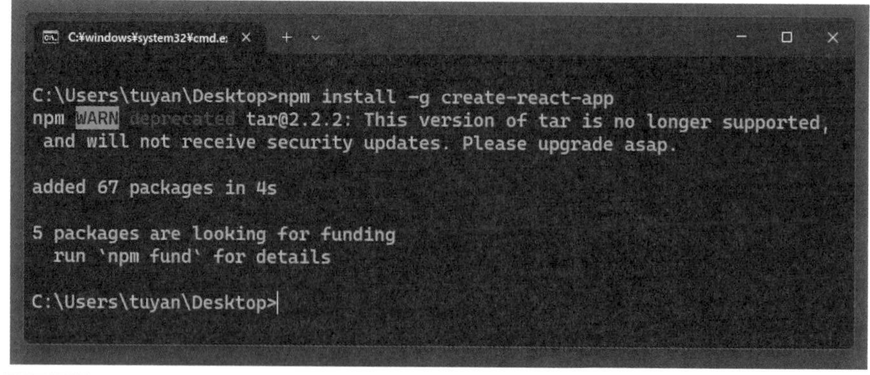


図7-20 npm installでcreate-react-appをインストールする。



## プロジェクトを作成する

Reactの開発は、プロジェクトを作成して行います。ではコマンドプロンプト／ターミナルでプロジェクトを作成する場所(先ほど作ったExpressベースのプロジェクトと同じ場所にしましょう)に移動し、以下のコマンドを実行して下さい。

```
create-react-app react-app
```

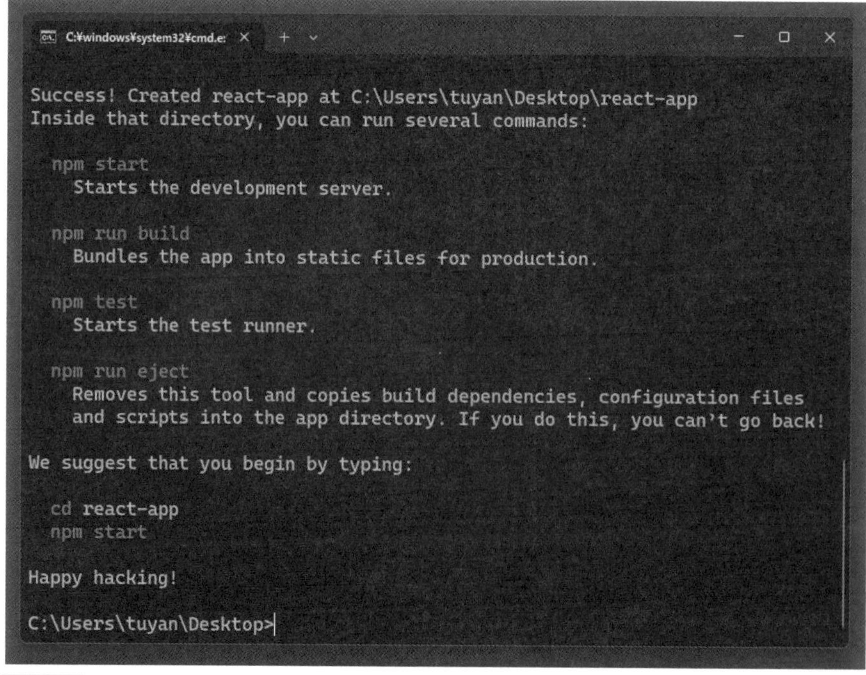


図7-21 create-react-appでプロジェクトを生成する。

これで「react-app」というフォルダーが作成され、そこにプロジェクトのファイル類が保存されます。Reactのプロジェクトは、このように「create-react-app プロジェクト名」という形で実行するだけで作成できます。

## プロジェクトを実行する

作成できたら、VS Codeで「react-app」フォルダーを開きましょう。そしてVS Codeのターミナルから以下のコマンドを実行します。

```
npm start
```

これでプロジェクトが実行され、Webブラウザでhttp://localhost:3000/が開かれます。ここにはReactのサンプルページが表示されます。デフォルトで用意されるこのページが問題なく現れたら、Reactのプロジェクトはきちんと動いていることがわかります。

npm startで実行していることからわかるように、Reactのプロジェクトも Node.jsのプロジェクトとして作成されています。ですから、基本的なファイルやフォルダーの構成やプロジェクトの実行方法などはほぼ同じです。

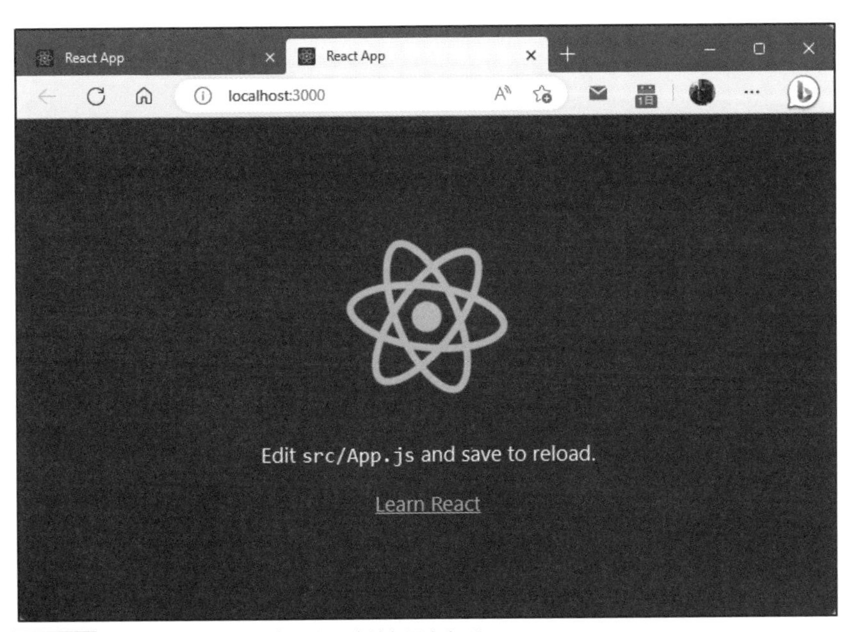


図7-22 実行するとサンプルページが表示される。

※なお、バックエンド側のExpressプロジェクトを実行したままにしておくと、Reactプロジェクトの実行時に以下のようなメッセージが出力されます。

```
? Something is already running on port 3000.
Would you like to run the app on another port instead? » (Y/n)
```

これは、「ポート番号3000が既に使われているから別の番号を割り当てるか？」という確認です。そのままEnterすると、localhost:3001でプロジェクトが起動します。

# Reactの基本コード

では、Reactのソースコードがどのようになっているのか、その基本を簡単に説明しましょう。Reactで使われるファイルは、大きく3つに分かれています。

| | |
|---|---|
| index.html | 起動ページです。これは「public」フォルダーにあります。このWebページにReactのスクリプトが読み込まれ、表示が作成されていきます。 |
| index.js | 「src」フォルダー内にあります。index.htmlに読み込まれ<body>内に埋め込まれる、Reactのベースとなる部分です。 |
| App.js | 「src」フォルダー内にあります。これが、実際にWebページに表示されるReactのコンテンツ部分です。これを作成するのがReact開発の基本といえます。 |

index.htmlとindex.jsは、WebアプリのデフォルトページにReactのコンテンツを組み込むための土台となる部分です。この部分を編集することはあまりありません(index.htmlは必要に応じて追記することがあります)。Reactの開発を行うのは、App.js部分になります。このスクリプトの書き方がわかれば、Reactのアプリは作成できるようになります。

## index.htmlの内容

では、ファイルの内容を見てみましょう。まずは、index.htmlです。これはごくシンプルな形をしています。

リスト7-24リスト<!DOCTYPE html>

```
<html lang="ja">
  <head>
    ……略……
  </head>
  <body>
    <noscript>You need to enable JavaScript to run this app.</noscript>
    <div id="root" class="container"></div>
  </body>
```

```
</html>
```

<head>部分には、必要なJavaScriptのライブラリなどをロードするためのタグなどが記述されています。この部分は、必要に応じて追記することはありますが、あまり細かく内容を編集することはないでしょう。

<body>には、<div id="root" class="container">というタグが1つだけあります。この部分に、index.jsのコンポーネント(Reactで作成された部品)が組み込まれます。

## index.jsの内容

では、Reactのベースとなるコンポーネントが用意されているindex.jsの中身はどうなっているのでしょうか。ちょっと見てみましょう。

リスト7-25

```
import React from 'react';
import ReactDOM from 'react-dom/client';
import './index.css';
import App from './App';
import reportWebVitals from './reportWebVitals';

const root = ReactDOM.createRoot(document.getElementById('root'));
root.render(
  <React.StrictMode>
    <App />
  </React.StrictMode>
);

reportWebVitals();
```

ここで行っているのは、ReactDOM.createRootというものでReactのルートとなるオブジェクトを作成し、renderでレンダリングする、という作業です。ごく簡単にいえば、「id="root"のHTML要素をReactのベースに設定し、App.jsコンポーネントをレンダリングしてそこに組み込む」ということを行っているのです。renderの引数にある<App />というものが、App.jsのコンポーネントです。

renderメソッドの引数に、いきなり<React.StrictMode>だの<App />といったHTMLタグのようなものが登場して面食らったことでしょう。これらは、「JSX」と呼ばれるものを使って記述されています。

JSXは、JavaScriptの文法拡張と呼ばれるものです。JavaScriptで、HTMLのようなタグを値として使えるようにしたものです。つまり、JavaScriptの中で、<p>や<div>といったHTMLのタグをそのまま値として記述できるようにしてくれるのです。

Reactのコンポーネントも、このJSXで利用できるようになっています。ここで使われている<React.StrictMode>も<App />も、JSXで書かれているReactのコンポーネントなのです。

## App.jsの内容

では、コンテンツの内容を作成しているApp.jsの内容を見てみましょう。ここには以下のようなものが書かれています。

リスト7-26

```
import logo from './logo.svg';
import './App.css';

function App() {
  return (
    <div className="App">
      <header className="App-header">
        ……表示コンテンツ……
      </header>
    </div>
  );
}

export default App;
```

意外とシンプルですね。ここにあるのは、Appという関数だけです。Reactのコンポーネントは、実はこんな関数として定義されます。

```
function 名前() {
  ……略……
  return ( JSX );
}
```

関数内に必要な処理を記述した後、returnでJSXのコードを返せば、その内容がそのままレンダリングされHTMLのコードとしてWebページに表示されます。Reactのコンポーネントは、このように、「ただ、JSXでコンテンツをreturnするだけ」で作れます。このシンプルさこそ、Reactが広く指示される最大要因かも知れません。

# Reactでアプリを開発する

では、ReactでMarkdownツールのフロントエンドを作成しましょう。まず、ベースとなっているindex.htmlの修正からです。<head>内に以下のコードを追記しておきましょう。

リスト7-27

```
<link href="https://cdn.jsdelivr.net/npm/bootstrap@5.0.2/dist/css/bootstrap.css"
  rel="stylesheet" crossorigin="anonymous">
```

これで、コンポーネント内でBootstrapのクラスが利用できるようになりました。続いて、スタイルシートの設定です。「src」フォルダー内に「App.css」というファイルがあるので、これを開いて下さい。これは、App.jsのコンポーネントで使われるスタイルシートです。ここに以下を記述しておきます。

リスト7-28

```
.table-wrapper {
  width: 100%;
  height: 200px;
  overflow: auto;
  padding: 5px;
  border: 2px solid #a3a3a3;
}
```

これでスタイルシート関係の準備はできました。後は、App.jsにフロントエンドの内容を記述していくだけです。

## App.jsの作成

では、App.jsのソースコードを修正しましょう。作成する内容は、先ほど作ったMarkdownツールのWebページをReactに移植したものです。fetch関数でAPIにアクセスする処理などはほぼそのままで、表示の部分をReactのステートというものを使った方式に書き換えています。

リスト7-29

```
import React, { useState, useEffect } from 'react';
import './App.css';

function App() {
  const [mkdata, setMkdata] = useState([]);
```

```
const [title, setTitle] = useState("");
const [source, setSource] = useState("");
const [content, setContent] = useState('');
const [mode, setMode] = useState("新規作成");
const [editId, setEditId] = useState(0);
const [accountId, setAccountId] = useState('');

// アカウントのチェック
const getAccount = ()=> {
  fetch('/api/check')
    .then(resp=> resp.json())
    .then(res=>{
      if (res.result != false) {
        setAccountId(res.result);
      } else {
        window.location.href="/login.html";//☆
      }
    });
}
// 全データを取得
const getAllData = ()=>{
  fetch('/api/all')
    .then(resp=> resp.json())
  .then(res=>{
    setMkdata(res);
  });
}
// 指定IDのデータを取得
const getById = (e)=>{
  fetch('/api/mark/' + e.target.name)
  .then(resp=> resp.json())
  .then(res=>{
    setTitle(res.title);
    setSource(res.content);
    setEditId(res.id);
    getRender(res.content);
    setMode("更新");
  });
}
// Markdownにレンダリングする
const getRender = (src)=> {
  const source = {source: src};
  fetch('/api/mark/render', {
    method: 'post',
    headers: {
```

```
            'Content-Type': 'application/json'
        },
        body: JSON.stringify(source),
    }).then(data=>data.json())
        .then(res=>{
            setContent(res.render);
        });
}
// データを送信する
const sendData = ()=> {
    if (mode == '新規作成') {
        create();
    } else {
        update();
    }
}
// レコードを新規作成する
const create = ()=> {
    const data = {
        title:title,
        content:source,
        accountId:accountId
    }
    fetch('/api/add', {
        method: 'post',
        headers: {
            'Content-Type': 'application/json'
        },
        body: JSON.stringify(data),
    }).then(data=>{
        getAllData();
    });
}
/// レコードを更新する
const update = ()=> {
    const data = {
        title:title,
        content:source,
        id:editId
    }
    fetch('/api/mark/edit', {
        method: 'post',
        headers: {
            'Content-Type': 'application/json'
        },
```

```
      body: JSON.stringify(data),
    }).then(data=>{
      console.log(data);
    });
  }
  // タイトルの更新
  const changeTitle = (e)=> {
    setTitle(e.target.value);
  }
  // ソースの更新
  const changeSource = (e)=> {
    setSource(e.target.value);
  }
  // 副作用エフェクト
  useEffect(()=>{
    getAccount();
    getAllData();
  },[]);

  return (
    <div className="App">
      <header>
        <h1 className="display-4 text-primary">Markdown data</h1>
      </header>
      <div role="main">
        <p className="h5 my-4">Hi,
          <span>{ accountId }</span>!</p>

        <div className="table-wrapper">
          <table className="table">
            <thead><tr><th>Title</th></tr></thead>
            <tbody>
            { mkdata.map((ob)=>(
            <tr>
              <td>
                <a className="text-dark" href="#" onClick={getById} name={ob.id}>
                  { ob.title }</a>
              </td>
            </tr>
            ) ) }
            </tbody>
          </table>
        </div>

        <hr/>
```

```
          <div>
            <div class="form-group">
              <label>TITLE</label>
              <input type="text" name="title" id="title" onChange={changeTitle}
                class="form-control" value={title} />
            </div>
            <div class="form-group">
              <label>SOURCE</label>
              <textarea name="source" id="source" rows="8" onChange={changeSource}
                class="form-control" value={source}></textarea>
            </div>

            <center><input type="button" value={ mode } onClick={sendData}
              class="btn btn-primary m-2"/></center>
          </div>

          <div class="card mt-4">
            <div class="card-header text-center h5">
              Preview
            </div>
            <div class="card-body">
            <div dangerouslySetInnerHTML={{ __html: content }} />
            </div>
          </div>

        </div>
      </div>
  );
}

export default App;
```

ex-gen-appを利用していて、既に作成してある/users/loginを利用する場合は、☆マークの値を"/login.html"から"/users/login"に書き換えて使ってください。

こちらも非常に長くなりましたが、作成している多くの関数の処理は、先に作ったMarkdownツールのWebページ(リスト7-23)とやっていることはだいたい同じです。作成できたら、npm startで実行し、表示を確認してみると、先に作成したMarkdownツールの画面とほぼ同じものが表示されます。ただし、まだコンテンツは何も表示されません。Reactのプロジェクトにはapi関係の機能はありませんから当たり前ですね。

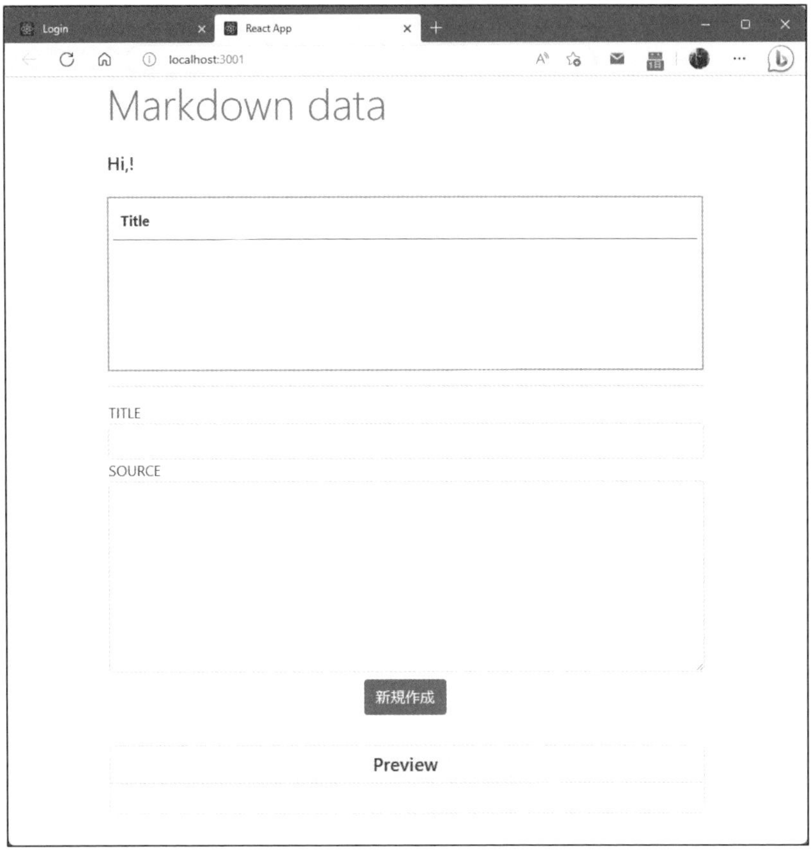

図7-23 実行するとMarkdownツールの画面が現れる。ただしデータは表示されない。

## App.cssの修正

これでプログラム自体は問題なく動いていますが、表示スタイルを整えたいと思う人も多いでしょう(デフォルトの状態ではすべて中央揃えで表示されます)。これは、App.cssでスタイル設定されていますので、これを修正してスタイルを整えて下さい。

参考までに、サンプルで指定しているApp.cssの内容を以下に掲載しておきましょう。

リスト7-30

```
.table-wrapper {
  width: 100%;
  height: 200px;
  overflow: auto;
  padding: 5px;
  border: 2px solid #a3a3a3;
}
```

### ステートフックの利用

今回の修正では、Webページへの各種値の表示を行う部分をReactの「ステート」と呼ばれるものに置き換えています。App関数を見ると、冒頭にこんな文が書かれていますね。

```
const [mkdata, setMkdata] = useState([]);
const [title, setTitle] = useState("");
const [source, setSource] = useState("");
const [content, setContent] = useState('');
const [mode, setMode] = useState("新規作成");
const [editId, setEditId] = useState(0);
const [accountId, setAccountId] = useState('');
```

これは「ステートフック」と呼ばれるものです。useStateという関数で、値を読み書きするための変数を作成します。

```
const [○○, set○○] = useState( 初期値 );
```

このようにして作成された変数は、後から値を変更すると値を埋め込まれた部分が自動更新されます。例えば、この文を見て下さい。

```
const [title, setTitle] = useState("");
```

これで、titleというステートの変数ができました。これをJSXの中で、{title}というようにして埋め込んでおくと、この部分にtitleの値が自動的にはめ込まれるのです。

そして、setTitleは値変更用の関数なのです。setTitle(○○)というように呼び出すとtitleの値が変更され、JSXに埋め込まれた{title}の表示もすべて自動的に更新されます。いちいち表示を書き換える処理などを用意する必要がありません。

この「ステートフック」というものが使えるようになるだけで、Reactの便利さがすぐに感じられるようになります。本書はReactの専門書ではないので、これ以上の詳しい説明は行いません。興味ある人はReactを勉強して、掲載したリストで何を行っているか考えてみましょう。

## Reactアプリを Expressプロジェクトにビルドする

これでReactでフロントエンドはできました。ただし、この状態では、バックエンドのExpressプロジェクトと、フロントエンドのReactプロジェクトの2つが別々にある状態です。

Reactは、フロントエンドですから、バックエンド部分は本来必要ないのです。そこでReactをビルドしてHTMLのファイルを生成し、これをExpressプロジェクト側に書き出して統合することにしましょう。

この作業を行う前に、1つ頭に入れておいてほしいことがあります。それは「ReactをExpressプロジェクト内にビルドすると、index.htmlが置き換えられる」という点です。Expressプロジェクトの「public」フォルダーにあるindex.htmlは使えなくなります。index.htmlに限らず、「public」フォルダーにあるファイル類は書き換えられることになるので、事前にバックアップしておくなりして、消されても問題ないようにしておきましょう。

## Reactプロジェクトをイジェクトする

では、作業を進めましょう。まず、Reactプロジェクトで「イジェクト」という処理を行います。Reactプロジェクトのターミナルから以下のコマンドを実行して下さい。

```
npm run eject
```

これにより、プロジェクト内に「config」というフォルダーが作られます。ここにプロジェクトに関する細かな設定情報が書き出され、この内容を元にプロジェクトがビルドされるようになります。

## config/path.jsの値を修正する

では、Reactプロジェクトのビルド場所をExpressプロジェクト内に変更しましょう。「config」フォルダーにある「path.js」というファイルを開き、「const buildPath = ○○」という文を探して下さい。ここに、ビルド先のパスを指定します。

例えば、ReactプロジェクトとExpressプロジェクトが同じ場所にあり、Expressプロジェクトの名前が「ex-gen-app」だった場合、ここには以下のように記述をします。

リスト7-31

```
const buildPath = process.env.BUILD_PATH || '../ex-gen-app/public';
```

これで、「ex-gen-app」プロジェクトの「public」フォルダーにReactの内容をビルドするようになります。上記のパスのex-gen-appという部分をそれぞれのプロジェクト名に置き換えて記述して下さい。

## プロジェクトをビルドする

これでProjectの設定は完了です。後は、Reactプロジェクトをビルドするだけです。

React側のターミナルから以下のコマンドを実行して下さい。

```
npm run build
```

これで、Reactのソースコード類がHTMLファイルにビルドされ、Expressプロジェクトの「public」フォルダーに出力されます。

実行したら、Expressプロジェクトを実行し、http://localhost:3000にアクセスしてみましょう。Reactで作成したWebページが表示され、動作します。

ビルドされたHTMLのコードは、非常に難解で直接編集することはほとんど不可能です。開発は、「Reactプロジェクト側でReactコンポーネントのコードを作成し、できたらビルドしてExpressプロジェクト側で動作確認する」という形で進めていくことになります。あるいは、Reactプロジェクト側でも(APIはそのままでは使えませんが)実行して表示などは確認できますから、両プロジェクトをうまく使い分けて開発を進めていくといいでしょう。

## これから先は？

さあ、これでNode.jsに関する一通りの説明が終わりました。最後にそこそこ使えるサンプルも作って、実際のアプリ作りがどんなものかもちょっとだけ経験できたはずです。もう皆さんは、いっぱしのプログラマ。これからはどんどん自分なりの開発に取り組んで下さい。

「……そうはいっても、全然、作れるような気がしないよ」

そう思った人、あなたは正しい。ここまで説明してきましたが、これで「自分ですいすいアプリを作れる」ようになるとは筆者も考えてません。それは、無理です。それは、能力の問題ではありません。「経験」の問題です。

### プログラミングは、「習う」より「慣れよ」

多くの人は、勘違いをしています。プログラミングというのは「知識」の問題なのだ、と。が、実はそうではありません。どちらかというと「慣れ」の問題だったりするのです。

例えば、本書では全部でかなりの数の関数やメソッドなどの使い方を説明しました。それらをすべて完璧に暗記できたらすらすらプログラミングができるようになるか？ というと、そんなことはありません。

それよりも、覚えた数はわずかでも、それらをどういうときにどう組み合わせればどういうことができるのか、といった「使い方」をしっかりと身につけている人のほうが、プログラムは作れるものなのです。

まだ、皆さんは、必要な情報を一通り頭に詰め込んだ、といったところにいます。それらを使いこなすノウハウというのはほとんどありません。これからは、知識よりも「使い方」のノウハウを身につけていくことになるのです。

## まずは、全部を読み返そう！

それには何をすればいいのか。まず最初に勧めたいのが、「この本を、もう一度、最初からじっくりと読み返す」ということです。「プログラミングの勉強」というと、何冊もの入門書や解説書を次々に読破していくようなイメージを持っている人もいるかも知れませんが、それはお金の無駄です。既に持っているものをきちんと活用することをまずは考えましょう。

本書ではたくさんの関数やメソッドが出てきましたが、それらはすべて、ちゃんと動くソースコードとして掲載してあります。つまり、この中に既に「実際にどう使うかというノウハウ」は、少しだけど入っているのです。

それらを確実に身につけるだけでも、プログラマとしての実力は上がります。またもう一度読み返すことで、半ば忘れかけていた関数やメソッドなどもきっちり復習できるでしょう。

## 全部、一から作ろう！

本書では、単なる説明用のサンプルから、そこそこ動くサンプルアプリまで、いろいろなプログラムを書きました。それらは、すべて自分でソースコードを書いて実際に動かしましたか？ おそらくほとんどの人は、そこまでやっていないはずですね。

もう一度、本書を読み返す際、掲載されているソースコードは実際に書いて動かしましょう。「長いコードを書くのが面倒くさい」って？ 確かにその通り、面倒くさいですね。でも、だからこそ「身につく」のですよ。

プログラミング上達のコツ、それは一にも二にも「ソースコードを書くこと」です。それ以外に近道なんてありません。どれだけたくさんのソースコードを書いたかでプログラマの実力は決まる、といっても過言ではないのです。

本書の中には、「こういう処理はこう作る」という小さなプログラムがたくさん入っています。例えば、フォームを送信したときの処理はどうするか。セッションを利用するにはどうするか。パーシャルを組み合わせて表示を作るにはどうするか。いろんなことをやりましたね。プログラミングというのは、そうした「こういうことをしたいときはこう書けばいい」という小さなテクニックをひたすら増やしていくことなのです。

## エラーが起きたら、学ぶチャンス！

また、実際に自分でソースコードを書いていくと、まず間違いなく「実行したらエラーになって動かない」という事態に遭遇します。長いソースコードになれば、必ずといっていいほど書き間違えます。そうなれば、実行してもプログラムは動きません。

「そうなったらどうしよう？」と思った人。そうなったときこそ、学習のチャンスです！エラーメッセージを読んで何が原因か調べ、どこで発生しているかを探り、プログラムに潜んだバグを探し出して修正しましょう。これは、おそらく気の遠くなるほど面倒な作業となるでしょう。だからこそ、あなたのプログラミング力を格段にアップしてくれるのです。

「掲載されているソースコードはすべて書く！」を実践していけば、おそらく数限りなく、こうした原因不明のエラーに出くわします。そうやって少しずつプログラマの力が養われていくのです。

## アプリを改良しよう

本書の内容をだいたいマスターできたら、プログラムの改良に挑戦しましょう。本書では、いくつか簡単なアプリを作りましたが、ある程度復習が進んだら、これらのアプリをベースにいろいろと改良して自分なりの機能を追加してみて下さい。いきなり「アプリまるごと作る」というのは大変ですが、既にあるアプリを改良するぐらいなら、ある程度Node.jsの使い方が身についてくればできるようになります。

そうして、アプリをいろいろと改造していく中で、各種の機能の実装の仕方が少しずつ身についてくるはずです。そうなってくれば、もう「本当のプログラマ」はすぐそこです。

## オリジナルのアプリを作ろう

ある程度、ノウハウが溜まってきたら、それらを使ったオリジナルのアプリ作りに挑戦してみましょう。アプリを作るというのは、単に1つの機能、1つの処理を作るのとはまた違った難しさがあります。それは、「全体を設計する」というノウハウが要求されるという点です。

何かのアプリを作ろうと思ったら、それにはどんなページが用意されていてどういう処理が実行されるのか、そうした具体的な設計ができていなければいけません。このノウハウは、実際に「アプリを作る」という経験を通してしか身につかないものなのです。

また、「アプリを最初から最後まで自分だけで作る」という経験は、プログラマとしての大きな自信をあなたにもたらしてくれるはずです。きちんとしたアプリを作れたなら、あなたはもう立派なプログラマといっていいでしょう。

では、いつの日か、あなたが作ったアプリに出会う日が来ることを願って。

2023.05　掌田津耶乃

Index

# 索引



Chapter 1 Chapter 2 Chapter 3 Chapter 4 Chapter 5 Chapter 6 Chapter 7

著者紹介

## 掌田 津耶乃(しょうだ　つやの)

日本初のMac専門月刊誌「Mac+」の頃から主にMac系雑誌に寄稿する。ハイパーカードの登場により「ビギナーのためのプログラミング」に開眼。以後、Mac、Windows、Web、Android、iOSとあらゆるプラットフォームのプログラミングビギナーに向けた書籍を執筆し続ける。

■最近の著作

「R/RStudioでやさしく学ぶプログラミングとデータ分析」(マイナビ)
「Rustハンズオン」(秀和システム)
「Spring Boot 3 プログラミング入門」(秀和システム)
「C# フレームワーク ASP.NET Core入門 .NET 7対応」(秀和システム)
「Google AppSheetで作るアプリサンプルブック」(ラトルズ)
「マルチプラットフォーム対応 最新フレームワーク Flutter 3入門」(秀和システム)
「見てわかるUnreal Engine 5 超入門」(秀和システム)

●著書一覧

http://www.amazon.co.jp/-/e/B004L5AED8/

●ご意見・ご感想の送り先

syoda@tuyano.com

# Node.js 超入門［第4版］

発行日　2023年　7月15日　　第1版第1刷

著　者　掌田　津耶乃

発行者　斉藤　和邦
発行所　株式会社　秀和システム
〒135-0016
東京都江東区東陽2-4-2　新宮ビル2F
Tel 03-6264-3105（販売）Fax 03-6264-3094
印刷所　三松堂印刷株式会社



ISBN978-4-7980-7028-5 C3055